科学出版社"十四五"普通高等教育本科规划教材

最优化方法与机器学习

主　编　叶　顼　谭露琳

副主编　刘春光　林荣荣　陈艳男　胡耀华

华南师范大学研究生教材出版项目资助教材

科学出版社

北　京

内 容 简 介

在科技与教育深度融合的新时代背景下，培育德才兼备且具有创新精神和实践技能的人才至关重要. 本书融合最优化理论与机器学习技术，配套相关课程为本科生和研究生提供系统全面的学习资源. 全书共 6 章. 第 1 章"绪论"介绍最优化问题的分类和典型应用，为后续学习奠定基础. 第 2 章"凸分析"探讨凸集和凸函数等概念，提供解决优化问题的理论工具. 第 3 章"最优性条件"讲解对偶问题和 KKT 条件，帮助学生理解最优解的求解方法. 第 4 章"最优化计算"详细介绍梯度下降法、线性搜索法等无约束优化算法. 第 5 章"机器学习中的邻近算法"阐述邻近算子及其在模型训练中的应用. 第 6 章"应用"结合压缩感知等案例展示最优化方法在机器学习领域的实践. 扫描书中二维码可获得相关彩图，提升学习效果. 本书由粤港澳大湾区高校专家联合打造，内容严谨实用，旨在培养学生的数学素养、信息处理能力和科研实践技能.

本书可作为普通高等院校应用数学、计算数学、计算机以及相关专业本科生及低年级研究生的教学用书，也可供相关专业的教师和研究人员参考使用.

图书在版编目 (CIP) 数据

最优化方法与机器学习 / 叶顾, 谭露琳主编. -- 北京：科学出版社, 2025. 2. -- (科学出版社"十四五"普通高等教育本科规划教材). -- ISBN 978-7-03-080716-8

I. O242.23；TP181

中国国家版本馆 CIP 数据核字第 2024X5Q349 号

责任编辑：姚莉丽　范培培 / 责任校对：杨聪敏
责任印制：师艳茹 / 封面设计：陈　敬

科学出版社 出版

北京东黄城根北街 16 号
邮政编码：100717
http://www.sciencep.com

保定市中画美凯印刷有限公司印刷
科学出版社发行　各地新华书店经销

*

2025 年 2 月第 一 版　开本：720×1000　1/16
2025 年 2 月第一次印刷　印张：14 1/2
字数：289 000

定价：69.00 元
(如有印装质量问题，我社负责调换)

序

在新时代的知识浪潮里，科技与教育的深度融合已成为推动社会进步的重要动力. 教育的目的不仅在于传授知识，更在于培养创新思维和解决问题能力. 该书融合了最优化理论和机器学习技术，旨在为新时代的科研工作者和学生提供系统的学习资源.

最优化理论作为应用数学的一个重要分支，在求解实际问题和提升算法效率方面发挥了关键作用. 从线性规划到非线性规划，从凸优化到非凸优化，最优化理论在各个领域都有着广泛的应用. 机器学习，作为人工智能的核心技术之一，其内涵也离不开优化问题求解的算法设计. 无论是线性回归、支持向量机，还是深度学习中的神经网络，优化算法的优劣直接决定了模型的性能和效果.

该书的联合主编叶顾教授和谭露琳副教授，以及参与合作的几位高校教师，都是在最优化理论与机器学习领域具有扎实知识功底的优秀青年人才. 他们将华南师范大学机器学习与最优化计算实验室多年的研究成果和举办专题系列学术讲座积累的大量宝贵资料整合在一起，向学界奉献了他们多年来教学和科研实践经验的结晶.

全书结构严谨，内容丰富，各章节之间紧密联系. 从最优化问题的分类和机器学习中的典型优化问题入手，逐步深入到凸分析、最优性条件、最优化计算，再到机器学习中的邻近算法及其应用，每一章都为读者提供了扎实的理论基础和实用的问题求解算法.

本书不仅总结了最优化与机器学习领域的理论成果，还通过具体案例展示了这些理论在压缩感知、低秩矩阵恢复和图像修复等领域的应用. 这些应用案例不仅能巩固理论知识，还能进一步激发读者的学术兴趣和创造性思维.

在当前科技创新和高质量发展的背景下，本书的出版无疑具有重要的意义. 它不仅为科研工作者提供了系统的学习资源，还为新时代的教育事业贡献了一份力量. 我相信，通过阅读该书，读者将能够更好地理解和应用最优化理论与机器学习技术，解决实际问题，迎接新时代带来的机遇与挑战.

该书将在推动最优化理论与机器学习的学科发展中发挥显著作用！

何炳生

2024 年 9 月 10 日

前　　言

随着中国步入新时代, 教育在塑造德才兼备、全面发展的社会主义建设者和接班人中发挥着不可替代的作用. 党的二十大报告指出: "教育是国之大计、党之大计. 培养什么人、怎样培养人、为谁培养人是教育的根本问题." 教材建设作为教育体系的重要组成部分, 是实现 "立德树人" 目标的重要载体. 中共中央、国务院印发的《教育强国建设规划纲要 (2024—2035 年)》明确指出, 要 "打造培根铸魂、启智增慧的高质量教材". 本书作为科学出版社 "十四五" 普通高等教育本科规划教材, 由华南师范大学叶顼教授和谭露琳副教授共同担任主编, 暨南大学刘春光副教授、广东工业大学林荣荣博士、华南师范大学陈艳男副教授、深圳大学胡耀华教授为副主编, 致力于为培育适应新时代需求的创新型人才打下坚实的知识基础.

新时代背景下, 我国经济社会发展对科技创新提出了更高要求. 特别是在高质量发展和创新型国家建设的战略驱动下, 人工智能已成为引领科技革命和产业变革的核心力量, 而人工智能的进步与最优化和机器学习这两个学科领域的蓬勃发展密不可分. 最优化理论作为数学的重要分支, 在求解实际问题和提升算法效率方面发挥了关键作用. 它不仅在数学、工程学等传统领域中得到广泛应用, 还为机器学习算法的设计提供了坚实的理论基础. 近年来, 随着数据科学的迅速发展, 机器学习从研究前沿逐渐走向广泛应用, 推动了社会各领域的巨大变革. 无论是数据分析还是模式识别, 机器学习算法的核心均离不开优化问题的求解.

在机器学习中, 最优化问题贯穿了模型的构建、训练和应用的始终. 例如, 在线性回归中, 模型参数的求解是一个经典的凸优化问题; 在神经网络训练中, 权重的训练则是通过优化损失函数来实现的. 优化算法的优劣直接关乎机器学习模型的性能和效果. 因此, 研究和改进优化算法对提升机器学习的应用价值至关重要. 面对大数据时代的挑战, 数据的规模和复杂性不断增加, 传统的优化方法在处理大规模数据时可能面临效率和准确性的挑战. 这就需要优化技术与机器学习方法更紧密结合, 不断创新和改进以适应实际应用中的复杂需求.

在编纂过程中, 我们整合了华南师范大学机器学习与最优化计算实验室多年的研究沉淀, 系统总结和整理了最优化理论与机器学习之间的核心关系和发展动态, 并注重结合近年来的教学和科研实践经验, 特别是在系列学术讲座和课程的实施中, 我们积累了大量宝贵的教学资料和研究案例. 这些内容成了本书编写的重要参考和素材来源. 通过将经典的最优化方法与当前火热的机器学习技术相结合, 本书力图提供一个全新的视角, 帮助读者理解并应用这些理论来应对实际问题中的复杂挑战.

全书共分 6 章, 各章节之间紧密联系, 形成了一个有机的整体. 第 1 章 "绪论" 介绍了最优化问题的分类以及机器学习中的典型优化问题, 旨在为后续章节的学习打下基础, 同时激发读者的学习兴趣. 第 2 章 "凸分析" 是最优化方法的理论基础, 通过引入凸集、凸函数及其次微分等核心概念, 提供了分析和解决优化问题的重要工具. 第 3 章 "最优性条件" 详细讲解了对偶问题、鞍点定理及 KKT 条件, 这些内容对于判断最优解的存在性及求解优化问题至关重要. 第 4 章 "最优化计算" 则深入探讨了无约束优化算法的一般步骤, 以及如梯度下降法、次梯度算法、线性搜索法等具体优化算法, 这些方法为解决优化问题提供了有效的工具. 第 5 章 "机器学习中的邻近算法" 重点介绍了邻近算子及其在机器学习中的应用, 通过具体实例说明这些算法在机器学习模型训练与优化中的重要性. 第 6 章 "应用" 通过具体案例展示了最优化方法在压缩感知模型与算法等机器学习领域的实际应用, 进一步巩固和拓展了前面章节的理论知识. 为了更好地呈现教材使用效果, 在一些必要的图像附近设置二维码, 扫描二维码可查看相应彩图.

回顾最优化理论的发展历史, 它自 19 世纪起便为解决优化问题提供了数学方法. 随着计算机技术的发展, 最优化理论在 20 世纪得到了迅速的发展, 并逐渐形成了线性规划、非线性规划、凸优化等多个分支. 自 20 世纪中叶, 机器学习作为人工智能的重要分支开始逐渐受到关注. 最早的机器学习模型如感知机、线性判别分析等, 都是以优化方法为基础构建的. 随着数据科学的兴起和大数据的广泛应用, 机器学习从理论研究逐渐走向实践, 并在图像识别、语音处理、自然语言处理等诸多领域取得了显著的成果.

在过去几十年中, 最优化与机器学习的发展经历了相互促进的过程. 优化技术的进步为机器学习模型的训练和应用提供了更高效的解决方案, 而机器学习的需求也推动了优化理论的不断发展. 例如, 近年来深度学习技术的崛起, 极大地依赖于优化算法的突破, 如随机梯度下降法及其变种在训练深层神经网络中的成功应用. 随着人工智能技术的不断发展, 最优化与机器学习的结合将继续深入. 特别是在面对大规模数据集和复杂模型的训练任务时, 优化算法的有效性将直接影响到模型的应用和落地. 未来, 我们可以期待最优化理论在新技术新场景下得到进一步发展, 并在处理更复杂的机器学习任务中发挥更大的作用.

本书的编写不仅旨在总结最优化与机器学习领域的理论成果, 更希望为新时代的科研工作者和学生提供一套系统、全面的学习资源. 通过深入理解最优化与机器学习的关系, 读者能够更好地应用这些技术解决实际问题, 迎接新时代带来的机遇与挑战. 希望本书能为大家在这一领域的学习和研究提供有益的帮助, 激发更多的学术兴趣和创造力, 为我国在科技创新和高质量发展中的人才培养贡献力量.

编　者

2025 年 2 月

目　　录

第 1 章 绪　　论

最优化作为运筹学、机器学习、数据科学与大数据技术等专业的核心课程, 其应用广泛且深入. 这种技术可以应用于各种实际场景, 从科学与工程计算中的数学模型求解, 到数据科学的数据特征提取和降维, 再到机器学习的模型参数优化、人工智能的算法设计与改进、图像和信号的压缩与处理、金融和经济的投资组合优化, 以及管理科学的决策过程建模和仿真等. 这些应用领域不仅涵盖了众多重要的科学技术领域, 而且对于社会经济和生产生活的改善起着至关重要的作用.

在机器学习领域, 华盛顿大学教授、人工智能促进会 (Association for the Advancement of Artificial Intelligence, AAAI) 会士佩德罗·多明戈斯 (Pedro Domingos) 教授提出, 该学科的核心架构可归纳为三个基本维度: 表示、评估和优化[29]. 表示是将学习目标形式化为算法可解析的数学模型, 定义了算法的假设空间, 即所有潜在解的集合. 评估函数作为性能度量标准, 用于量化模型的预测准确性, 其内部实现可能与外部期望的优化目标存在差异, 以适应算法优化的复杂性. 优化过程涉及搜索假设空间中的最优解, 以最小化或最大化评估函数, 其策略选择直接影响学习模型的效率和收敛性. 这一理论框架为机器学习算法的设计与实现提供了科学基础.

本章我们简要介绍最优化问题的类型和机器学习中的若干典型优化问题.

1.1　最优化问题的分类

本节我们从不同角度介绍最优化问题的分类. 记号 $\mathbb{R}$ 代表所有实数, $\mathbb{N}$ 表示所有正整数, $\mathbb{R}^n$ 表示 n 维欧氏空间, 其中的每一个点都可以用一个 n 维的实向量表示. 全书中, 我们仅讨论有限维欧氏空间 $\mathbb{R}^n$ 中的优化问题.

最优化问题通常是指在一定限制条件下, 寻找目标函数的最小值或最大值问题, 其数学模型的一般形式如下:

$$\min_{x \in \mathbb{R}^n} \quad f(x)$$
$$\text{s.t.} \quad x \in \Omega, \tag{1.1.1}$$

其中集合 $\Omega \subseteq \mathbb{R}^n$ 称为可行域, $f : \mathbb{R}^n \to \mathbb{R}$ 为目标函数, 向量 $x \in \mathbb{R}^n$ 为决策变量. 记号 s.t. 为 subject to (受限于) 的缩写. 我们称可行域 Ω 中的点为可行点. 在 Ω 中使目标函数 f 取得最小值的点 x^* 称为 (1.1.1) 的最优解, 即 $f(x) \geqslant f(x^*)$ 对任

何 $x \in \Omega$ 均成立. 对于最大化目标函数的优化问题可通过在目标函数前添加负号等价地转化为最小化问题 (1.1.1).

根据目标函数、约束函数以及变量取值可对最优化问题 (1.1.1) 从不同角度进行下面的分类.

1.1.1 无约束和约束最优化问题

如果可行域 $\Omega = \mathbb{R}^n$, 我们称问题 (1.1.1) 为无约束最优化问题, 否则称之为约束最优化问题. 一般地, Ω 由一系列等式或者不等式约束函数确定, 具体如下:

$$\Omega = \left\{ x \in \mathbb{R}^n | g_i(x) \geqslant 0, \ i \in I := \{1, 2, \cdots, m_1\}, \right.$$

$$\left. h_j(x) = 0, \ j \in E := \{m_1 + 1, m_1 + 2, \cdots, m\} \right\}, \tag{1.1.2}$$

其中实值函数 $g_i : \mathbb{R}^n \to \mathbb{R} \ (i \in I)$ 和 $h_j : \mathbb{R}^n \to \mathbb{R} \ (j \in E)$.

我们把 $E \neq \varnothing$ 且 $I = \varnothing$ 的优化问题称为等式约束最优化问题; 把 $E = \varnothing$ 且 $I \neq \varnothing$ 的最优化问题称为不等式约束最优化问题; 把 $E \neq \varnothing$ 且 $I \neq \varnothing$ 的优化问题称为一般约束最优化问题. 约束最优化问题可以将约束惩罚到目标函数上, 从而转化为无约束最优化问题, 常见方式有拉格朗日乘子法 (见 4.6 节)、罚函数法等.

1.1.2 线性和非线性规划问题

按目标函数和约束函数是否是线性的, 约束最优化问题, 也称线性和非线性规划问题. 具体地, 当 (1.1.1) 中目标函数和约束函数均为线性函数时, 称其为线性规划. 线性规划的标准形式如下:

$$\min_{x \in \mathbb{R}^n} \quad c^{\mathrm{T}} x$$
$$\text{s.t.} \quad Ax = b, \ x \geqslant 0,$$

其中 $A \in \mathbb{R}^{m \times n}$, $b \in \mathbb{R}^m$, c^{T} 表示 $c \in \mathbb{R}^n$ 的转置. 向量不等式 $x \geqslant 0$ 表示其每一个分量 $x_i \ (i = 1, 2, \cdots, n)$ 满足 $x_i \geqslant 0$. 在后文中, 我们用同一记号 "0" 表示实数 0 或零向量. 如果是零矩阵则会用 "O" 表示.

当目标函数或约束函数中至少含有一个非线性函数时, 那么对应的优化问题称为非线性规划. 特别地, 当目标函数是二次函数且约束函数均为线性函数时, 称为二次规划. 其一般形式如下:

$$\min_{x \in \mathbb{R}^n} \quad \frac{1}{2} x^{\mathrm{T}} Q x + c^{\mathrm{T}} x$$
$$\text{s.t.} \quad Ax = b, \ x \geqslant 0, \tag{1.1.3}$$

其中 $Q \in \mathbb{R}^{n \times n}$, $A \in \mathbb{R}^{m \times n}$ 且 $b \in \mathbb{R}^m$. 显然, 二次规划是一种特殊的非线性规划. 例如, 支持向量机就是一个典型的二次规划问题.

1.1.3 凸和非凸优化问题

当最优化问题 (1.1.1) 中的目标函数 f 是凸函数且可行域 Ω 为凸集时, 称问题 (1.1.1) 为凸优化问题; 否则称为非凸优化问题. 由于凸优化问题的局部最优解即全局最优解, 其理论分析和算法设计相对非凸优化问题更加简单. 例如, 线性规划问题都是凸优化问题. 凸优化问题是一类介于线性规划与非线性规划之间的具有较好数学性质的一类问题. 在实际应用中, 凸优化问题往往可以作为非凸优化问题的近似或简化, 帮助我们更好地理解和求解更为复杂的非凸优化问题. 而非凸优化的重要性在于它能够处理现实世界中更广泛存在的复杂问题, 这些问题往往具有多个局部最优解, 并且可能没有简单的解析解. 非凸优化算法的引入, 特别是在深度学习、机器学习和信号处理等前沿领域, 为解决这些困难问题提供了有效的工具和方法.

1.1.4 连续和离散优化问题

最优化问题 (1.1.1) 根据变量的取值情况可分为连续和离散优化问题. 连续优化问题是指目标函数和约束条件都是连续函数的问题. 在这类问题中, 变量可以在某个连续的区间内取任意值. 离散优化问题是指目标函数或约束条件中至少有一个是离散的, 或者变量的取值范围是离散集合的问题.

📝 练习

1. 证明若凸优化问题中有等式约束 $h(x) = 0$, 则 h 为线性函数.

2. 给定非零矩阵 $A \in \mathbb{R}^{m \times n}$ 和向量 $b \in \mathbb{R}^m$, 验证最小二乘问题 $\min_{x \in \mathbb{R}^n} \|Ax - b\|_2^2$ 是一个凸二次规划问题.

3. 给定一组数量为 n 的物品, 其第 i 个物品重量为 w_i, 价值为 v_i, 确定在不超过背包最大承重的情况下, 哪些物品应该被放入背包中, 以使背包中物品的总价值最大化. 请写出该背包问题的优化模型.

1.2 机器学习中的典型优化问题

这一节, 我们主要讨论机器学习中的若干典型连续优化问题: 最小二乘线性回归、LASSO(least absolute shrinkage and selection operator, 最小绝对收缩和选择算子)、支持向量机和多层感知机. 这四类典型问题分别对应无约束的光滑优化问题、无约束的非光滑优化问题、带约束的凸二次规划问题和非凸非线性规划问题.

1.2.1 最小二乘线性回归

线性回归是机器学习中最简单的一个模型, 很多模型都是建立在它的基础之上, 可以被称为 "模型之母"[64]. 线性回归研究因变量与自变量之间的线性关系.

其理论起源可以追溯到 19 世纪末, 当时英国统计学家弗朗西斯·高尔顿 (Francis Galton) 在研究身高遗传特性时首次提出了回归的概念. 随后, 回归分析方法逐渐发展成为一种重要的统计工具, 并被广泛应用于各个领域.

给定一组 m 个数据点 $\mathsf{x}_i \in \mathbb{R}^n$ 和对应的观测值 $y_i \in \mathbb{R}$, $i = 1, 2, \cdots, m$. 这里, 我们使用无衬线字体 x_i 来表示第 i 个数据点, 以区别 $x_i \in \mathbb{R}$ 表示向量 $x \in \mathbb{R}^n$ 的第 i 个分量. 记 $D := [\mathsf{x}_i, i = 1, 2, \cdots, m] \in \mathbb{R}^{m \times n}$ 表示 m 个数据点 x_i 按行排成的数据矩阵. 若数据点 x_i 与观测值 y_i 存在线性关系, 则我们需要学习一个超平面 $h(z) = w^{\mathrm{T}} z + b$, 其中 $w \in \mathbb{R}^n$ 为权重向量, $b \in \mathbb{R}$ 为偏置. 为了方便处理偏置 b, 我们定义 $z \in \mathbb{R}^n$ 的增广数据点 $\tilde{z} := (1, z^{\mathrm{T}})^{\mathrm{T}} \in \mathbb{R}^{n+1}$ 和 w 的增广权重向量 $\tilde{w} := (b, w^{\mathrm{T}})^{\mathrm{T}} \in \mathbb{R}^{n+1}$. 这样一来, $\mathbb{R}^n$ 中的超平面

$$h(z) = \tilde{w}^{\mathrm{T}} \tilde{z}, \quad \tilde{z} \in \mathbb{R}^{n+1}.$$

第 i 个增广数据点 $\tilde{\mathsf{x}}_i$ 在超平面 h 的预测值记为 $\hat{y}_i$. 由此, 可得

$$\hat{y} = \tilde{D} \tilde{w},$$

其中 $\tilde{D} \in \mathbb{R}^{m \times (n+1)}$ 为 $\tilde{\mathsf{x}}_i := (1, \mathsf{x}_i^{\mathrm{T}})^{\mathrm{T}}$ 按行排成的增广数据矩阵, $\hat{y} := (\hat{y}_1, \hat{y}_2, \cdots, \hat{y}_m)^{\mathrm{T}}$ 为预测值向量.

在进一步讨论之前, 我们需要定义向量和矩阵的范数.

定义 1.1   向量 $x \in \mathbb{R}^n$ 的范数 $\|x\|$ 是一个非负数, 它满足三条性质: (i) 非负性, 对于任意向量 x 有 $\|x\| \geqslant 0$ 并且 $\|x\| = 0$ 当且仅当 $x = 0$; (ii) 齐次性, 对于任意向量 x 和标量 $c \in \mathbb{R}$, 有 $\|cx\| = |c| \|x\|$; (iii) 三角不等式, 对于任意两个向量 x 和 z 有 $\|x + z\| \leqslant \|x\| + \|z\|$.

例 1.1   给定一个向量 $x \in \mathbb{R}^n$, 定义

$$\|x\|_p := \begin{cases} \left(\sum_{i=1}^{n} |x_i|^p \right)^{1/p}, & 0 < p < \infty, \\ \max_{i=1,2,\cdots,n} |x_i|, & p = \infty. \end{cases}$$

可验证当 $1 \leqslant p \leqslant \infty$ 时, $\|\cdot\|_p$ 是一个范数. 我们称 $\|x\|_p$ 为向量 x 的 p 范数或 ℓ_p 范数. 常用的 ℓ_p 范数有 ℓ_1 范数 $\|x\|_1 = \sum_{i=1}^{n} |x_i|$ 和 ℓ_2 范数 $\|x\|_2 = (x^{\mathrm{T}} x)^{1/2} = \left(\sum_{i=1}^{n} |x_i|^2 \right)^{1/2}$. 当 $0 < p < 1$ 时 $\|\cdot\|_p$ 不是一个范数, 这是由于其不满足范数定义的三角不等式性质. 但是, 习惯上我们仍然称 $\|\cdot\|_p$ 为 ℓ_p 范数或者 ℓ_p 拟范数.

例 1.2   对于一个矩阵 $A := [a_{ij} : 1 \leqslant i, j \leqslant n] \in \mathbb{R}^{n \times n}$, 若通过向量的范数 $\|\cdot\|$ 来定义如下的函数

$$\|A\| := \max_{\|x\|=1} \|Ax\| = \max_{x \neq 0} \frac{\|Ax\|}{\|x\|},$$

则上述 $\|\cdot\|$ 是定义在矩阵上的一个范数. 特别地, 矩阵 A 的 1 范数 $\|A\|_1 = \max_{1 \leqslant j \leqslant n} \sum_{i=1}^n |a_{ij}|$, 2 范数 $\|A\|_2 = \sigma_{\max}(A)$ 和 ∞ 范数 $\|A\|_\infty = \max_{1 \leqslant i \leqslant n} \sum_{j=1}^n |a_{ij}|$ 分别称为列和范数、谱范数和行和范数, 其中 $\sigma_{\max}(A)$ 表示 A 的最大奇异值. 此外, 矩阵 A 的 Frobenius 范数

$$\|A\|_F := (\mathrm{tr}(A^{\mathrm{T}} A))^{1/2} = \Big(\sum_{j=1}^n \sum_{i=1}^n a_{ij}^2 \Big)^{\frac{1}{2}},$$

其中一个矩阵 $B \in \mathbb{R}^{n \times n}$ 的迹 $\mathrm{tr}(B)$ 定义为 B 对角元素的和.

我们可以利用范数来定义向量序列 (和矩阵序列) 的收敛速度.

定义 1.2 设一个向量序列 $\{x^k\} \subseteq \mathbb{R}^n$ 收敛于点 $x^* \in \mathbb{R}^n$.

(1) 若存在常数 $r \in (0,1)$ 和 $C > 0$ 使得当 k 充分大时, 有 $\|x^{k+1} - x^*\| \leqslant Cr^k$, 则称 $\{x^k\}$ R-线性收敛于 x^*, 或称 $\{x^k\}$ 的收敛速度是 R-线性的.

(2) 若存在常数 $r \in (0,1)$ 使得当 k 充分大时, 有 $\|x^{k+1} - x^*\| \leqslant r\|x^k - x^*\|$, 则称 $\{x^k\}$ Q-线性收敛于 x^*, 或称 $\{x^k\}$ 的收敛速度是 Q-线性的.

(3) 若 $\lim_{k \to +\infty} \dfrac{\|x^{k+1} - x^*\|}{\|x^k - x^*\|} = 0$, 则称 $\{x^k\}$ 超线性收敛于 x^*, 或称 $\{x^k\}$ 的收敛速度是超线性的.

(4) 若存在常数 $C > 0$ 使得当 k 充分大时, 有 $\|x^{k+1} - x^*\| \leqslant C\|x^k - x^*\|^2$, 则称 $\{x^k\}$ 二次线性收敛于 x^*, 或称 $\{x^k\}$ 的收敛速度是二次的.

有了上述准备后, 我们开始介绍最小二乘线性回归. 最小二乘法是最常用的线性回归求解方法, 它是通过最小化误差的平方和来寻找数据的最佳线性函数. 根据给定的数据点, 我们需要寻找最优超平面或增广权重向量 $\tilde{w}$ 来最小化预测值 $\hat{y}$ 和观测值 y 之间的误差. 最简单且自然的是使用平方损失衡量预测值和观测值的误差, 即对应为最小二乘线性回归模型, 其形式如下:

$$\min_{\tilde{w} \in \mathbb{R}^{n+1}} \|\hat{y} - y\|_2^2 = \min_{\tilde{w} \in \mathbb{R}^{n+1}} \|\tilde{D}\tilde{w} - y\|_2^2.$$

假设 $\tilde{D}$ 为列满秩矩阵. 利用一阶最优性条件, 我们可以通过找寻上述最小二乘线性回归模型中的目标函数的梯度为 0 的点, 得到最优权重向量 $\tilde{w}$ 的表达式如下:

$$\tilde{w} = (\tilde{D}^{\mathrm{T}} \tilde{D})^{-1} \tilde{D}^{\mathrm{T}} y. \tag{1.2.1}$$

因此, 我们有 $\hat{y} = \tilde{D}\tilde{w} = \tilde{D}(\tilde{D}^{\mathrm{T}} \tilde{D})^{-1} \tilde{D}^{\mathrm{T}} y =: Hy$, 其中 $H := \tilde{D}(\tilde{D}^{\mathrm{T}} \tilde{D})^{-1} \tilde{D}^{\mathrm{T}}$.

例 1.3 给定 3 个数据点 $0, 2, 4$ 以及对应的观测值 $1, 3, 4$. 可得

$$\tilde{D} = \begin{pmatrix} 1 & 0 \\ 1 & 2 \\ 1 & 4 \end{pmatrix}, \quad y = \begin{pmatrix} 1 \\ 3 \\ 4 \end{pmatrix}.$$

由 (1.2.1), 可得 $\tilde{w} = (7/6, 3/4)^{\mathrm{T}}$.

在实际应用中, 数据通常具有噪声, 因此精确拟合数据容易造成过拟合问题. 正则化是机器学习方法实践中用于避免过拟合的主要方法. 若把最小二乘线性回归 $\tilde{w}$ 的 2 范数作为正则项, 则对应岭回归模型:

$$\min_{\tilde{w} \in \mathbb{R}^{n+1}} \quad \|\tilde{D}\tilde{w} - y\|_2^2 + \lambda\|\tilde{w}\|_2^2, \tag{1.2.2}$$

其中正则化参数用 $\lambda > 0$ 来平衡误差项和正则项. 若岭回归模型 (1.2.2) 中 $\lambda = 0$, 则其退化为最小二乘线性回归问题. 根据无约束最优化问题的一阶最优性条件, 对 (1.2.2) 中的目标函数关于 $\tilde{w}$ 计算梯度并令其为 0, 可得最优增广权重

$$\tilde{w} = (\tilde{D}^{\mathrm{T}}\tilde{D} + \lambda I_{n+1})^{-1}\tilde{D}^{\mathrm{T}}y, \tag{1.2.3}$$

其中 I_{n+1} 是一个 $(n+1) \times (n+1)$ 的单位矩阵. 注意公式 (1.2.3) 中的矩阵 $\tilde{D}^{\mathrm{T}}\tilde{D} + \lambda I_{n+1}$ 是正定的, 保证了其可求逆矩阵. 上述岭回归模型 (1.2.2) 等价于如下带 2 范数约束的最小二乘线性回归问题[84]:

$$\min_{\tilde{w} \in \mathbb{R}^{n+1}} \quad \|\tilde{D}\tilde{w} - y\|_2^2$$

$$\text{s.t.} \quad \|\tilde{w}\|_2^2 \leqslant \beta,$$

其中 $\beta > 0$ 是某一个常数. 二维的岭回归模型的几何解释见图 1.1. 相比于最小二乘解, 岭回归的解在 "山岭上", 这也是其名称的由来.

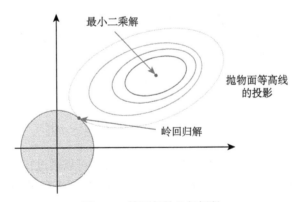

图 1.1 岭回归的几何解释

给定 2×2 可逆块矩阵 $\begin{pmatrix} \mathcal{A} & \mathcal{B} \\ \mathcal{C} & \mathcal{D} \end{pmatrix}$, 满足 $\mathcal{A}$ 和 $\mathcal{D}$ 均可逆, 由 Woodbury-Sherman-Morrison 矩阵逆公式[59] 可得 $(\mathcal{A} - \mathcal{B}\mathcal{D}^{-1}\mathcal{C})^{-1}\mathcal{B}\mathcal{D}^{-1} = \mathcal{A}^{-1}\mathcal{B}(\mathcal{D} - \mathcal{C}\mathcal{A}^{-1}\mathcal{B})^{-1}$. 选取 $\mathcal{A} = \lambda I_{n+1}$, $\mathcal{B} = \tilde{D}^{\mathrm{T}}$, $\mathcal{C} = -\tilde{D}$, $\mathcal{D} = I_m$, 则 (1.2.3) 等价于

$$\tilde{w} = \tilde{D}^{\mathrm{T}}(\tilde{D}\tilde{D}^{\mathrm{T}} + \lambda I_m)^{-1}y. \tag{1.2.4}$$

通常地, 若 $m > n$, 则选用 (1.2.3) 来计算 $\tilde{w}$, 否则选用 (1.2.4). 在公式 (1.2.4) 中记 $c := (\tilde{D}\tilde{D}^{\mathrm{T}} + \lambda I_m)^{-1}y$, 可得 $\tilde{w} = \tilde{D}^{\mathrm{T}}c = \sum_{i=1}^{m} c_i \tilde{x}_i$. 该公式称为岭回归 (1.2.2) 的解 $\tilde{w}$ 的表示定理, 即增广权重 $\tilde{w}$ 可以写成 m 个增广数据点 $\tilde{x}_i$ 的线性组合.

例 1.4 给定 3 个数据点 $0, 2, 4$ 以及对应的观测值 $1, 3, 4$. 选取岭回归 (1.2.2) 的正则化参数 $\lambda = 1$. 由 (1.2.3) 可得 $\tilde{w} = (3/4, 5/6)^{\mathrm{T}}$.

1.2.2 LASSO

LASSO 或称套索回归, 是 1996 年由 Tibshirani[84] 首次提出的, 能在拟合线性模型的同时进行变量筛选和复杂度调整, 以提高模型的预测精度和解释性. LASSO 也称为 1 范数正则化的最小二乘线性回归.

回顾 $\|x\|_1 = \sum_{i=1}^{n} |x_i|$ 表示 x 的 1 范数. 为了稀疏表示, 考虑 1 范数正则化的最小二乘线性回归模型:

$$\min_{\tilde{w} \in \mathbb{R}^{n+1}} \quad \frac{1}{2}\|\tilde{D}\tilde{w} - y\|_2^2 + \lambda\|\tilde{w}\|_1, \tag{1.2.5}$$

其中 $\tilde{D} \in \mathbb{R}^{m \times (n+1)}$ 为增广数据矩阵, 正则化参数 $\lambda > 0$. 上述 LASSO 模型 (1.2.5) 等价于如下带 1 范数约束条件的最小二乘线性回归问题[84]:

$$\min_{\tilde{w} \in \mathbb{R}^{n+1}} \quad \|\tilde{D}\tilde{w} - y\|_2^2$$
$$\text{s.t.} \quad \|\tilde{w}\|_1 \leqslant \beta,$$

其中 $\beta > 0$ 是某一个常数. 二维的 LASSO 的几何解释见图 1.2. 公式 (1.2.5) 最优权重 $\tilde{w}$ 无显式表达式, 并且凸函数 $\|\tilde{w}\|_1$ 在原点不可微无法用梯度相关的算法. 常用的 LASSO 求解方法有次梯度算法、软阈值迭代算法和神经网络等, 见 5.2.4 节中 "LASSO 问题求解".

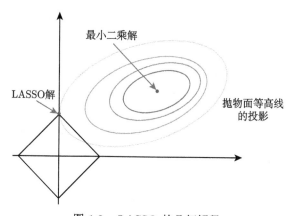

图 1.2 LASSO 的几何解释

在此, 我们仅简单介绍一下 LASSO 求解的软阈值迭代公式. 更多关于 LASSO 问题的求解可以使用第 5 章中的邻近算法. 为此, 先考虑最简单的一维情况的 LASSO 问题. 具体地, 给定 $y \in \mathbb{R}$, 需要计算如下优化问题:

$$\min_{u \in \mathbb{R}} \quad \frac{1}{2}|u - y|^2 + \lambda|u|,$$

其解具有显式表达式 $u := S_\lambda(y)$, 其中

$$S_\lambda(y) := \text{sgn}(y)\max\{|y| - \lambda, 0\} = \begin{cases} 0, & -\lambda \leqslant y \leqslant \lambda, \\ y - \lambda, & y > \lambda, \\ y + \lambda, & y < -\lambda. \end{cases} \tag{1.2.6}$$

为了数值求解 (1.2.5), 根据给定的 $y \in \mathbb{R}^m$ 和当前迭代点 $\tilde{w}^k$, 对问题 (1.2.5) 中的第一项进行局部二阶泰勒展开, 则下一步迭代点 $\tilde{w}^{k+1}$ 按如下形式计算:

$$\tilde{w}^{k+1} := \underset{\tilde{w} \in \mathbb{R}^{n+1}}{\text{argmin}} \frac{1}{2}\|\tilde{D}\tilde{w}^k - y\|_2^2 + (\tilde{w} - \tilde{w}^k)^{\text{T}}(\tilde{D}^{\text{T}}(\tilde{D}\tilde{w}^k - y)) + \frac{1}{2\mu}\|\tilde{w} - \tilde{w}^k\|_2^2 + \lambda\|\tilde{w}\|_1,$$

其中 $\mu > 0$ 通常是一个与 $A^{\text{T}}A$ 最大特征值有关的常数. 经过简单计算, 上述更新迭代点 $\tilde{w}^{k+1}$ 的表达式等价于

$$\tilde{w}^{k+1} = \underset{\tilde{w} \in \mathbb{R}^{n+1}}{\text{argmin}} \lambda\|\tilde{w}\|_1 + \frac{1}{2\mu}\left\|\tilde{w} - \left(\tilde{w}^k - \mu(\tilde{D}^{\text{T}}(\tilde{D}\tilde{w}^k - y))\right)\right\|_2^2. \tag{1.2.7}$$

定义 $\mathcal{S}_\lambda : \mathbb{R}^{n+1} \to \mathbb{R}^{n+1}$ 如下:

$$\mathcal{S}_\lambda(z) := (S_\lambda(z_i) : i = 1, 2, \cdots, n+1), \quad z \in \mathbb{R}^{n+1}, \tag{1.2.8}$$

其中 $S_\lambda : \mathbb{R} \to \mathbb{R}$ 由 (1.2.6) 给出. 根据 (1.2.8), 可将 (1.2.7) 进一步写成如下形式:

$$\tilde{w}^{k+1} = \mathcal{S}_{\mu\lambda}\left(\tilde{w}^k - \mu(\tilde{D}^{\text{T}}(\tilde{D}\tilde{w}^k - y))\right). \tag{1.2.9}$$

1.2.3　支持向量机

支持向量机 (support vector machine, SVM) 由 Vapnik 和 Chervonenkis 于 1963 年提出, 是一种基于统计学习理论的机器学习方法[86]. 1995 年, Cortes 和 Vapnik[27] 提出软间隔最大化的非线性的核支持向量机, 并将其应用于手写数字识别任务. 支持向量机的目标是找到一个最优的超平面使得类间的间隔最大. 通过核技巧, 支持向量机可以用于发现非线性边界即特征空间的最大间隔超平面, 其在小样本、非线性和高维度的问题上通常表现出良好的泛化性能[75,79,94].

本节我们将介绍三类支持向量机, 分别为硬间隔支持向量机、软间隔支持向量机和核支持向量机.

1. 硬间隔支持向量机: 线性可分

本部分, 我们主要关注线性可分二分类数据的硬间隔支持向量机算法. 假设具有正负标签的二分类数据是线性可分的, 即存在一个超平面 $h(z) = w^{\mathrm{T}}z + b = 0$, $z \in \mathbb{R}^n$ 使得线性分类器:

$$y = \mathrm{sgn}(h(z)) = \begin{cases} +1, & h(z) > 0, \\ -1, & h(z) < 0 \end{cases}$$

能将所有数据正确分类, 即超平面的一侧都仅包含同一类的点. 值得注意的是线性可分的数据集通常存在无穷多个符合正确分类的划分超平面.

标签为 $y \in \{-1, 1\}$ 的点 $z \in \mathbb{R}^n$ 到超平面 $h(z) = 0$ 的距离为 $\dfrac{yh(x)}{\|w\|_2}$. 由此, 所有数据点 $x_1, x_2, \cdots, x_m$ 到 $h(z) = 0$ 能取到的最小间距

$$\gamma := \min_{i=1,2,\cdots,m} \frac{yh(x_i)}{\|w\|_2}.$$

我们称具有最小间距 γ 的点 x_i 为支持向量 (support vector, SV). 选取 $0 \neq s \in \mathbb{R}$, $sh(z) = (sw)^{\mathrm{T}}z + sb = 0$ 与 $h(z) = 0$ 均表示同一个超平面. 不失一般性, 假定支持向量落在 $w^{\mathrm{T}}z + b = \pm 1$ 平面上. 此时的支持向量到平面 $h(z) = w^{\mathrm{T}}z + b = 0$ 的间隔为 $\gamma = \dfrac{1}{\|w\|_2}$ (图 1.3).

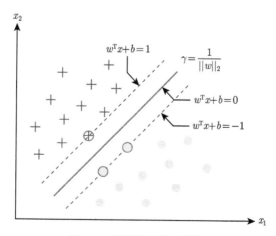

图 1.3　硬间隔支持向量机

注意到最大化间隔 γ 等价于最小化 $\|w\|_2$, 因此可得优化问题如下:

$$\min_{w\in\mathbb{R}^n,b\in\mathbb{R}} \quad \frac{1}{2}\|w\|_2^2 \tag{1.2.10}$$
$$\text{s.t.} \qquad y_i(w^{\mathrm{T}}\mathsf{x}_i + b) \geqslant 1, \ i = 1, 2, \cdots, m.$$

为了把上述带不等式约束最优化问题 (1.2.10) 转化为无约束最优化问题, 构造如下拉格朗日函数

$$L(w, b, \alpha) := \frac{1}{2}\|w\|_2^2 - \sum_{i=1}^{m} \alpha_i\big(y_i(w^{\mathrm{T}}\mathsf{x}_i + b) - 1\big), \tag{1.2.11}$$

其中 $\alpha \geqslant 0$ 是乘子向量. 对 L 关于原始变量 w 和 b 分别求梯度并令其为 0, 可得

$$w = \sum_{i=1}^{m} \alpha_i y_i \mathsf{x}_i \tag{1.2.12}$$

和

$$\sum_{i=1}^{m} \alpha_i y_i = 0. \tag{1.2.13}$$

通常地, 我们称 (1.2.12) 为 w 的表示定理, 即权重向量 w 可以表示为数据点 x_i 的线性组合. 将上述 (1.2.12) 和 (1.2.13) 代入 (1.2.11), 化简后可得到对偶问题为

$$\max_{\alpha\in\mathbb{R}^m} \quad \sum_{i=1}^{m} \alpha_i - \frac{1}{2}\sum_{i=1}^{m}\sum_{j=1}^{m} \alpha_i \alpha_j y_i y_j \mathsf{x}_i^{\mathrm{T}}\mathsf{x}_j \tag{1.2.14}$$
$$\text{s.t.} \quad \alpha_i \geqslant 0, \ i = 1, 2, \cdots, m, \ \text{且} \sum_{i=1}^{m} \alpha_i y_i = 0.$$

上述对偶问题可以进一步写成如下简洁的向量形式的最小值优化问题:

$$\min_{\alpha\in\mathbb{R}^m} \quad \frac{1}{2}\alpha^{\mathrm{T}}H\alpha - \mathbf{1}^{\mathrm{T}}\alpha \tag{1.2.15}$$
$$\text{s.t.} \quad \alpha \geqslant 0, \ y^{\mathrm{T}}\alpha = 0,$$

其中矩阵 $H := \mathrm{diag}(y)DD^{\mathrm{T}}\mathrm{diag}(y)$ 且 $D = [\mathsf{x}_i : i = 1, 2, \cdots, m] \in \mathbb{R}^{m\times n}$ 是数据矩阵. 值得一提的是对偶问题 (1.2.15) 是带不等式约束的凸二次规划问题, 并且其变量约束通常比原问题 (1.2.10) 的变量约束简单.

要使得原问题 $\min_{w,b}\max_{\alpha} L(w, b, \alpha)$ 等价于对偶问题 $\max_{\alpha}\min_{w,b} L(w, b, \alpha)$, 则需要满足如下 KKT (Karush-Kuhn-Tucker) 最优性条件 (见 3.2节):

$$\alpha_i\big(y_i(w^{\mathrm{T}}\mathsf{x}_i + b) - 1\big) = 0, \ \text{对所有} \ i = 1, 2, \cdots, m.$$

上述等式可分为以下两种情形: (i) $\alpha_i = 0$, 或 (ii) $y_i(w^{\mathrm{T}}\mathsf{x}_i+b)-1 = 0$, 即 $y_i(w^{\mathrm{T}}\mathsf{x}_i+b) = 1$. 若 $\alpha_i > 0$, 则 $y_i(w^{\mathrm{T}}\mathsf{x}_i+b) = 1$, 此时 x_i 是支持向量. 若 $y_i(w^{\mathrm{T}}\mathsf{x}_i+b) > 1$, 则 $\alpha_i = 0$, 即非支持向量对应得乘子 $\alpha_i = 0$.

通过数值求解对偶问题 (1.2.15) 得到最优的乘子向量, 仍然记为 α. 记

$$\mathrm{sv} := \{i|\ \alpha_i > 0,\ i = 1, 2, \cdots, m\}$$

为支持向量的指标集, $|\mathrm{sv}|$ 表示支持向量的个数. 由 (1.2.12) 可得权重

$$w = \sum_{i \in \mathrm{sv}} \alpha_i y_i \mathsf{x}_i. \tag{1.2.16}$$

由 (1.2.16) 和 $\alpha_i > 0$ 对应的支持向量 x_i 落在 ± 1 超平面即 $y_i(w^{\mathrm{T}}\mathsf{x}_i + b) = 1$ 上, 可得

$$b = y_i - w^{\mathrm{T}}\mathsf{x}_i = y_i - \sum_{j \in \mathrm{sv}} \alpha_j y_j \mathsf{x}_j^{\mathrm{T}}\mathsf{x}_i. \tag{1.2.17}$$

考虑到数值误差, b 通常选为所有支持向量对应偏置的平均, 具体按如下计算:

$$b = \frac{1}{|\mathrm{sv}|} \sum_{i \in \mathrm{sv}} (y_i - w^{\mathrm{T}}\mathsf{x}_i) = \frac{1}{|\mathrm{sv}|} \sum_{i \in \mathrm{sv}} \Big(y_i - \sum_{j \in \mathrm{sv}} \alpha_j y_j \mathsf{x}_j^{\mathrm{T}}\mathsf{x}_i \Big). \tag{1.2.18}$$

从而可得分离超平面 $h(z) = w^{\mathrm{T}}z + b$ 和分类器

$$\mathrm{sgn}(h(z)) = \mathrm{sgn}\Big(\sum_{i \in \mathrm{sv}} \alpha_i y_i \mathsf{x}_i^{\mathrm{T}}z + b \Big).$$

先对 (1.2.17) 两边乘以 $\alpha_i y_i$ 再对 $i \in \mathrm{sv}$ 求和, 由 (1.2.13) 和 (1.2.16) 可得

$$0 = \Big(\sum_{i \in \mathrm{sv}} \alpha_i y_i \Big) b = \sum_{i \in \mathrm{sv}} (\alpha_i y_i) b = \sum_{i=1}^{m} \alpha_i y_i^2 - \sum_{i,j=1}^{m} \alpha_i \alpha_j y_i y_j \mathsf{x}_i^{\mathrm{T}}\mathsf{x}_j = \sum_{i=1}^{m} \alpha_i - \|w\|_2^2.$$

由 $\gamma = \dfrac{1}{\|w\|_2}$ 可得硬间隔支持向量机的间距 $\gamma = \dfrac{1}{\sqrt{\|\alpha\|_1}}$.

为了更好地理解硬间隔支持向量机算法的具体计算过程, 我们给出两个例子.

例 1.5 给出标签为 $+1$ 的两个点 $\mathsf{x}_1 = (0,0)^{\mathrm{T}}$, $\mathsf{x}_2 = (1,1)^{\mathrm{T}}$ 和标签为 -1 的一个点 $\mathsf{x}_3 = (0,2)^{\mathrm{T}}$, 求解硬间隔线性支持向量机.

解 记 $\mathsf{x}_1, \mathsf{x}_2, \mathsf{x}_3$ 对应的标签分别为 y_1, y_2, y_3, 可得 $y_1 = y_2 = 1$, $y_3 = -1$. 注意 $\mathsf{x}_1 = (0,0)^{\mathrm{T}}$. 将数据点代入硬间隔线性支持向量机的对偶问题 (1.2.14) 可得

$$L(\alpha_1, \alpha_2, \alpha_3) = \alpha_1 + \alpha_2 + \alpha_3 - \frac{1}{2}(\alpha_2^2 y_2^2 \mathsf{x}_2^{\mathrm{T}}\mathsf{x}_2 + 2\alpha_2 \alpha_3 y_2 y_3 \mathsf{x}_2^{\mathrm{T}}\mathsf{x}_3 + \alpha_3^2 y_3^2 \mathsf{x}_3^{\mathrm{T}}\mathsf{x}_3)$$

$$= \alpha_1 + \alpha_2 + \alpha_3 - \frac{1}{2}(2\alpha_2^2 - 4\alpha_2\alpha_3 + 4\alpha_3^2)$$

$$= \alpha_1 + \alpha_2 + \alpha_3 - \alpha_2^2 + 2\alpha_2\alpha_3 - 2\alpha_3^2.$$

由约束条件 $\sum_{i=1}^{3} \alpha_i y_i = \alpha_1 + \alpha_2 - \alpha_3 = 0$ 可得 $\alpha_3 = \alpha_1 + \alpha_2$. 将其代入上式可得

$$\bar{L}(\alpha_1, \alpha_2) := 2\alpha_1 + 2\alpha_2 - 2\alpha_1^2 - \alpha_2^2 - 2\alpha_1\alpha_2.$$

对 $\bar{L}$ 关于 α_1, α_2 分别求偏导并令其为 0:

$$\begin{cases} \dfrac{\partial \bar{L}}{\partial \alpha_1} = 2 - 4\alpha_1 - 2\alpha_2 = 0, \\[2mm] \dfrac{\partial \bar{L}}{\partial \alpha_2} = 2 - 2\alpha_2 - 2\alpha_1 = 0, \end{cases}$$

可得 $\alpha_1 = 0$, $\alpha_2 = 1$. 进而得 $\alpha_3 = 1$. 由于 $\alpha_2 > 0$, $\alpha_3 > 0$, 可得支持向量为 $\mathsf{x}_2, \mathsf{x}_3$. 分离超平面的权重和偏置分别为

$$w = \sum_{i \in sv} \alpha_i y_i \mathsf{x}_i = \alpha_2 y_2 \mathsf{x}_2 + \alpha_3 y_3 \mathsf{x}_3 = (1, -1)^{\mathrm{T}},$$

$$b = \frac{(y_2 - w^{\mathrm{T}} \mathsf{x}_2) + (y_3 - w^{\mathrm{T}} \mathsf{x}_3)}{2} = 1.$$

注意 $x_1 = (0,0)^{\mathrm{T}}$ 也在 $w^{\mathrm{T}} x + b = 1$ 超平面上, 但 $\alpha_1 = 0$, 因而 x_1 仍然不是支持向量. 给定一个新的点 $z = (z_1, z_2)^{\mathrm{T}} \in \mathbb{R}^2$, 硬间隔线性支持向量机分类器预测标签为 $\mathrm{sgn}(w^{\mathrm{T}} z + b) = \mathrm{sgn}(z_1 - z_2 + 1)$. □

例 1.6　给出标签为 $+1$ 的一个点 $\mathsf{x}_1 = (0,0)^{\mathrm{T}}$ 和标签为 -1 的两个点 $\mathsf{x}_2 = (2,2)^{\mathrm{T}}$, $\mathsf{x}_3 = (3,2)^{\mathrm{T}}$, 求解硬间隔线性支持向量机.

解　记 $\mathsf{x}_1, \mathsf{x}_2, \mathsf{x}_3$ 对应的标签分别为 y_1, y_2, y_3, 可得 $y_1 = 1$, $y_2 = y_3 = -1$. 注意 $\mathsf{x}_1 = (0,0)^{\mathrm{T}}$. 将数据点代入硬间隔线性支持向量机的对偶问题 (1.2.14) 可得

$$L(\alpha_1, \alpha_2, \alpha_3) = \alpha_1 + \alpha_2 + \alpha_3 - \frac{1}{2}(\alpha_2^2 y_2^2 \mathsf{x}_2^{\mathrm{T}} \mathsf{x}_2 + 2\alpha_2\alpha_3 y_2 y_3 \mathsf{x}_2^{\mathrm{T}} \mathsf{x}_3 + \alpha_3^2 y_3^2 \mathsf{x}_3^{\mathrm{T}} x_3)$$

$$= \alpha_1 + \alpha_2 + \alpha_3 - \frac{1}{2}(8\alpha_2^2 + 20\alpha_2\alpha_3 + 13\alpha_3^2)$$

$$= \alpha_1 + \alpha_2 + \alpha_3 - 4\alpha_2^2 - 10\alpha_2\alpha_3 - \frac{13}{2}\alpha_3^2.$$

由约束条件 $\sum_{i=1}^{3} \alpha_i y_i = \alpha_1 - \alpha_2 - \alpha_3 = 0$ 可得 $\alpha_1 = \alpha_2 + \alpha_3$. 将其代入上式 L 后的计算结果记为 $\bar{L}$, 可得

$$\bar{L}(\alpha_2, \alpha_3) := 2\alpha_2 + 2\alpha_3 - 4\alpha_2^2 - 10\alpha_2\alpha_3 - \frac{13}{2}\alpha_3^2.$$

对 $\bar{L}$ 关于 α_2, α_3 分别求偏导并令其为 0:

$$\begin{cases} \dfrac{\partial \bar{L}}{\partial \alpha_2} = 2 - 8\alpha_2 - 10\alpha_3 = 0, \\[3mm] \dfrac{\partial \bar{L}}{\partial \alpha_3} = 2 - 10\alpha_2 - 13\alpha_3 = 0, \end{cases}$$

可得 $\alpha_2 = \dfrac{3}{2}$, $\alpha_3 = -1$, 不满足非负约束条件 $\alpha_3 \geqslant 0$. 所以 $\bar{L}$ 的最大值在 $[0, +\infty)^2$ 的边界达到.

当 $\alpha_2 = 0$ 时, 最大值为 $\bar{L}\left(0, \dfrac{2}{13}\right) = \dfrac{2}{13}$; 当 $\alpha_3 = 0$ 时, 最大值为 $\bar{L}\left(\dfrac{1}{4}, 0\right) = \dfrac{1}{4}$. 因此, $\bar{L}(\alpha_2, \alpha_3)$ 在 $\alpha_2 = \dfrac{1}{4}$, $\alpha_3 = 0$ 可得 $\alpha_1 = \alpha_2 + \alpha_3 = \dfrac{1}{4}$. 由于 $\alpha_1 > 0$, $\alpha_2 > 0$, 可得支持向量为 $\mathsf{x}_1, \mathsf{x}_2$. 分离超平面的权重和偏置分别为

$$w = \sum_{i \in sv} \alpha_i y_i \mathsf{x}_i = \alpha_1 y_1 \mathsf{x}_1 + \alpha_2 y_2 \mathsf{x}_2 = \left(-\frac{1}{2}, -\frac{1}{2}\right)^{\mathrm{T}},$$

$$b = \frac{(y_1 - w^{\mathrm{T}} \mathsf{x}_1) + (y_2 - w^{\mathrm{T}} \mathsf{x}_2)}{2} = 1.$$

给定一个新的点 $z = (z_1, z_2)^{\mathrm{T}} \in \mathbb{R}^2$, 硬间隔线性支持向量机分类器预测标签为 $\mathrm{sgn}(w^{\mathrm{T}} z + b) = \mathrm{sgn}\left(-\dfrac{1}{2} z_1 - \dfrac{1}{2} z_2 + 1\right)$. $\qquad\square$

由于硬分类支持向量机的对偶问题 (1.2.14) 属于凸二次规划问题 (1.1.3), 有许多标准的优化算法可计算出乘子向量, 如第 5 章中的交替方向乘子法.

2. 软间隔支持向量机: 线性不可分

上一部分中, 我们假定数据线性可分, 这其实是非常理想的情况. 真实数据中由于离群点或者标签噪声等原因, 数据往往是不可分的. 因此, 本部分将考虑线性不可分二分类数据的软间隔支持向量机. 由于数据的不可分性, 我们希望寻找超平面使得分类错误的数据点尽可能少. 为此, 引入非负的松弛变量 $\xi_i \geqslant 0$ 来衡量数据点不符合线性可分或者偏离的程度:

$$y_i(w^{\mathrm{T}} \mathsf{x}_i + b) \geqslant 1 - \xi_i \quad \text{或} \quad \xi_i := \max\{0, 1 - y_i h(\mathsf{x}_i)\}, \qquad (1.2.19)$$

其中 $i = 1, 2, \cdots, m$, $h(z) = w^{\mathrm{T}} z + b = 0$ 为超平面. 式 (1.2.19) 中松弛变量 $\xi_i \geqslant 0$ 可分为三种情形 (图 1.4):

(i) 若 $\xi_i = 0$, 则 x_i 离超平面的距离大于等于 $\dfrac{1}{\|w\|_2}$;

(ii) 若 $0 < \xi_i < 1$, 则该点 x_i 位于间隔内并且依然分类正确;

(iii) 若 $\xi_i \geqslant 1$, 则该点 x_i 分类错误, 并且出现在了超平面的另一侧.

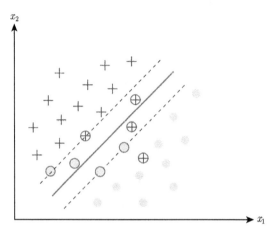

图 1.4　软间隔支持向量机

综合所有数据点的松弛变量 ξ_i 的和或平方和以及超平面间隔, 可得如下软间隔支持向量机的优化问题

$$\min_{w\in\mathbb{R}^n,b\in\mathbb{R},\xi\in\mathbb{R}^m} \quad \frac{1}{2}\|w\|_2^2 + C\sum_{i=1}^m \xi_i^p \tag{1.2.20}$$
$$\text{s.t.} \quad y_i(w^{\mathrm{T}}\mathsf{x}_i+b) \geqslant 1-\xi_i \quad \text{且} \quad \xi_i \geqslant 0, i=1,2,\cdots,m,$$

其中 $p \in \{1,2\}$ 且 $\xi := (\xi_1,\xi_2,\cdots,\xi_m)^{\mathrm{T}}$. 可知, 当 $C = +\infty$ 时, 软间隔支持向量机 (1.2.20) 退化为硬间隔支持向量机. 上述 (1.2.20) 可以紧凑地写成向量形式:

$$\min_{w\in\mathbb{R}^n,b\in\mathbb{R},\xi\in\mathbb{R}^m} \quad \frac{1}{2}\|w\|_2^2 + C\|\xi\|_p^p$$
$$\text{s.t.} \quad \text{diag}(y)(Dw + b\mathbf{1}) + \xi \geqslant \mathbf{1}, \ \xi \geqslant 0,$$

其中 $\mathbf{1} \in \mathbb{R}^m$ 表示所有分量为 1 的向量.

下面, 我们将分别讨论 $p = 1$ 和 $p = 2$ 情形的软间隔支持向量机. 类似表示定理 (1.2.12) 的推导, 我们有软间隔支持向量机的表示定理 $w = \sum_{i=1}^m y_i\alpha_i\mathsf{x}_i$.

(i) $p = 1$ 即铰链损失的软间隔支持向量机: 构造拉格朗日函数

$$L(w,b,\xi,\alpha,\beta)=\frac{\|w\|_2^2}{2}+C\sum_{i=1}^m \xi_i-\sum_{i=1}^m \alpha_i(y_i(w^{\mathrm{T}}\mathsf{x}_i+b)-1+\xi_i)-\sum_{i=1}^m \beta_i\xi_i, \tag{1.2.21}$$

其中 $\alpha_i \geqslant 0, \beta_i \geqslant 0, i = 1, 2, \cdots, m$ 是拉格朗日乘子. 根据 KKT 最优性条件 (见 3.2节), 可得

$$\alpha_i(y_i(w^{\mathrm{T}}\mathsf{x}_i + b) - 1 + \xi_i) = 0 \quad \text{且} \quad \beta_i \xi_i = 0, \quad i = 1, 2, \cdots, m.$$

拉格朗日函数 L 分别关于 w, b, ξ 求梯度并令其为 0 可得

$$w = \sum_{i=1}^{m} \alpha_i y_i \mathsf{x}_i, \ \sum_{i=1}^{m} \alpha_i y_i = 0 \quad \text{且} \quad \beta_i = C - \alpha_i, \quad i = 1, 2, \cdots, m.$$

将上述代入 (1.2.21) 可得对偶问题

$$\begin{aligned} \max_{\alpha \in \mathbb{R}^m} \quad & \sum_{i=1}^{n} \alpha_i - \frac{1}{2} \sum_{i=1}^{m} \sum_{j=1}^{m} \alpha_i \alpha_j y_i y_j \mathsf{x}_i^{\mathrm{T}} \mathsf{x}_j \\ \text{s.t.} \quad & 0 \leqslant \alpha_i \leqslant C, \ i = 1, 2, \cdots, m \quad \text{且} \quad \sum_{i=1}^{m} \alpha_i y_i = 0. \end{aligned} \tag{1.2.22}$$

上述软间隔支持向量机的对偶问题可以进一步简写成如下的向量形式:

$$\begin{aligned} \min_{\alpha \in \mathbb{R}^m} \quad & \frac{1}{2} \alpha^{\mathrm{T}} H \alpha - \mathbf{1}^{\mathrm{T}} \alpha \\ \text{s.t.} \quad & 0 \leqslant \alpha \leqslant C, \ y^{\mathrm{T}} \alpha = 0, \end{aligned} \tag{1.2.23}$$

其中矩阵 $H := \mathrm{diag}(y) D D^{\mathrm{T}} \mathrm{diag}(y)$. 可知矩阵 $DD^{\mathrm{T}} \in \mathbb{R}^{m \times m}$ 是数据的格拉姆矩阵. 值得一提的是, 若数据点的均值向量为零向量, 则矩阵 $D^{\mathrm{T}}D \in \mathbb{R}^{n \times n}$ 是数据的协方差矩阵. 此外, 需要注意 (1.2.23) 与 (1.2.15) 的区别是, 前者的乘子向量 α 有一个 C 的上界约束.

求解二次规划问题 (1.2.23), 可得权重和偏置仍然如公式 (1.2.16) 和 (1.2.18). 由 KKT 最优性条件可知软间隔支持向量机的支持向量满足

$$\alpha_i > 0 \ \text{且} \ (C - \alpha_i)\xi_i = 0, \quad i = 1, 2, \cdots, m.$$

当 $\xi_i = 0$ 即 $\alpha_i < C$ 时, 对应的支持向量 x_i 落在超平面 $w^{\mathrm{T}}x + b = \pm 1$ 上. 当 $\xi_i > 0$ 即 $\alpha_i = C$ 时, 对应的支持向量 x_i 位于间隔内或者类别分错.

(ii) $p = 2$ 即平方铰链损失的软间隔支持向量机: 对偶问题为

$$\begin{aligned} \max_{\alpha \in \mathbb{R}^m} \quad & \sum_{i=1}^{m} \alpha_i - \frac{1}{2} \sum_{i=1}^{m} \sum_{j=1}^{m} \alpha_i \alpha_j y_i y_j \left(\mathsf{x}_i^{\mathrm{T}} \mathsf{x}_j + \frac{1}{2C} \delta_{ij} \right) \\ \text{s.t.} \quad & \alpha_i \geqslant 0, \ i = 1, 2, \cdots, m \quad \text{且} \quad \sum_{i=1}^{m} \alpha_i y_i = 0, \end{aligned} \tag{1.2.24}$$

其中 δ_{ij} 为克罗内克函数, 其定义为若 $i = j$ 时 $\delta_{ij} = 1$; 若 $i \neq j$ 时 $\delta_{ij} = 0$. 这种情形的对偶问题推导过程是与 $p = 1$ 情形类似的, 将其作为本节课后练习 7. 上述软间隔支持向量的对偶问题可以进一步简化为如下的向量形式:

$$\min_{\alpha \in \mathbb{R}^m} \quad \frac{1}{2} \alpha^{\mathrm{T}} \Big(H + \frac{1}{2C} I_m \Big) \alpha - \mathbf{1}^{\mathrm{T}} \alpha$$
$$\text{s.t.} \quad \alpha \geqslant 0, \quad y^{\mathrm{T}} \alpha = 0. \tag{1.2.25}$$

此外, 需要注意 (1.2.25) 与 (1.2.15) 的区别是前者目标函数中的二次项系数矩阵多了一个 $\frac{1}{2C} I_m$. 求解二次规划问题 (1.2.25) 得到乘子向量后, 权重和偏置的计算仍然如公式 (1.2.16) 和 (1.2.18).

例 1.7 在二维平面中给定标签为 -1 的两个点 $\mathsf{x}_1 = (0,0)^{\mathrm{T}}$, $\mathsf{x}_2 = (0,1)^{\mathrm{T}}$ 和标签为 $+1$ 的两个点 $\mathsf{x}_3 = (1,0)^{\mathrm{T}}$, $\mathsf{x}_4 = (0,2)^{\mathrm{T}}$. 求解 $C = 2$ 的铰链损失的软间隔线性支持向量机.

解 记 $\mathsf{x}_1, \mathsf{x}_2, \mathsf{x}_3, \mathsf{x}_4$ 对应的标签分别为 y_1, y_2, y_3, y_4, 可得 $y_1 = y_2 = -1$, $y_3 = y_4 = 1$. 注意 $\mathsf{x}_1 = (0,0)^{\mathrm{T}}$, $\mathsf{x}_2^{\mathrm{T}} \mathsf{x}_3 = \mathsf{x}_3^{\mathrm{T}} \mathsf{x}_4 = 0$. 把数据代入铰链损失的软间隔线性支持向量机的对偶问题 (1.2.22) 的目标函数, 记为 $L(\alpha_1, \alpha_2, \alpha_3, \alpha_4)$, 可得

$$L(\alpha_1, \alpha_2, \alpha_3, \alpha_4) = \sum_{i=1}^{4} \alpha_i - \frac{1}{2} \big(\alpha_2^2 y_2^2 \mathsf{x}_2^{\mathrm{T}} \mathsf{x}_2 + 2\alpha_2 \alpha_4 y_2 y_4 \mathsf{x}_2^{\mathrm{T}} \mathsf{x}_4 + \alpha_3^2 y_3^2 \mathsf{x}_3^{\mathrm{T}} \mathsf{x}_3 + \alpha_4^2 y_4^2 \mathsf{x}_4^{\mathrm{T}} \mathsf{x}_4 \big)$$

$$= \sum_{i=1}^{4} \alpha_i - \frac{1}{2} \big(\alpha_2^2 - 4\alpha_2 \alpha_4 + \alpha_3^2 + 4\alpha_4^2 \big).$$

由 (1.2.22) 中的约束条件 $\sum_{i=1}^{4} \alpha_i y_i = -\alpha_1 - \alpha_2 + \alpha_3 + \alpha_4 = 0$ 可得

$$\alpha_1 = \alpha_3 + \alpha_4 - \alpha_2. \tag{1.2.26}$$

另外, 由 $C = 2$ 可知 $0 \leqslant \alpha_i \leqslant 2$, $i = 1, 2, 3, 4$. 将 (1.2.26) 代入上述 L 后的计算结果记为 $\bar{L} : [0, +\infty)^3 \to \mathbb{R}$, 可得

$$\bar{L}(\alpha_2, \alpha_3, \alpha_4) = 2\alpha_3 + 2\alpha_4 - \frac{1}{2}\alpha_2^2 + 2\alpha_2 \alpha_4 - \frac{1}{2}\alpha_3^2 - 2\alpha_4^2.$$

根据一阶最优性条件, 对 $\bar{L}$ 关于 $\alpha_2, \alpha_3, \alpha_4$ 分别求偏导并令其为 0 可得

$$\begin{cases} \dfrac{\partial \bar{L}}{\partial \alpha_2} = -\alpha_2 + 2\alpha_4 = 0, \\[2mm] \dfrac{\partial \bar{L}}{\partial \alpha_3} = 2 - \alpha_3 = 0, \\[2mm] \dfrac{\partial \bar{L}}{\partial \alpha_4} = 2 + 2\alpha_2 - 4\alpha_4 = 0. \end{cases}$$

可知上述线性方程组无解. 所以, $\bar{L}$ 的最大值在 $0 \leqslant \alpha_2, \alpha_3, \alpha_4 \leqslant 2$ 的边界达到. 下面, 我们将分六种情况讨论.

(i) 若 $\alpha_2 = 0$, 则 $\bar{L}(0, \alpha_3, \alpha_4) = 2\alpha_3 + 2\alpha_4 - \frac{1}{2}\alpha_3^2 - 2\alpha_4^2$. 根据最优性条件, $\bar{L}(0, \alpha_3, \alpha_4)$ 在 $0 \leqslant \alpha_3, \alpha_4 \leqslant 2$ 的最优解为 $\alpha_3 = 2$, $\alpha_4 = \frac{1}{2}$ 并且最大值为 $\bar{L}\left(0, 2, \frac{1}{2}\right) = \frac{5}{2}$.

(ii) 若 $\alpha_2 = 2$, 则 $\bar{L}(2, \alpha_3, \alpha_4) = 2\alpha_3 + 6\alpha_4 - 2 - \frac{1}{2}\alpha_3^2 - 2\alpha_4^2$. 根据最优性条件, $\bar{L}(2, \alpha_3, \alpha_4)$ 在 $0 \leqslant \alpha_3, \alpha_4 \leqslant 2$ 的最优解为 $\alpha_3 = 2$, $\alpha_4 = \frac{3}{2}$ 并且最大值为 $\bar{L}\left(2, 2, \frac{3}{2}\right) = \frac{9}{2}$.

(iii) 若 $\alpha_3 = 0$, 则 $\bar{L}(\alpha_2, 0, \alpha_4) = 2\alpha_4 - \frac{1}{2}\alpha_2^2 + 2\alpha_2\alpha_4 - 2\alpha_4^2$. 根据最优性条件

$$\begin{cases} \dfrac{\partial \bar{L}(\alpha_2, 0, \alpha_4)}{\partial \alpha_2} = -\alpha_2 + 2\alpha_4 = 0, \\ \dfrac{\partial \bar{L}(\alpha_2, 0, \alpha_4)}{\partial \alpha_4} = 2 + 2\alpha_2 - 4\alpha_4 = 0, \end{cases}$$

方程组无解, 其最大值在 $0 \leqslant \alpha_2, \alpha_4 \leqslant 2$ 边界达到. 通过逐一讨论 $\bar{L}(0, 0, \alpha_4)$, $\bar{L}(2, 0, \alpha_4)$, $\bar{L}(\alpha_2, 0, 0)$, $\bar{L}(\alpha_2, 0, 2)$ 的最值情况并且与 $\bar{L}(\alpha_2, 0, \alpha_4)$ 边界端点值进行比较, 可得 $\bar{L}(\alpha_2, 0, \alpha_4)$ 在 $\alpha_2 = 2$, $\alpha_4 = \frac{3}{2}$ 取得最大值 $\bar{L}\left(2, 0, \frac{3}{2}\right) = \frac{5}{2}$.

(iv) 若 $\alpha_3 = 2$, 则 $\bar{L}(\alpha_2, 2, \alpha_4) = 2\alpha_4 - \frac{1}{2}\alpha_2^2 + 2\alpha_2\alpha_4 - 2\alpha_4^2 + 2$. 类似于 (iii) 情形的讨论, 其最大值在 $0 \leqslant \alpha_2, \alpha_4 \leqslant 2$ 边界达到并且 $\bar{L}(\alpha_2, 2, \alpha_4)$ 在 $\alpha_2 = 2$, $\alpha_4 = \frac{3}{2}$ 取得最大值 $\bar{L}\left(2, 2, \frac{3}{2}\right) = \frac{9}{2}$.

(v) 若 $\alpha_4 = 0$, 则 $\bar{L}(\alpha_2, \alpha_3, 0) = 2\alpha_3 - \frac{1}{2}\alpha_2^2 - \frac{1}{2}\alpha_3^2$. 根据最优性条件, $\bar{L}(\alpha_2, \alpha_3, 0)$ 在 $0 \leqslant \alpha_2, \alpha_3 \leqslant 2$ 的最优解 $\alpha_2 = 0$, $\alpha_3 = 2$ 取得最大值 $\bar{L}(0, 2, 0) = 2$.

(vi) 若 $\alpha_4 = 2$, 则 $\bar{L}(\alpha_2, \alpha_3, 2) = 2\alpha_3 - \frac{1}{2}\alpha_2^2 + 4\alpha_2 - \frac{1}{2}\alpha_3^2 - 4$. 根据最优性条件, $\bar{L}(\alpha_2, \alpha_3, 2)$ 在 $0 \leqslant \alpha_2, \alpha_3 \leqslant 2$ 无解, 其最大值在边界达到. 通过逐一讨论 $\bar{L}(0, \alpha_3, 2)$, $\bar{L}(2, \alpha_3, 2)$, $\bar{L}(\alpha_2, 0, 2)$, $\bar{L}(\alpha_2, 2, 2)$ 的最值情况并且与 $\bar{L}(\alpha_2, \alpha_3, 2)$ 边界端点值进行比较, 可得 $\bar{L}(\alpha_2, \alpha_3, 2)$ 在 $\alpha_2 = \alpha_3 = 2$ 取得最大值 $\bar{L}(2, 2, 2) = 4$.

综合上述讨论 $\bar{L}(\alpha_2, \alpha_3, \alpha_4)$ 在 $0 \leqslant \alpha_2, \alpha_3, \alpha_4 \leqslant 2$ 时的最优解 $\alpha_2 = \alpha_3 = 2$, $\alpha_4 = \dfrac{3}{2}$ 并且最大值为 $\dfrac{9}{2}$. 由 (1.2.26) 可得 $\alpha_1 = \dfrac{3}{2}$. 从而, 对偶问题 (1.2.22) 的最优解为 $\alpha = \left(\dfrac{3}{2}, 2, 2, \dfrac{3}{2}\right)^{\mathrm{T}}$, 4 个数据点 x_1, x_2, x_3, x_4 均为支持向量, 且权重向量 $w = \sum_{i=1}^{4} \alpha_i y_i x_i = (2, 1)^{\mathrm{T}}$. 利用公式 (1.2.18) 以及 $0 < \alpha_1, \alpha_4 < 2$ 对应在 ± 1 超平面的两个点 x_1 和 x_4 计算偏置 $b = -1$. 则分离超平面为 $h(z) = 2z_1 + z_2 - 1$, $z = (z_1, z_2)^{\mathrm{T}}$. 超平面 $h(z) = -1, 0, 1$ 以及支持向量如图 1.5 所示. $\square$

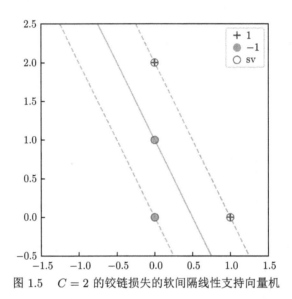

图 1.5 $C = 2$ 的铰链损失的软间隔线性支持向量机

例 1.8   在二维平面中给定标签为 -1 的两个点 $x_1 = (0, 0)^{\mathrm{T}}$, $x_2 = (0, 1)^{\mathrm{T}}$ 和标签为 $+1$ 的两个点 $x_3 = (1, 0)^{\mathrm{T}}$, $x_4 = (0, 2)^{\mathrm{T}}$. 求解 $C = 1/2$ 的平方铰链损失的软间隔线性支持向量机.

解   记 x_1, x_2, x_3, x_4 对应的标签为 y_1, y_2, y_3, y_4, 可得 $y_1 = y_2 = -1$, $y_3 = y_4 = 1$. 注意 $C = 1/2$, $x_1 = (0, 0)^{\mathrm{T}}$ 且 $x_2^{\mathrm{T}} x_3 = x_3^{\mathrm{T}} x_4 = 0$. 把数据代入平方铰链损失的软间隔线性支持向量机的对偶问题 (1.2.24) 的目标函数, 记为 $L(\alpha)$, 可得

$$
\begin{aligned}
L(\alpha) &= \sum_{i=1}^{4} \alpha_i - \frac{1}{2}\Big(\alpha_1^2 y_1^2 (x_1^{\mathrm{T}} x_1 + 1) + \alpha_2^2 y_2^2 (x_2^{\mathrm{T}} x_2 + 1) + 2\alpha_2 \alpha_4 y_2 y_4 x_2^{\mathrm{T}} x_4 \\
&\quad + \alpha_3^2 y_3^2 (x_3^{\mathrm{T}} x_3 + 1) + \alpha_4^2 y_4^2 (x_4^{\mathrm{T}} x_4 + 1) \Big) \\
&= \sum_{i=1}^{4} \alpha_i - \frac{1}{2}\big(\alpha_1^2 + 2\alpha_2^2 - 4\alpha_2 \alpha_4 + 2\alpha_3^2 + 5\alpha_4^2 \big)
\end{aligned}
$$

$$= \sum_{i=1}^{4} \alpha_i - \frac{1}{2}\alpha_1^2 - \alpha_2^2 + 2\alpha_2\alpha_4 - \alpha_3^2 - \frac{5}{2}\alpha_4^2.$$

由 (1.2.24) 中的约束条件 $\sum_{i=1}^{4} \alpha_i y_i = -\alpha_1 - \alpha_2 + \alpha_3 + \alpha_4 = 0$ 可得

$$\alpha_1 = \alpha_3 + \alpha_4 - \alpha_2. \tag{1.2.27}$$

将 (1.2.27) 代入上述 L 后的计算结果记为 $\bar{L} : [0, +\infty)^3 \to \mathbb{R}$ 可得

$$\bar{L}(\alpha_2, \alpha_3, \alpha_4) = 2\alpha_3 + 2\alpha_4 - \frac{3}{2}\alpha_2^2 - \frac{3}{2}\alpha_3^2 - 3\alpha_4^2 + \alpha_2\alpha_3 + 3\alpha_2\alpha_4 - \alpha_3\alpha_4.$$

根据一阶最优性条件, 对 $\bar{L}$ 关于 $\alpha_2, \alpha_3, \alpha_4$ 分别求偏导并令其为 0 可得

$$\begin{cases} \dfrac{\partial \bar{L}}{\partial \alpha_2} = -3\alpha_2 + \alpha_3 + 3\alpha_4 = 0, \\[2mm] \dfrac{\partial \bar{L}}{\partial \alpha_3} = 2 - 3\alpha_3 + \alpha_2 - \alpha_4 = 0, \\[2mm] \dfrac{\partial \bar{L}}{\partial \alpha_4} = 2 - 6\alpha_4 + 3\alpha_2 - \alpha_3 = 0 \end{cases}$$

的解为 $\alpha_2 = \dfrac{11}{12}$, $\alpha_3 = \dfrac{3}{4}$, $\alpha_4 = \dfrac{2}{3}$. 由 (1.2.27) 可得 $\alpha_1 = \dfrac{1}{2}$. 从而, 对偶问题 (1.2.24) 的最优解为 $\alpha = \left(\dfrac{1}{2}, \dfrac{11}{12}, \dfrac{3}{4}, \dfrac{2}{3}\right)^{\mathrm{T}}$, 4 个数据点 $\mathsf{x}_1, \mathsf{x}_2, \mathsf{x}_3, \mathsf{x}_4$ 均为支持向量, 且权重向量 $w = \sum_{i=1}^{4} \alpha_i y_i \mathsf{x}_i = \left(\dfrac{3}{4}, \dfrac{5}{12}\right)^{\mathrm{T}}$. 由公式 (1.2.18) 可得偏置 $b = -\dfrac{1}{2}$. 则 $C = \dfrac{1}{2}$ 的平方铰链损失的软间隔线性支持向量机为 $h(z) = \dfrac{3}{4}z_1 + \dfrac{5}{12}z_2 - \dfrac{1}{2}$, $z = (z_1, z_2)^{\mathrm{T}}$.

$\square$

3. 核支持向量机: 非线性

本部分, 我们将介绍针对非线性二分类数据的核支持向量机. 为此, 我们需要先简要引入特征映射和核函数相关的概念.

给出数据合适的表示方式能促进数据的分析. 我们用输入空间 $\mathcal{I}$ 来表示输入数据 x 的数据空间, 用特征空间 $\mathcal{F}$ 来表示特征映射 $\Phi : \mathcal{I} \to \mathcal{F}$ 得到的向量 $\Phi(x)$ 所在的空间. 我们总是假定特征空间 $\mathcal{F}$ 是一个希尔伯特空间, 其上内积和范数分别记为 $\langle \cdot, \cdot \rangle_{\mathcal{F}}$ 和 $\|\cdot\|_{\mathcal{F}}$.

Cover 定理表明将复杂的模式分类问题非线性地投射到高维空间将比投射到低维空间更可能是线性可分的[28]. 例如, $\mathbb{R}^n$ 中平面的 VC (Vapnik-Chervonenkis) 维

度是 $n+1$[86], 即平面 $h(z) = w^{\mathrm{T}} z + b$ 能线性分开 $n+1$ 个不共面的任意两类正负标签的点, 但是无法分开 $n+2$ 个点. 理论上, 将 m 个二分类数据点以合适的方法非线性映射到 $\mathbb{R}^{m-1}$ 后, 该数据集大概率是线性可分的.

下面, 我们将给出一些二分类例子来说明数据在输入空间不是线性可分的, 但在合适的非线性特征映射后的特征空间中却是线性可分的.

例 1.9 (异或问题)　$y = \begin{cases} 1, & x = (0,1) \text{或} (1,0), \\ 0, & x = (0,0) \text{或} (1,1), \end{cases}$　定义映射 $\Phi(x_1, x_2) = (x_1, x_1 x_2, x_2)$ (图 1.6).

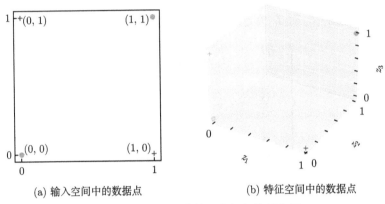

(a) 输入空间中的数据点　　　　　　(b) 特征空间中的数据点

图 1.6　异或问题的输入空间与特征空间

例 1.10　$y = \begin{cases} 1, & -1 < x_1 + x_2 < 1, \\ -1, & \text{其他}, \end{cases}$　$x \in \mathbb{R}^2$. 映射 $\Phi(x_1, x_2) = (x_1^2, 2x_1 x_2, x_2^2)$ 把 $\mathbb{R}^2$ 中的带状区域 $\{(x_1, x_2) | -1 < x_1 + x_2 < 1\}$ 映射成 $\mathbb{R}^3$ 中的半平面 $\{(z_1, z_2, z_3) | z_1 + z_2 + z_3 < 1\}$.

例 1.11　$\mathbb{R}^2$ 中二次曲线可以写成 $a_1 x_1 + a_2 x_1^2 + a_3 x_2 + a_4 x_2^2 + a_5 x_1 x_2 + a_6 = 0$. 定义 $\mathbb{R}^2$ 到 $\mathbb{R}^6$ 的映射 $\Phi(x_1, x_2) = (\sqrt{2} x_1, x_1^2, \sqrt{2} x_2, x_2^2, \sqrt{2} x_1 x_2, 1)$.

例 1.12　$y = \begin{cases} 1, & \|x\|_2 \leqslant \dfrac{1}{2}, \\ -1, & \text{其他}, \end{cases}$　$x = (x_1, x_2)^{\mathrm{T}} \in \mathbb{R}^2$. 定义特征映射 $\Phi(x_1, x_2) = (\sqrt{2} x_1 x_2, x_1^2, x_2^2)$, 其输入空间和特征空间如图 1.7 所示.

通常地, 两个向量的相似性是通过计算内积衡量的. 内积的归一化是余弦相似度. 特征空间的维数如果很大, 其内积的计算代价毫无疑问是高昂的. 所以, 恰当地选取特征映射对于计算是至关重要的. 我们以例 1.12 来说明特征映射的选取问题. 例 1.12 中两个点 $x, z \in \mathbb{R}^2$ 在特征空间 $\mathcal{F} = \mathbb{R}^3$ 中内积为

$$\langle \Phi(x), \Phi(z) \rangle_{\mathbb{R}^3} = 2x_1 x_2 z_1 z_2 + x_1^2 z_1^2 + x_2^2 z_2^2 = (x^{\mathrm{T}} z)^2.$$

倘若例 1.12 中的特征映射改为 $\Phi(x) = (x_1 x_2, x_1^2, x_2^2)$, 则

$$\langle \Phi(x), \Phi(z) \rangle_{\mathbb{R}^3} = x_1 x_2 z_1 z_2 + x_1^2 z_1^2 + x_2^2 z_2^2,$$

无简洁的表示.

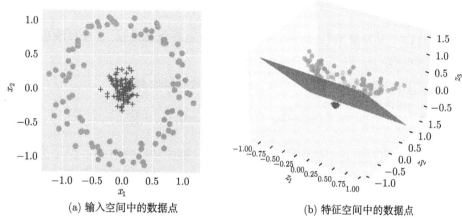

(a) 输入空间中的数据点   (b) 特征空间中的数据点

图 1.7   圆形数据的输入空间和特征空间

借助核函数来选取特征映射 $\Phi : \mathcal{I} \to \mathcal{F}$ 使得内积 $\langle \Phi(x), \Phi(z) \rangle_{\mathcal{F}}$ 的计算简单高效. 这样的核函数是一个正定核 (positive definite kernel), 其定义如下.

定义 1.3   一个二元函数 $K : \mathcal{I} \times \mathcal{I} \to \mathbb{R}$ 称为正定核当且仅当 (i) K 是对称的, 即对于任意的 $x, z \in \mathcal{I}$ 有 $K(x, z) = K(z, x)$; (ii) 对于任意 $m \in \mathbb{N}$, 选取任意 m 个点 $\mathsf{x}_1, \mathsf{x}_2, \cdots, \mathsf{x}_m \in \mathcal{I}$, 对任意实数 $c_1, c_2, \cdots, c_m$ 有 $\sum_{i=1}^{m} \sum_{j=1}^{m} c_i K(\mathsf{x}_i, \mathsf{x}_j) c_j \geqslant 0$.

性质 1.1   给定一个特征映射 $\Phi : \mathcal{I} \to \mathcal{F}$. 若 $K(x, z)$, $x, z \in \mathcal{I}$ 可以写成 $\mathcal{F}$ 中内积形式 $\langle \Phi(x), \Phi(z) \rangle_{\mathcal{F}}$, 则 K 是 $\mathcal{I}$ 上的正定核.

证明   首先, 由于内积是对称的, 从而 K 是对称的. 其次, 任意的 $m \in \mathbb{N}$, 选取任意 m 个点 $\mathsf{x}_1, \mathsf{x}_2, \cdots, \mathsf{x}_m \in \mathcal{I}$, 对任意实数 $c_1, c_2, \cdots, c_m$ 有

$$\sum_{i=1}^{m} \sum_{j=1}^{m} c_i c_j K(\mathsf{x}_i, \mathsf{x}_j) = \sum_{i=1}^{m} \sum_{j=1}^{m} c_i c_j \langle \Phi(\mathsf{x}_i), \Phi(\mathsf{x}_j) \rangle_{\mathcal{F}} = \left\| \sum_{i=1}^{m} c_i \Phi(\mathsf{x}_i) \right\|_{\mathcal{F}}^2 \geqslant 0.$$

由正定核的定义可知, 结论成立.   □

实际上, 性质 1.1 的逆命题也是成立的. 著名的 Moore-Aronszajn 定理表明 K 是一个正定核当且仅当其可以写成内积形式, 其证明见文献 [2, 79].

下面, 我们列举出几个常见的核函数及其特征映射. 需要注意核函数的特征映射通常是不唯一的.

例 1.13 线性核 $K(x,z) = xz$, $x, z \in \mathbb{R}$ 的特征映射: 给定 $n \in \mathbb{N}$,

$$\Phi : \mathbb{R} \to \mathbb{R}^n, \quad \Phi(x) = \left(\frac{x}{\sqrt{n}}, \frac{x}{\sqrt{n}}, \cdots, \frac{x}{\sqrt{n}} \right).$$

例 1.14 非齐次二次多项式核 $K(x,z) = (1 + x^{\mathrm{T}} z)^2$, $x, z \in \mathbb{R}^2$ 的特征映射

$$\Phi : \mathbb{R}^2 \to \mathbb{R}^6, \quad \Phi(x) = (\sqrt{2} x_1, x_1^2, \sqrt{2} x_2, x_2^2, x_1 x_2, 1).$$

例 1.15 余弦核 $K(x,z) = \cos(x - z)$, $x, z \in \mathbb{R}$ 是正定核, 其特征映射 $\Phi(x) = (\cos(x), \sin(x))$.

例 1.16 高斯核函数 $e^{-\frac{(x-z)^2}{2}}$, $x, z \in \mathbb{R}$ 的特征映射

$$\Phi(x) = \left(e^{-\frac{x^2}{2}} \frac{x^n}{\sqrt{n!}} : n = 0, 1, \cdots \right).$$

下面, 我们开始介绍核支持向量机的算法. 假定特征映射 $\Phi : \mathcal{I} \to \mathcal{F}$ 由核函数 K 按 $K(x,z) = \langle \Phi(x), \Phi(z) \rangle_{\mathcal{F}}$ 内积形式确定. 此时, 特征空间 $\mathcal{F}$ 中对应的数据集为 $\{(\Phi(\mathsf{x}_j), y_j) | j = 1, 2, \cdots, m\}$. 由此, 可得核支持向量机的优化问题

$$\min_{w \in \mathcal{F}, b \in \mathbb{R}} \quad \frac{1}{2} \|w\|_{\mathcal{F}}^2 + C \sum_{i=1}^m \xi_i^p \tag{1.2.28}$$
$$\text{s.t.} \quad y_i(\langle w, \Phi(\mathsf{x}_i) \rangle_{\mathcal{F}} + b) \geqslant 1 - \xi_i \quad \text{且} \quad \xi_i \geqslant 0, i = 1, 2, \cdots, m,$$

其中 $p \in \{1, 2\}$ 且 w, b, ξ_i 分别是特征空间 $\mathcal{F}$ 中的权重向量、偏置和松弛变量.

根据表示定理 $w = \sum_{i=1}^m y_i \alpha_i \Phi(\mathsf{x}_i)$, 我们将分别讨论 $p = 1$ 和 $p = 2$ 情形的核支持向量机.

(i) $p = 1$ **即铰链损失的核支持向量机**: 对偶问题为

$$\max_{\alpha \in \mathbb{R}^m} \quad \sum_{i=1}^m \alpha_i - \frac{1}{2} \sum_{i=1}^m \sum_{j=1}^m \alpha_i \alpha_j y_i y_j K(\mathsf{x}_i, \mathsf{x}_j)$$
$$\text{s.t.} \quad 0 \leqslant \alpha_i \leqslant C, \ i = 1, 2, \cdots, m \quad \text{且} \quad \sum_{i=1}^m \alpha_i y_i = 0.$$

上述核支持向量机对偶问题可写成如下向量形式:

$$\min_{\alpha \in \mathbb{R}^m} \quad \frac{1}{2} \alpha^{\mathrm{T}} H \alpha - \mathbf{1}^{\mathrm{T}} \alpha \tag{1.2.29}$$
$$\text{s.t.} \quad y^{\mathrm{T}} \alpha = 0, \quad 0 \leqslant \alpha \leqslant C,$$

其中 $H := \mathrm{diag}(y) \mathsf{K} \mathrm{diag}(y)$ 且核矩阵

$$\mathsf{K} := [K(\mathsf{x}_i, \mathsf{x}_j) : i, j = 1, 2, \cdots, m].$$

(ii) $p = 2$ **即平方铰链损失的核支持向量机**: 对偶问题为

$$\max_{\alpha \in \mathbb{R}^m} \quad \sum_{i=1}^m \alpha_i - \frac{1}{2} \sum_{i=1}^m \sum_{j=1}^m \alpha_i \alpha_j y_i y_j K_q(\mathsf{x}_i, \mathsf{x}_j)$$

$$\text{s.t.} \quad \alpha_i \geqslant 0, \ i = 1, 2, \cdots, m \quad \text{且} \quad \sum_{i=1}^m \alpha_i y_i = 0,$$

其中 $K_q(\mathsf{x}_i, \mathsf{x}_j) := K(\mathsf{x}_i, \mathsf{x}_j) + \frac{1}{2C} \delta_{i,j}$. 这种 $p = 2$ 情形的核支持向量机的对偶问题可写成如下向量形式:

$$\min_{\alpha \in \mathbb{R}^m} \quad \frac{1}{2} \alpha^{\mathrm{T}} Q \alpha - \mathbf{1}^{\mathrm{T}} \alpha \tag{1.2.30}$$

$$\text{s.t.} \quad y^{\mathrm{T}} \alpha = 0, \quad \alpha \geqslant 0,$$

其中 $Q := \mathrm{diag}(y) \left(\mathsf{K} + \frac{1}{2C} I_m \right) \mathrm{diag}(y)$. 显然, (1.2.30) 属于二次规划问题 (1.1.3).

若数值求解出 α, 可得权重向量和偏置分别为

$$w = \sum_{\alpha_i > 0} \alpha_i y_i \Phi(\mathsf{x}_i),$$

$$b = \frac{1}{m} \sum_{\alpha_i > 0} (y_i - w^{\mathrm{T}} \Phi(\mathsf{x}_i)) = \frac{1}{m} \sum_{\alpha_i > 0} \left(y_i - \sum_{\alpha_j > 0} \alpha_j y_j K(\mathsf{x}_j, \mathsf{x}_i) \right).$$

从而, 核支持向量机为

$$h(z) = \mathrm{sgn}(w^{\mathrm{T}} \Phi(z) + b) = \sum_{\alpha_i > 0} \alpha_i y_i K(\mathsf{x}_i, z) + b, \quad z \in \mathbb{R}^n. \tag{1.2.31}$$

特别地, 选取线性核即 $K(x, z) = x^{\mathrm{T}} z$, 则核支持向量机退化为线性支持向量机.

例 1.17 给定异或数据集, 即标签为 -1 的两个点 $\mathsf{x}_1 = (0, 0)^{\mathrm{T}}$, $\mathsf{x}_2 = (1, 1)^{\mathrm{T}}$ 和标签为 $+1$ 的两个点 $\mathsf{x}_3 = (0, 1)^{\mathrm{T}}$, $\mathsf{x}_4 = (1, 0)^{\mathrm{T}}$. 选取高斯核函数 $K(x, z) = e^{-\|x-z\|_2^2}$ 和正则化参数 $C = 10$, 求解核支持向量机.

解 记 $\mathsf{x}_1, \mathsf{x}_2, \mathsf{x}_3, \mathsf{x}_4$ 对应的标签分别为 y_1, y_2, y_3, y_4, 可得 $y_1 = y_2 = -1$, $y_3 = y_4 = 1$. 由核支持向量机对偶问题 (1.2.29) 可得 $L(\alpha) = \frac{1}{2} \alpha^{\mathrm{T}} H \alpha - \mathbf{1}^{\mathrm{T}} \alpha$, 其中

$$H = \mathrm{diag}(y) \mathsf{K} \mathrm{diag}(y) = \begin{pmatrix} 1 & e^{-2} & -e^{-1} & -e^{-1} \\ e^{-2} & 1 & -e^{-1} & -e^{-1} \\ -e^{-1} & -e^{-1} & 1 & e^{-2} \\ -e^{-1} & -e^{-1} & e^{-2} & 1 \end{pmatrix}.$$

由约束 $y^{\mathrm{T}}\alpha = -\alpha_1 - \alpha_2 + \alpha_3 + \alpha_4 = 0$ 即 $\alpha_4 = \alpha_1 + \alpha_2 - \alpha_3$, 将其代入 $L(\alpha)$ 可得

$$L(\alpha_1, \alpha_2, \alpha_3) = (1 - e^{-1})\alpha_1^2 + (1 - 2e^{-1} + e^{-2})\alpha_1\alpha_2 - (1 - e^{-2})\alpha_1\alpha_3$$

$$+ (1 - e^{-1})\alpha_2^2 - (1 - e^{-2})\alpha_2\alpha_3 + (1 - e^{-2})\alpha_3^2 - 2(\alpha_1 + \alpha_2).$$

若 $C = 10$, 则 $\alpha = \dfrac{1}{(1 - e^{-1})^2}(1, 1, 1, 1)^{\mathrm{T}}$, $b = 0$. 由 (1.2.31) 可得核支持向量机

$$h(z) = \frac{1}{(1 - e^{-1})^2}\sum_{i=1}^{4} y_i K(\mathsf{x}_i, z)$$

$$= \frac{1}{(1 - e^{-1})^2}\sum_{i=1}^{4}\left(e^{-\|\mathsf{x}_3 - z\|_2^2} + e^{-\|\mathsf{x}_4 - z\|_2^2} - e^{-\|\mathsf{x}_1 - z\|_2^2} - e^{-\|\mathsf{x}_2 - z\|_2^2}\right).$$

函数 $h(z) = -1, 0, 1$ 的三条曲线分别用绿色虚线、绿色实线、绿色点线标记, 支持向量机 (sv) 用红色圆圈标记, 如图 1.8(a) 所示. □

例 1.18　给定异或数据集, 即标签为 -1 的两个点 $\mathsf{x}_1 = (0, 0)^{\mathrm{T}}$, $\mathsf{x}_2 = (1, 1)^{\mathrm{T}}$ 和标签为 $+1$ 的两个点 $\mathsf{x}_3 = (0, 1)^{\mathrm{T}}$, $\mathsf{x}_4 = (1, 0)^{\mathrm{T}}$. 选取二次非齐次多项式核函数 $K(x, z) = (1 + x^{\mathrm{T}}z)^2$ 和 $C = 2$, 求解铰链损失的核支持向量机.

解　记 $\mathsf{x}_1, \mathsf{x}_2, \mathsf{x}_3, \mathsf{x}_4$ 对应的标签分别为 y_1, y_2, y_3, y_4, 可得 $y_1 = y_2 = -1$, $y_3 = y_4 = 1$. 由核支持向量机对偶问题 (1.2.29) 可得 $L(\alpha) = \frac{1}{2}\alpha^{\mathrm{T}}H\alpha - \mathbf{1}^{\mathrm{T}}\alpha$, 其中

$$H = \mathrm{diag}(y)\mathsf{K}\mathrm{diag}(y) = \begin{pmatrix} 1 & 1 & -1 & -1 \\ 1 & 9 & -4 & -4 \\ -1 & -4 & 4 & 1 \\ -1 & -4 & 1 & 4 \end{pmatrix}.$$

由约束 $y^{\mathrm{T}}\alpha = -\alpha_1 - \alpha_2 + \alpha_3 + \alpha_4 = 0$ 即 $\alpha_4 = \alpha_1 + \alpha_2 - \alpha_3$, 将其代入 $L(\alpha)$ 可得

$$L(\alpha_1, \alpha_2, \alpha_3) = \frac{1}{2}\left(3\alpha_1^2 - 6\alpha_1\alpha_3 + 5\alpha_2^2 - 6\alpha_2\alpha_3 + 6\alpha_3^2\right) - 2(\alpha_1 + \alpha_2).$$

若 $C = 5$, 则 $\alpha = \left(\dfrac{10}{3}, 2, \dfrac{8}{3}, \dfrac{8}{3}\right)^{\mathrm{T}}$, $b = -1$. 由 (1.2.31) 可得核支持向量机

$$h(z) = \sum_{i=1}^{4}\alpha_i y_i(\mathsf{x}_i^{\mathrm{T}}z + 1)^2 + b = \frac{2}{3}(z_1^2 + z_2^2 + 2z_1 + 2z_2) - 4z_1 z_2 - 1, \quad z \in \mathbb{R}^2.$$

函数 $h(z) = -1, 0, 1$ 的三条曲线分别用绿色虚线、绿色实线、绿色点线标记, 支持向量机 (sv) 用红色圆圈标记, 如图 1.8(b) 所示. □

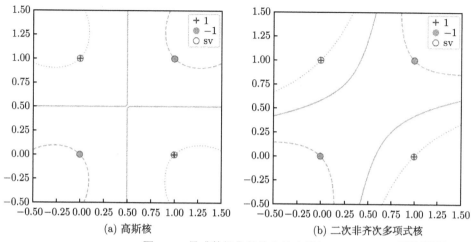

(a) 高斯核   (b) 二次非齐次多项式核

图 1.8 异或数据集的核支持向量机

例 1.19 给定标签为 -1 的三个点 $x_1 = (0,0)^T$, $x_2 = (-1,0)^T$, $x_3 = (0,1)^T$ 和标签为 $+1$ 的三个点 $x_4 = (1,0)^T$, $x_5 = (0,2)^T$, $x_6 = (1,2)^T$. 求选取二次非齐次多项式核函数 $K(x,z) = (1 + x^T z)^2$ 和 $C = 5$ 的铰链损失的核支持向量机.

解 类似计算, 可得对偶问题 (1.2.29) 的 $\alpha = \left(0, 0, \dfrac{54}{41}, \dfrac{32}{41}, \dfrac{22}{41}, 0\right)^T$ 且 $b = -\dfrac{55}{41}$. 支持向量为 x_3, x_4, x_5. 由 (1.2.31) 可得核支持向量机

$$h(z) = -\alpha_3 (1 + x_3^T z)^2 + \alpha_4 (1 + x_4^T z)^2 + \alpha_5 (1 + x_5^T z)^2 + b$$

$$= \frac{1}{41}(32z_1^2 + 34z_2^2 + 64z_1 - 20z_2 - 55), \quad z \in \mathbb{R}^2.$$

函数 $h(z) = -1, 0, 1$ 的三条曲线分别用绿色虚线、绿色实线、绿色点线标记, 支持向量机 (sv) 用红色圆圈标记, 如图 1.9 所示. □

支持向量机算法在过去几十年得到快速发展并且已经在众多领域中取得巨大成功[75,79]. 在此, 我们提及支持向量机算法的若干代表性变体, 包括支持向量机回归、ν-支持向量机、多分类支持向量机[42]、最小二乘支持向量机[81]、孪生支持向量机[45]、模糊支持向量机[53]、带非凸损失项的支持向量机[54]、ℓ_p 范数支持向量机[11]、支持矩阵机[56] 等.

1.2.4 多层感知机

人工神经网络是一种应用类似于大脑神经突触连接的结构进行信息处理的数学模型[38]. 2018 年度图灵奖授予深度学习领域的三位杰出科学家杰弗里·辛顿

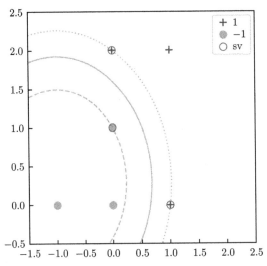

图 1.9   6 个数据点的二次非齐次多项核支持向量机

(Geoffrey E. Hinton)、约书亚·本吉奥 (Yoshua Bengio) 以及扬·莱坎 (Yann LeCun, 中文名杨立昆) 来表彰他们对深度学习的发展和应用做出的巨大贡献, 从而推动了人工智能技术的革新和进步. 2024 年, 诺贝尔物理学奖授予约翰·霍普菲尔德 (John J. Hopfield) 和杰弗里·辛顿以表彰他们基于人工神经网络实现机器学习的基础性发现和发明.

深度神经网络的类型有多层感知机、卷积神经网络和循环神经网络等. 限于篇幅, 本节只讨论多层感知机. 通常地, 多层感知机的层数是指计算隐含层的层数加输出层, 不计算输入层, 如图 1.10 所示. 多层感知机的各神经元分层排列, 每个神经元只与前一层的神经元相连, 接收前一层的输出, 并输出给下一层, 各层间没

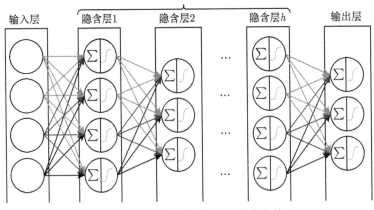

图 1.10   多层感知机网络的基本架构

有反馈, 也不存在跨层连接. 神经网络的超参数包括网络层的深度、网络层的宽度即各层网络层的神经元个数以及神经元的激活函数.

首先, 我们介绍一些神经网络用到的激活函数[31].

- 单位阶跃函数 (unit-step function):

$$\text{step}(x) := \begin{cases} 0, & x < 0, \\ 1, & x \geqslant 0. \end{cases} \tag{1.2.32}$$

- 逻辑函数 (logistic function): $\sigma(x) := \dfrac{1}{1 + e^{-x}}$, $x \in \mathbb{R}$.

- 修正线性单元 (rectified linear unit, ReLU): $\text{ReLU}(x) := \begin{cases} 0, & x \leqslant 0, \\ x, & x > 0. \end{cases}$

- Softmax 函数 $s : \mathbb{R}^d \to [0,1]^d$ 定义为

$$s(z) := \frac{1}{\displaystyle\sum_{k=1}^{d} \exp(z_k)} \begin{pmatrix} \exp(z_1) \\ \exp(z_2) \\ \vdots \\ \exp(z_d) \end{pmatrix}, \quad z \in \mathbb{R}^d. \tag{1.2.33}$$

针对多类问题, 我们需要把类别标签 $\{c_1, c_2, \cdots, c_d\}$ 映射成向量. 具体地, 把 c_i 类映射为 $\mathbb{R}^d$ 中的第 i 个标准正交基向量

$$e_i := (\overbrace{0, \cdots, 0}^{i-1}, 1, \overbrace{0, \cdots, 0}^{d-i})^{\mathrm{T}}.$$

因此, 我们还需要介绍一个交叉熵作为多分类问题的损失函数.

例 1.20 如果袋子里有 4 个球, 颜色分别为蓝、红、绿、橙, 需要回答几次是与否的问题才能猜对球的颜色? 可知按这种方式的提问是需要两次的.

例 1.21 如果袋子里蓝, 红, 绿和橙的比例分别是 $\dfrac{1}{2}, \dfrac{1}{4}, \dfrac{1}{8}$ 和 $\dfrac{1}{8}$, 需要回答几次是与否的问题才能猜对球的颜色? 可计算得到的期望提问次数:

$$\frac{1}{2} \times 1 + \frac{1}{4} \times 2 + \frac{1}{8} \times 3 + \frac{1}{8} \times 3 = 1.75.$$

若球的占比概率是 $p \in (0,1)$, 则需要至少 $\log_2 \dfrac{1}{p}$ 次猜测才能猜对. 若 d 个类别的球占比概率分别为 $p_1, p_2, \cdots, p_d$, 则共猜测次数的期望值:

$$\sum_{i=1}^{d} p_i \log_2 \left(\frac{1}{p_i} \right) = -\sum_{i=1}^{d} p_i \log_2(p_i), \quad \text{s.t.} \quad \sum_{i=1}^{d} p_i = 1.$$

注意 $-\log x$ 为凸函数. 由 Jensen 不等式可得

$$-\sum_{i=1}^{d} p_i \log_2 p_i \leqslant \log_2 d, \quad \text{s.t.} \quad \sum_{i=1}^{d} p_i = 1,$$

等式成立当且仅当 $p_i = \dfrac{1}{d}$ 对所有 $i = 1, 2, \cdots, d$. 在数学上, 我们通常把对数的底 2 换成自然常数 e.

定义 1.4 给定两个离散概率分布 $p = (p_1, p_2, \cdots, p_d)$ 和 $q = (q_1, q_2, \cdots, q_d)$, 其交叉熵 $L(p, q)$ 定义为 $L(p, q) := -\sum_{i=1}^{d} p_i \ln q_i$.

假定数据集输入 $x \in \mathbb{R}^n$, 输出 $y \in \{e_1, e_2, \cdots, e_d\} \in \mathbb{R}^d$. 考虑一个具有 h 层隐含层即 $h + 1$ 层的感知机 (图 1.11). 由于输出层的输出与损失函数直接相关联, 其与隐含层有一定差异. 因此, 我们对输出层与隐含层的输出数学表达式分开描述, 以方便后续建立其参数的学习算法.

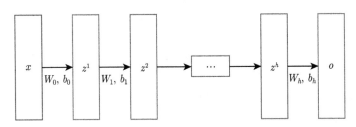

图 1.11 $h + 1$ 层感知机

令第 l 层神经元个数为 n_l, 则第 l $(l = 1, 2, \cdots, h)$ 层隐含层的输出为

$$z^l = f_l(\text{net}_l) := f_l(b_{l-1} + W_{l-1}^{\mathrm{T}} z^{l-1}), \tag{1.2.34}$$

其中 $W_{l-1} \in \mathbb{R}^{n_{l-1} \times n_l}$, $b_{l-1} \in \mathbb{R}^{n_l}$, $z^0 = x$ 且 $n_0 = n$. 输出层的输出为

$$o = f_{h+1}(\text{net}_{h+1}) := f_{h+1}(b_h + W_h^{\mathrm{T}} z^h), \tag{1.2.35}$$

其中 $W_h \in \mathbb{R}^{n_h \times n_{h+1}}$, $b_h \in \mathbb{R}^{n_{h+1}}$ 且 $n_{h+1} = d$.

由 (1.2.34) 和 (1.2.35), 具有 $h + 1$ 层的感知机可以汇总写成如下数学表示

$$o = f_{h+1}\big(b_h + W_h^{\mathrm{T}} f_h(b_{h-1} + W_{h-1}^{\mathrm{T}} f_{h-1}(b_{h-2} + \cdots + f_1(b_0 + W_0^{\mathrm{T}} x) + \cdots))\big), \tag{1.2.36}$$

其中 f_{l-1} 是激活函数, W_{l-1} 和 b_{l-1} 分别是第 l 层与第 $l-1$ 层连接的权重矩阵和偏置向量. 具有 $h + 1$ 层的感知机总共需要学习的参数个数为 $\sum_{l=1}^{h+1} n_l(n_{l-1} + 1)$. 隐含层的激活函数 $f : \mathbb{R} \to \mathbb{R}$ 通常是单变量函数, 其作用在向量 $z \in \mathbb{R}^m$ 上指的是逐分量作用, 即 $f(z) := (f(z_1), f(z_2), \cdots, f(z_m))^{\mathrm{T}}$.

给定一个点 $x \in \mathbb{R}^n$ 以及对应的观测值 $y \in \mathbb{R}^K$. 考虑如下两种损失函数:

(i) 回归问题的平方损失 $\mathcal{E}_x := \dfrac{1}{2}\|o - y\|_2^2$ 和梯度

$$\frac{\partial \mathcal{E}_x}{\partial o} = o - y. \tag{1.2.37}$$

(ii) 多分类问题的交叉熵 $\mathcal{E}_x := -\sum_{k=1}^{K} y_j \ln(o_j)$ 和梯度

$$\frac{\partial \mathcal{E}_x}{\partial o} = -\left(\frac{y_1}{o_1}, \frac{y_2}{o_2}, \cdots, \frac{y_K}{o_K}\right)^{\mathrm{T}}. \tag{1.2.38}$$

下面, 我们给出**多层感知机的前向后向传播算法**. 任意给定一个点 x 及其真实输出 $y \in \mathbb{R}^K$. 一个具有 $h+1$ 层感知机的函数为 (1.2.36).

(1) **前向过程**. 根据公式 (1.2.34) 和 (1.2.35) 计算从输入层到隐含层, 再到输出层的函数值.

(2) **后向过程**. 逐层更新参数, 分为如下两个步骤.

(i) 计算输出层 (1.2.35) 参数 W_h, b_h 的梯度:

$$\frac{\partial \mathcal{E}_x}{\partial W_h} = \frac{\partial \mathcal{E}_x}{\partial o} \frac{\partial f_{h+1}}{\partial \mathrm{net}_{h+1}} \frac{\partial \mathrm{net}_{h+1}}{\partial W_h} = z^h \cdot \left(\frac{\partial \mathcal{E}_x}{\partial o} \frac{\partial f_{h+1}}{\partial \mathrm{net}_{h+1}}\right),$$

$$\frac{\partial \mathcal{E}_x}{\partial b_h} = \frac{\partial \mathcal{E}_x}{\partial o} \frac{\partial f_{h+1}}{\partial \mathrm{net}_{h+1}} \frac{\partial \mathrm{net}_{h+1}}{\partial b_h} = \frac{\partial \mathcal{E}_x}{\partial o} \frac{\partial f_{h+1}}{\partial \mathrm{net}_{h+1}}.$$

若多层感知机是解决回归问题的, 则 $\dfrac{\partial \mathcal{E}_x}{\partial o}$ 由 (1.2.37) 得到且 $\dfrac{\partial f_{h+1}}{\partial \mathrm{net}_{h+1}} = \mathbf{1}$. 若多层感知机是解决多分类问题的, 则 $\dfrac{\partial \mathcal{E}_x}{\partial o}$ 由 (1.2.38) 得到且

$$\frac{\partial f_{h+1}}{\partial \mathrm{net}_{h+1}} = \left(\frac{\partial o_i}{\partial (\mathrm{net}_{h+1})_j} : i, j = 1, \cdots, K\right)$$

$$= \begin{pmatrix} o_1(1-o_1) & -o_1 o_2 & \cdots & -o_1 o_K \\ -o_1 o_2 & o_2(1-o_2) & \cdots & -o_2 o_K \\ \vdots & \vdots & & \vdots \\ -o_1 o_K & -o_2 o_K & \cdots & o_K(1-o_K) \end{pmatrix}.$$

若 $\mathrm{diag}(o)$ 表示以 o 为对角线元素的 $K \times K$ 矩阵, 则上式可以简写为

$$\frac{\partial f_{h+1}}{\partial \mathrm{net}_{h+1}} = \mathrm{diag}(o) - oo^{\mathrm{T}}.$$

(ii) 计算第 l $(l = h-1, h-2, \cdots, 0)$ 层隐含层 (1.2.34) 参数的梯度: 由 $\mathrm{net}_{l+1} = b_l + W_l^{\mathrm{T}} z^l = b_l + W_l^{\mathrm{T}} f_l(\mathrm{net}_l)$ 可得

$$\frac{\partial \mathcal{E}_x}{\partial \mathrm{net}_l} = \frac{\partial \mathcal{E}_x}{\partial \mathrm{net}_{l+1}} \frac{\partial \mathrm{net}_{l+1}}{\partial f_l} \frac{\partial f_l}{\partial \mathrm{net}_l} = \frac{\partial f_l}{\partial \mathrm{net}_l} \odot \left(W_l \cdot \frac{\partial \mathcal{E}_x}{\partial \mathrm{net}_{l+1}} \right),$$

$$\frac{\partial \mathcal{E}_x}{\partial W_l} = \frac{\partial \mathcal{E}_x}{\partial \mathrm{net}_{l+1}} \frac{\partial \mathrm{net}_{l+1}}{\partial W_l} = z^l \cdot \frac{\partial \mathcal{E}_x}{\partial \mathrm{net}_{l+1}},$$

$$\frac{\partial \mathcal{E}_x}{\partial b_l} = \frac{\partial \mathcal{E}_x}{\partial \mathrm{net}_{l+1}} \frac{\partial \mathrm{net}_{l+1}}{\partial b_l} = \frac{\partial \mathcal{E}_x}{\partial \mathrm{net}_{l+1}},$$

其中 $\odot$ 代表 Hadamard 乘积. 由 (1.2.34) 可得若激活函数 f_l 是逻辑函数, 则 $\dfrac{\partial f_l}{\partial \mathrm{net}_l}$ $= z^l(1 - z^l)$; 若 f_l 是 ReLU 函数, 则 $\dfrac{\partial f_l}{\partial \mathrm{net}_l} = \mathrm{step}(z^l)$.

值得注意的是网络层数过多有可能会造成梯度消失或者梯度爆炸问题. 例如, 取 $W = \begin{pmatrix} 1.2 & 0 \\ 0 & 0.8 \end{pmatrix}$, 则 W 经过 20 次乘积后 $W^{20} = \begin{pmatrix} 38.3376 & 0 \\ 0 & 0.0115 \end{pmatrix}$.

例 1.22   给定异或数据集、标签为 -1 的两个点 $x_1 = (0,0)^{\mathrm{T}}$ 和 $x_2 = (1,1)^{\mathrm{T}}$、标签为 $+1$ 的两个点 $x_3 = (0,1)^{\mathrm{T}}$ 和 $x_4 = (1,0)^{\mathrm{T}}$. 激活函数全为 step 函数的两层感知机能解决异或问题. 具体可构造如下函数:

$$o(z) = \mathrm{step}\left(-2\mathrm{step}\left(z_1 + z_2 - \frac{3}{2} \right) + \mathrm{step}\left(z_1 + z_2 - \frac{1}{2} \right) - \frac{1}{2} \right), \quad z \in \mathbb{R}^2.$$

例 1.23   MNIST 手写字符数据集, 分别有 6 万和 1 万个 28×28 大小的训练图像和测试图像. 图 1.12 中显示出部分数字的图像. 构建一个第一层和第二层隐含层神经元个数分别为 64 和 32, 隐含层激活函数为 ReLU, 输出层激活函数为 Softmax 的具有 52650 个参数的 3 层感知机. 实验可得测试准确率为 97.32%.

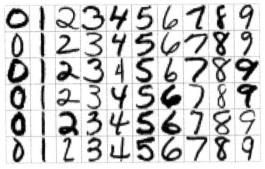

图 1.12   MNIST 数据集中部分 $0, 1, \cdots, 9$ 数字图像

在本章结尾, 我们简要介绍学习优化 (learning to optimize). 学习优化是传统优化和机器学习的交叉新兴领域, 它采用机器学习或深度学习来提升基于优化的决策过程[39]. 这方面的综述或教程可见文献 [22,24]. 学习优化的基本思想是从一些已知的结果, 去预测一些和优化问题本身或者求解它的优化算法相关的信息. 通过利用机器学习的方法来识别和利用问题的结构, 学习优化能够更有效地解决各种复杂的优化问题.

许多传统优化求解算法如非负最小二乘问题和 LASSO 的迭代算法 (1.2.9) 与神经网络迭代表达式 (1.2.34) 类似, 即可以写成仿射变换后再被激活函数作用[63]. 先以非负最小二乘问题 $\min_{x \geqslant 0} \frac{1}{2}\|Ax - b\|_2^2$ 为例, 可得其迭代算法为

$$x^{k+1} := \mathrm{ReLU}\big((I_n - \mu A^{\mathrm{T}} A)x^k + \mu A^{\mathrm{T}} b\big), \quad k = 1, 2, \cdots. \tag{1.2.39}$$

对 LASSO 问题, 改写其迭代算法 (1.2.9) 为如下形式:

$$\tilde{w}^{k+1} = \mathcal{S}_\theta\big(W\tilde{w}^k + Uy\big), \quad k = 1, 2, \cdots, \tag{1.2.40}$$

其中 $\theta := \mu\lambda$, $W := I_{m+1} - \mu\tilde{D}^{\mathrm{T}}\tilde{D}$, $U := \mu\tilde{D}^{\mathrm{T}}$. 两个迭代公式 (1.2.39) 和 (1.2.40) 与神经网络的区别是神经网络迭代的仿射变换与激活函数可能会随着迭代步数 k 变化. 以后者的 LASSO 问题为例, 如果将上述 (1.2.40) 中参数 θ, W, U 视为与迭代步数 k 相关的变量, 通过算法展开 (algorithm unrolling) 可得

$$\tilde{w}^{k+1} := \mathcal{S}_{\theta^k}\big(W^k\tilde{w}^k + U^k y\big), \quad k = 1, 2, \cdots, N, \tag{1.2.41}$$

其中 $N \in \mathbb{N}$ 是一个事先给定的神经网络层数. 则 (1.2.41) 中需要确定的参数有 $\theta^k, W^k, U^k, k = 1, 2, \cdots, N$. 通过确定一个 N 层神经网络, 基于给定的数据集, 利用诸如随机梯度下降算法学习神经网络参数. 实验表明, LASSO 的学习优化算法 (1.2.41) 相比 (1.2.40) 在测试效率和效果上均有显著的提升[63]. 我们将在 5.2.4 节的 "LASSO 问题求解" 中进一步讨论该主题.

📝 **练习**

1. 证明当 $p \geqslant 1$ 时, 在 $\mathbb{R}^n$ 上的 p 范数 $\|\cdot\|_p$ 确实是一个范数.

2. 证明对任意的向量 $x \in \mathbb{R}^n$ 有 $\|x\|_2 \leqslant \|x\|_1 \leqslant \sqrt{n}\|x\|_2$.

3. 证明对任意的矩阵 $A \in \mathbb{R}^{n \times n}$ 有 $\frac{1}{\sqrt{n}}\|A\|_\infty \leqslant \|A\|_2 \leqslant \sqrt{n}\|A\|_\infty$.

4. 给出标签为 $+1$ 的两个点 $x_1 = (0,1,1)^{\mathrm{T}}$, $x_2 = (0,1,0)^{\mathrm{T}}$ 和标签为 -1 的两个点 $x_3 = (0,0,0)^{\mathrm{T}}$, $x_4 = (1,1,1)^{\mathrm{T}}$, 求解硬间隔线性支持向量机.

5. 在二维平面中给定标签为 -1 的三个点 $x_1 = (0,0)^{\mathrm{T}}$, $x_2 = (-1,0)^{\mathrm{T}}$, $x_3 = (0,1)^{\mathrm{T}}$ 和标签为 $+1$ 的三个点 $x_4 = (1,0)^{\mathrm{T}}$, $x_5 = (0,2)^{\mathrm{T}}$, $x_6 = (1,2)^{\mathrm{T}}$. 求解 $C = 10$ 和 $C = 1$ 的铰链损失的软间隔线性支持向量机.

6. 异或数据集 $x_1 = (0,0)^{\mathrm{T}}$, $x_2 = (1,1)^{\mathrm{T}}$, $x_3 = (0,1)^{\mathrm{T}}$ 和 $x_4 = (1,0)^{\mathrm{T}}$. 给定特征映射 $\Phi(x) : \mathbb{R}^2 \to \mathbb{R}^6$ 定义为 $\Phi(x) := (\sqrt{2}x_1, x_1^2, \sqrt{2}x_2, x_2^2, x_1 x_2, 1)$, $x = (x_1, x_2)^{\mathrm{T}} \in \mathbb{R}^2$. 计算这四个点在特征映射后对应的点.

7. 给出平方铰链损失软间隔支持向量机, 即 (1.2.20) 中当 $p = 2$ 时的对偶问题的推导过程.

8. 证明二次齐次多项式核 $K(x,z) = (x^{\mathrm{T}}z)^2$, $x, z \in \mathbb{R}^n$ 是正定核.

9. 二维平面上给定标签为 -1 的五个点 $x_1 = (0,0)^{\mathrm{T}}$, $x_2 = (0,1)^{\mathrm{T}}$, $x_3 = (1,0)^{\mathrm{T}}$, $x_4 = (0,-1)^{\mathrm{T}}$ 和 $x_5 = (-1,0)^{\mathrm{T}}$, 以及标签为 $+1$ 的四个点 $x_6 = (0,2)^{\mathrm{T}}$, $x_7 = (0,-2)^{\mathrm{T}}$, $x_8 = (2,0)^{\mathrm{T}}$ 和 $x_9 = (-2,0)^{\mathrm{T}}$. 选取高斯核函数 $K(x,z) = e^{-\|x-z\|_2^2}$ 和正则化参数 $C = 2$, 求解核支持向量机.

10. 证明 q 次非齐性多项式核 $K_q(x,z) = (c + x^{\mathrm{T}}z)^q$, $x, z \in \mathbb{R}^n$ 是正定核, 其中 $c \geqslant 0$ 是常数. 若 $c > 0$ 可得其特征映射 $\Phi : \mathbb{R}^n \to \mathbb{R}^{\binom{q+n}{q}}$ 表达式如下:

$$\Phi(x) = \left(\sqrt{\binom{q}{\alpha} c^{\alpha_0}} \prod_{i=1}^{n} x_i^{\alpha_i} : \alpha = (\alpha_0, \alpha_1, \cdots, \alpha_n), \|\alpha\|_1 = q \right),$$

其中记号 $\dbinom{q}{\alpha} := \dfrac{q!}{\alpha_0! \alpha_1! \cdots \alpha_n!}$.

第 2 章 凸 分 析

本章介绍凸分析的一些常用基本知识, 如凸集的性质、分离定理、常用凸集、凸函数的判定与性质、共轭函数、次微分等. 这些内容将在以后章节中得到广泛的应用.

2.1 凸 集

本节我们将依次介绍仿射集、凸集、凸锥等重要概念 (注意仿射集和凸锥都是特殊的凸集)、常用的例子以及关于凸集的分离定理这一重要结论. 在开始我们的内容之前, 首先回顾一下 $\mathbb{R}^n$ 中直线的表示: 过点 $x_0 \in \mathbb{R}^n$, 方向为 $v \in \mathbb{R}^n \backslash \{0\}$ 的直线为以下集合

$$\{x_0 + tv \mid t \in \mathbb{R}\}.$$

而过两相异点 $x_0, x_1 \in \mathbb{R}^n$ 的直线 (注意此时直线以 $x_1 - x_0$ 为方向) 为集合

$$\{(1-t)x_0 + tx_1 \mid t \in \mathbb{R}\}.$$

如果将上式中 t 的范围限制为 $[0,1]$, 则对应集合即为以 x_0, x_1 为端点的线段.

2.1.1 仿射集

在研究凸集、凸函数及凸优化问题时, 仿射集最常用来作为目标集合所在的拓扑空间, 虽然我们常常未必会将该集合精确表示出来, 但其各种性质依然会在讨论中显现. 仿射集的几何意义有多个 (相互等价的) 不同角度的解释, 这里选取最常用的一个作为我们的出发点.

定义 2.1 对集合 $C \subset \mathbb{R}^n$, 若过 C 内任意两个相异点的直线都包含在该集合内, 即对任意的 $x_0, x_1 \in C$ 及 $\theta \in \mathbb{R}$, 有

$$\theta x_0 + (1-\theta)x_1 \in C,$$

则称集合 C 为仿射集.

利用上述定义, 我们很容易验证以下的一些集合都是仿射集.

例 2.1 (仿射集的例子) (1) $\mathbb{R}^n$ 空间及其线性子空间、空集均为仿射集.

(2) 单点集和 $\mathbb{R}^n$ 空间的直线都是仿射集.

(3) 线性方程组的解集 $\{x|\ Ax = b\}$ 为仿射集, 其中 A 为 $m \times n$ 矩阵, b 为 m 维向量. 该结论可直接由线性方程组的性质验证. 而且事实上, 我们后面会证明, 所有仿射集都可以表示为这种形式.

(4) 作为 (3) 的特例, 超平面 $\{x|\ a^{\mathrm{T}}x = \beta\}$ 也是仿射集, 其中 $a \in \mathbb{R}^n$.

仿射集定义中的表达式 $\theta x_0 + (1 - \theta)x_1$ 还可以写为 $\theta_0 x_0 + \theta_1 x_1\ (\theta_0 + \theta_1 = 1)$ 的形式, 一个很自然的思路是, 我们可以将该形式推广到更多点的情形.

定义 2.2   设 $x_0, x_1, \cdots, x_k \in \mathbb{R}^n$. 当 $\theta_0 + \theta_1 + \cdots + \theta_k = 1$ 时, 线性组合

$$\theta_0 x_0 + \theta_1 x_1 + \cdots + \theta_k x_k$$

称为 $x_0, x_1, \cdots, x_k$ 的仿射组合.

借助仿射组合的概念, 我们有以下关于集合仿射性的等价条件.

定理 2.1   设集合 $S \subset \mathbb{R}^n$. 以下论述相互等价:

(a) S 为仿射集;

(b) 对任意 $x_0, x_1, \cdots, x_k \in S, x_0, x_1, \cdots, x_k$ 的任意仿射组合都属于 S;

(c) 对任意的 $x_0 \in S, S - x_0$ 为线性子空间;

(d) 存在矩阵 $A \in \mathbb{R}^{m \times n}$ 及向量 $b \in \mathbb{R}^m$, 使得 $S = \{x|\ Ax = b\}$.

证明   我们依次证明 (a)⇒(b)、(b)⇒(c)、(c)⇒(d), 而 (d)⇒(a) 正是例 2.1 的 (3).

首先, 假设 S 为仿射集, 则当 $k = 0, 1$ 时条件 (b) 自然成立. 当 $k > 1$ 时, 设对任意的 $x_0, x_1, \cdots, x_{k-1} \in S$ 及任意和为 1 的 $\theta_0, \theta_1, \cdots, \theta_{k-1}$, 都有 $\theta_0 x_0 + \theta_1 x_1 + \cdots + \theta_{k-1}x_{k-1} \in S$. 则对任意 $k + 1$ 个点 $x_0, x_1, \cdots, x_k \in S$ 及任意和为 1 的 $\theta_0, \theta_1, \cdots, \theta_k$, 不妨设 $\theta_k \neq 1$, 依归纳假设有

$$x = \frac{\theta_0}{1 - \theta_k}x_0 + \frac{\theta_1}{1 - \theta_k}x_1 + \cdots + \frac{\theta_{k-1}}{1 - \theta_k}x_{k-1} \in S,$$

这样就有

$$\theta_0 x_0 + \theta_1 x_1 + \cdots + \theta_k x_k = (1 - \theta_k)x + \theta_k x_k \in S,$$

从而条件 (b) 成立.

其次, 假设 (b) 成立. 令 $V = S - x_0$. 任取 $v_1, v_2 \in V$ 及 λ_1, λ_2, 则 $x_0 + v_1, x_0 + v_2 \in S$, 从而

$$x_0 + \lambda_1 v_1 + \lambda_2 v_2 = (1 - \lambda_1 - \lambda_2)x_0 + \lambda_1(x_0 + v_1) + \lambda_2(x_0 + v_2) \in S,$$

也就是说 $\lambda_1 v_1 + \lambda_2 v_2 \in V$, 由此得 $V = S - x_0$ 为线性子空间.

最后, 设 $V = S - x_0$ 为线性子空间. 取 V 的正交补空间的一组基 $a_1, a_2, \cdots,$ a_m. 令 $A = (a_1, a_2, \cdots, a_m)^{\mathrm{T}}, b = Ax_0$, 则对任意 $v \in V$, 都有 $Av = 0$, 从而对任意 $x \in S$,

$$Ax = A(x - x_0) + Ax_0 = b,$$

由此得 (d) 成立. □

由仿射集的定义, 我们容易验证: 任意多个仿射集的交集仍是仿射集.

定义 2.3 对任意集合 $S \subset \mathbb{R}^n$, 包含 S 的所有仿射集的交也是仿射集, 它是包含 S 的最小仿射集, 称为 S 的仿射包, 记为 aff S.

仿射包还有另一个常用的等价表达形式.

定理 2.2 设集合 $S \subset \mathbb{R}^n$, 则 S 的仿射包是 S 中任意有限个点的仿射组合的集合, 即

$$\text{aff } S = \{\theta_0 x_0 + \theta_1 x_1 + \cdots + \theta_k x_k | x_0, x_1, \cdots, x_k \in S,$$

$$\theta_0 + \theta_1 + \cdots + \theta_k = 1, k \in \mathbb{N}\}.$$

证明 记定理中等式右侧集合为 C, 显然 $S \subset C$. 对任意 $z_1, z_2 \in C$, 设它们的表达式为

$$z_1 = \theta_0 x_0 + \theta_1 x_1 + \cdots + \theta_k x_k,$$

$$z_2 = \lambda_0 y_0 + \lambda_1 y_1 + \cdots + \lambda_m y_m,$$

其中 $k, m \geqslant 0$, $x_0, x_1, \cdots, x_k, y_0, y_1, \cdots, y_m \in S$, $\sum_{i=0}^k \theta_i = \sum_{j=0}^m \lambda_j = 1$. 对任意 $t \in \mathbb{R}$, 容易验证 $(1-t)z_1 + tz_2$ 为 $x_0, x_1, \cdots, x_k, y_0, y_1, \cdots, y_m$ 的仿射组合, 从而也属于 C. 这样, 我们证明了 C 为仿射集.

其次, 对任意包含 S 的仿射集 C', 由定理 2.1 可得 $C \subset C'$, 于是 C 是所有包含 S 的仿射集中最小的, 即 aff $S = C$. □

由定理 2.1 的 (c) 知, 仿射集就是线性子空间的平移, 因此我们可以将线性子空间的一些概念相应转移到仿射集上.

定义 2.4 设集合 $C \subset \mathbb{R}^n$ 为非空仿射集, 称线性子空间 $C - x_0$ 的维数为 C 的维数, 记为 $\dim C$, 其中 x_0 为 C 中的任意点.

对集合 $S \subset \mathbb{R}^n$, aff S 的维数, 即 $\dim \text{aff } S$, 也称为 S 的仿射维数.

对 $\mathbb{R}^n$ 中 $m+1$ 个点组成的集合 $\{x_0, x_1, \cdots, x_m\}$, 若其仿射维数为 m, 则称该点集为仿射无关的; 否则称该点集为仿射相关的.

这里我们注意, 对 $S := \{x_0, x_1, \cdots, x_m\}$, 由定理 2.2 容易验证 aff $S - x_0$ 为 $x_1 - x_0, x_2 - x_0, \cdots, x_m - x_0$ 张成的子空间, 因此 S 的仿射维数小于等于 m, 且

等号成立当且仅当该子空间维数为 m, 于是也可以把仿射无关性和线性无关性联系起来.

定理 2.3　点集 $\{x_0, x_1, \cdots, x_m\} \subset \mathbb{R}^n$ 仿射无关 (仿射相关) 当且仅当

$$x_1 - x_0, \cdots, x_m - x_0$$

线性无关 (线性相关).

推论 2.1　点集 $\{x_0, x_1, \cdots, x_m\} \subset \mathbb{R}^n$ 仿射相关当且仅当存在不全为零的数 $\theta_0, \theta_1, \cdots, \theta_m$ 使得

$$\theta_0 + \theta_1 + \cdots + \theta_m = 0 \quad 及 \quad \theta_0 x_0 + \theta_1 x_1 + \cdots + \theta_m x_m = 0.$$

证明　由定理 2.3, 所给点集仿射相关当且仅当存在不全为零的实数 $\theta_1, \theta_2, \cdots, \theta_m$ 使得

$$\theta_1(x_1 - x_0) + \theta_2(x_2 - x_0) + \cdots + \theta_m(x_m - x_0) = 0,$$

即

$$\theta_0 x_0 + \theta_1 x_1 + \theta_2 x_2 + \cdots + \theta_m x_m = 0,$$

其中 $\theta_0 := -(\theta_1 + \cdots + \theta_m)$. □

依托仿射包, 我们接下来给出相对内点的概念.

定义 2.5　设 x_0 为非空集合 S 内的一点, 若存在 x_0 的邻域 U 使得

$$U \cap \text{aff}\, S \subset S,$$

则称 x_0 为 S 的相对内点. S 的所有相对内点的集合记为 $\text{ri}\, S$.

以上定义即是说, S 的相对内点就是 S 在 $\mathbb{R}^n$ 的拓扑子空间 $\text{aff}\, S$ 的内点. 显然, $\text{ri}\, S = \text{int}\, S$ 当且仅当 $\dim \text{aff}\, S = n$ (即 $\text{aff}\, S = \mathbb{R}^n$). 当 $\dim \text{aff}\, S < n$ 时, S 的内点集为空集, 但相对内点集却未必空.

比较而言, 相对内点在某种意义上更接近于人们对 "内部" 的理解且不依赖于人们对线性空间的选取, 如对一个边长为 a, b 的矩形, 可以将其置于二维平面上表示为

$$S_2 = \{(x, y) \in \mathbb{R}^2 \mid 0 \leqslant x \leqslant a, \, 0 \leqslant y \leqslant b\}.$$

此时 $\text{ri}\, S_2 = \text{int}\, S_2 = \{(x, y) \in \mathbb{R}^2 \mid 0 < x < a, \, 0 < y < b\}$. 若将该矩形表示为三维空间的点集

$$S_3 = \{(x, y, 1) \in \mathbb{R}^3 \mid 0 \leqslant x \leqslant a, \, 0 \leqslant y \leqslant b\},$$

此时 $\text{int}\, S_3 = \varnothing$, 而 $\text{ri}\, S_3 = \{(x, y, 1) \in \mathbb{R}^3 \mid 0 < x < a, \, 0 < y < b\}$.

另一方面, 由于相对内点是拓扑子空间的内点, 并且我们常常可以将仿射集等距同构为一个线性空间 (如上例中我们可以将 aff S_3 等距同构为二维平面, 从而将 S_3 转化为 S_2 的形式), 因此在很多涉及相对内点的理论推导中, 如果讨论完全局限于目标集合的仿射包中, 则常常不妨直接设相对内点集就是内点集, 从而简化书写.

2.1.2 凸集

定义 2.6 对集合 $C \subset \mathbb{R}^n$, 若对任意的 $x_0, x_1 \in C$ 及 $\theta \in [0, 1]$, 都有

$$(1 - \theta)x_0 + \theta x_1 \in C,$$

则称集合 C 为凸集.

从几何上看, 一个集合为凸集当且仅当该集合上任意两点相连的线段都包含在该集合内. 由定义容易验证以下常见凸集.

例 2.2 (凸集的例子) (1) 仿射集都是凸集, 线段也是凸集;

(2) 超平面 $\{x \mid a^{\mathrm{T}}x = \beta\}$ 及其对应的半空间 $\{x \mid a^{\mathrm{T}}x \leqslant \beta\}$, $\{x \mid a^{\mathrm{T}}x < \beta\}$ 均为凸集;

(3) 任意范数下的闭球 $B(x_0, r) := \{x \mid \|x - x_0\| \leqslant r, r > 0\}$、开球 $U(x_0, r) := \{x \mid \|x - x_0\| < r, r > 0\}$ 都是凸集.

类似于仿射集, 凸集也有对应的交集性质及相应的凸组合、凸包的概念.

定理 2.4 任意多个凸集的交依然是凸集.

证明 设 C 为凸集族 $\{C_\lambda\}_{\lambda \in \Lambda}$ 的交集. 任取 $x_0, x_1 \in C$ 及 $\theta \in [0, 1]$, 则对任意 $\lambda \in \Lambda$, 都有 $x_0, x_1 \in C_\lambda$, 从而由 C_λ 的凸性得

$$(1 - \theta)x_0 + \theta x_1 \in C_\lambda.$$

于是由 λ 的任意性,

$$(1 - \theta)x_0 + \theta x_1 \in \bigcap_{\lambda \in \Lambda} C_\lambda = C,$$

故 C 为凸集. $\square$

依靠交集性质, 我们可以由简单的凸集进一步构造更多的凸集.

例 2.3 (凸集的例子 (续)) (4) 凸多面集指有限个超平面和闭半空间的交, 即有限个线性方程或线性不等式所组成系统的解空间, 一般写为 $\{x \mid Ax \leqslant b, Gx = h\}$ 或 $\{x \mid Ax \leqslant b\}$ 的形式 (注意每个超平面总是可以写成其对应的两个闭半空间的交). 由例 2.2(2) 及定理 2.4 知, 凸多面集一定是凸集. 有界的凸多面集称为凸多面体.

定义 2.7 设 $x_1, x_2, \cdots, x_k \in \mathbb{R}^n$, 当 $\theta_1 + \theta_2 + \cdots + \theta_k = 1$, $\theta_i \geqslant 0$ 时, 线性组合

$$\theta_1 x_1 + \theta_2 x_2 + \cdots + \theta_k x_k$$

称为 $x_1, x_2, \cdots, x_k$ 的凸组合.

显然, 凸集定义中的 $(1-\theta)x_0 + \theta x_1$ 就是凸组合在 $k=2$ 时的特例. 仿照定理 2.1 中 (a)$\Rightarrow$(b) 的证明, 我们有如下定理.

定理 2.5 凸集内任意有限个点的凸组合都在该凸集内.

定义 2.8 设集合 $S \subset \mathbb{R}^n$, 则包含 S 的所有凸集的交也是凸集, 且为包含 S 的最小凸集, 称之为 S 的凸包, 记为 $\mathrm{co}\, S$.

定理 2.6 设集合 $S \subset \mathbb{R}^n$, 则

$$\mathrm{co}\, S = \{\theta_1 x_1 + \theta_2 x_2 + \cdots + \theta_k x_k |\ x_1, x_2, \cdots, x_k \in S,$$

$$\theta_1 + \theta_2 + \cdots + \theta_k = 1, \theta_i \geqslant 0, k \in \mathbb{N}\}.$$

该定理的证明与定理 2.2 类似.

例 2.4 (凸集的例子 (续)) (5) 有限个点的凸包为凸集, 事实上, 我们可以用归纳法证明其为凸多面体.

(6) 设向量组 $x_0, x_1, \cdots, x_m \in \mathbb{R}^n$ 仿射无关, 该向量组的凸包

$$\mathrm{co}\, \{x_0, x_1, \cdots, x_m\} = \{\theta_0 x_0 + \theta_1 x_1 + \cdots + \theta_m x_m |\ \theta_0 + \theta_1 + \cdots + \theta_m = 1, \theta_i \geqslant 0\}$$

称为 m 维单纯形. 注意对单纯形中的每个点, 其对应的 $(\theta_0, \theta_1, \cdots, \theta_m)$ 是唯一确定的.

定理 2.7 任意多个凸集的笛卡儿乘积依然是凸集.

证明 设 C 为凸集族 $\{C_\lambda\}_{\lambda \in \Lambda}$ 的笛卡儿乘积, 即 $C = \prod_{\lambda \in \Lambda} C_\lambda$. 任取 x_0, $x_1 \in C$ 及 $\theta \in [0, 1]$, 则对任意 $\lambda \in \Lambda$, 都有 $x_0(\lambda), x_1(\lambda) \in C_\lambda$, 其中 $x_0(\lambda), x_1(\lambda)$ 为 x_0, x_1 对应于指标 λ 的分量. 由 C_λ 的凸性得

$$(1 - \theta)x_0(\lambda) + \theta x_1(\lambda) \in C_\lambda,$$

即 $(1-\theta)x_0 + \theta x_1$ 对应于指标 λ 的分量也属于 C_λ, 于是由 λ 的任意性,

$$(1 - \theta)x_0 + \theta x_1 \in \prod_{\lambda \in \Lambda} C_\lambda = C,$$

故 C 为凸集. $\square$

定义 2.9 若映射 $f : \mathbb{R}^n \to \mathbb{R}^m$ 可以表示为一个线性映射和一个常向量的和, 即 $f(x) = Ax + b$, 其中 $A \in \mathbb{R}^{m \times n}, b \in \mathbb{R}^m$, 则称 f 为仿射的.

由定义容易验证, 若 $f : \mathbb{R}^n \to \mathbb{R}^m$ 为仿射映射, 则

$$f[\theta x_1 + (1-\theta)x_2] = \theta f(x_1) + (1-\theta)f(x_2), \quad \forall x_1, x_2 \in \mathbb{R}^n, \ \theta \in \mathbb{R}. \quad (2.1.1)$$

该结论反之也成立. 事实上若 (2.1.1) 成立, 定义 $g(x) = f(x) - f(0)$, 则首先对任意 $\lambda \in \mathbb{R}$, 有

$$g(\lambda x) = f[\lambda x + (1-\lambda)0] - f(0) = \lambda [f(x) - f(0)] = \lambda g(x).$$

其次对任意 x_1, x_2,

$$g(x_1 + x_2) = 2g\left(\frac{1}{2}x_1 + \frac{1}{2}x_2\right) = 2\left[f\left(\frac{1}{2}x_1 + \frac{1}{2}x_2\right) - f(0)\right]$$
$$= f(x_1) + f(x_2) - 2f(0) = g(x_1) + g(x_2).$$

故 g 为线性映射, 从而 f 为仿射映射.

定理 2.8 凸集在仿射映射下的象和原象依然是凸集. 特别地, 凸集在线性映射下的象和原象依然是凸集, 凸集的平移还是凸集.

证明 设 $f : \mathbb{R}^n \to \mathbb{R}^m$ 为仿射映射.

首先, 对凸集 $C \subset \mathbb{R}^n$, 任取 $f(C)$ 内两点, 则这两点可表示为 $f(x_0), f(x_1)$ 的形式, 其中 $x_0, x_1 \in C$. 对任意 $\theta \in [0, 1]$, 有

$$(1-\theta)f(x_0) + \theta f(x_1) = f[(1-\theta)x_0 + \theta x_1] \in f(C),$$

从而 $f(C)$ 为凸集.

其次, 对凸集 $C' \subset \mathbb{R}^m$, 任取 $f^{-1}(C')$ 内两点 x_0, x_1, 则 $f(x_0), f(x_1) \in C'$. 对任意 $\theta \in [0, 1]$, 有

$$f[(1-\theta)x_0 + \theta x_1] = (1-\theta)f(x_0) + \theta f(x_1) \in C',$$

从而 $(1-\theta)x_0 + \theta x_1 \in f^{-1}(C')$, 故 $f^{-1}(C')$ 为凸集. □

推论 2.2 凸集在线性子空间的投影是凸集; 两个凸集的和也是凸集; 凸集的闭包也是凸集.

证明 (1) 由于向子空间投影的投影算子为线性映射, 故由定理 2.8 可得凸集的投影还是凸集.

(2) 设 $C_1, C_2 \subset \mathbb{R}^n$ 为凸集, 则 $C_1 \times C_2$ 也为凸集. 定义

$$T : \mathbb{R}^n \times \mathbb{R}^n \longrightarrow \mathbb{R}^n$$

$$(x_1, x_2) \longmapsto x_1 + x_2,$$

则 T 为线性映射, 且 $C_1 + C_2 = T(C_1 \times C_2)$. 故 $C_1 + C_2$ 为凸集.

(3) 设 C 为凸集, 则

$$\mathrm{cl}\, C = \bigcap_{n \geqslant 1} \left[C + B\left(0, \frac{1}{n}\right) \right]$$

也是凸集. □

例 2.5 (凸集的例子 (续)) (7) 椭球体 $\{x|\ (x - x_0)^{\mathrm{T}} P^{-1}(x - x_0) \leqslant 1\}$(其中 P 为正定矩阵) 可以视为闭单位球 $\{u|\ \|u\|_2 \leqslant 1\}$ 在仿射映射 $x = x_0 + P^{1/2}u$ 下的象, 故为凸集.

定理 2.9 非空凸集必然有相对内点, 且相对内点集与原集合有相同的仿射包.

证明 设凸集 C 的仿射维数为 m, 则存在 $m + 1$ 个点 $x_0, x_1, \cdots, x_m \in C$ 仿射无关. 故有 $\mathrm{aff}\, C = \mathrm{aff}\, \{x_0, x_1, \cdots, x_m\}$, 于是

$$\mathrm{ri}\, C \supset \mathrm{ri}\, \mathrm{co}\, \{x_0, x_1, \cdots, x_m\} = \left\{ \theta_0 x_0 + \theta_1 x_1 + \cdots + \theta_m x_m \Big| \sum \theta_i = 1, \theta_i > 0 \right\}$$

非空. □

2.1.3 分离定理

分离定理是凸分析和优化理论中的一个重要基本定理, 在很多重要结论的证明中有着关键的作用. 该定理在无穷维空间的推广也是泛函分析中的基本结论之一. 分离定理的一般形式的证明相对比较复杂, 这里仅介绍定理的常用形式, 利用投影映射, 我们可以给该形式一个比较直观的证明.

定义 2.10 给定集合 S, T, 记 T 的所有子集组成的集合为 2^T, 称集合 S 到 2^T 上的映射 $F : S \to 2^T$ 为 S 到 T 的集值函数或点集映射. 若一个集值函数的函数值总是单点集, 则称该函数为单值函数.

如果 $F : S \to 2^T$ 为单值函数, 由于每个 $F(x)$ $(x \in S)$ 都是 T 中单个元素构成的集合, 故我们常常将 $F(x)$ 直接视为该元素, 从而将 F 视为 S 到 T 的映射.

定义 2.11 设 F 为 $\mathbb{R}^n$ 到 $\mathbb{R}^n$ 的映射, 若对给定的 $\mathbb{R}^n$ 上的范数 $\|\cdot\|$, 都有

$$\|F(x) - F(y)\| \leqslant \|x - y\|, \quad \forall x, y \in \mathbb{R}^n,$$

则称 F 满足(在 $\|\cdot\|$ 范数下的)非扩张性质.

定义 2.12　给定 $\mathbb{R}^n$ 上的范数 $\|\cdot\|$, 给定非空集合 $S \subset \mathbb{R}^n$ 及一点 x, 点 x 到 S 的距离定义为

$$\text{dist}(x, S) = \inf\{\|z - x\| \mid z \in S\}.$$

集合 S 上离 x 最近的点 (如果存在的话) 称为 x 到 S 上的投影. x 到 S 上的所有投影点的集合记为 $P_S(x)$, 即

$$P_S(x) = \text{argmin}\{\|z - x\| \mid z \in S\} = \{z \in S \mid \|z - x\| = \text{dist}(x, S)\},$$

由此定义的集值函数 $P_S : \mathbb{R}^n \to 2^{\mathbb{R}^n}$ 称为 S 上的投影映射.

以后若不特别说明, 距离函数 $\text{dist}(x, S)$ 及投影映射 P_S 对应的范数均指 2 范数.

定理 2.10　设 $C \subset \mathbb{R}^n$ 为非空闭凸集, 则 P_C 为非扩张的单值映射, 且有

$$\langle x - P_C(x), z - P_C(x) \rangle \leqslant 0, \quad z \in C.$$

证明　依次证明以下结论.

(1) $P_C(x) \neq \varnothing$, $\forall x \in \mathbb{R}^n$.

记 $f(z) = \|z - x\|$, 则 f 为 $\mathbb{R}^n$ 上的连续函数. 任取 $r > \text{dist}(x, C)$ 并记 $C_r = C \cap B(x, r)$, 则 C_r 为非空有界闭集, 从而 $f(z)$ 在 C_r 上取得最小值, 且该最小值小于等于 r. 注意到 $f(z)$ 在 $C \backslash C_r$ 上的取值恒大于 r, 从而 $f(z)$ 在 C_r 上的最小值点即为 $f(z)$ 在 C 上的最小值点.

(2) 对任意的 $z_0 \in P_C(x)$, 都有 $\langle x - z_0, z - z_0 \rangle \leqslant 0$, $z \in C$.

固定 z, z_0 并定义函数 $g(t) = \|(1 - t)z_0 + tz - x\|^2$, $t \in [0, 1]$, 则

$$g(t) = \|t(z - z_0) - (x - z_0)\|^2 = t^2 \|z - z_0\|^2 - 2t\langle x - z_0, z - z_0 \rangle + \|x - z_0\|^2$$

为二次函数, 其在零点的导数 $g'_+(0) = -2\langle x - z_0, z - z_0 \rangle$. 由 C 的凸性及 $z_0 \in P_C(x)$ 知 $g(t)$ 在 $t = 0$ 达到最小值, 从而 $g'_+(0) \geqslant 0$, 即 $\langle x - z_0, z - z_0 \rangle \leqslant 0$.

(3) 唯一性.

若有 $z_0, z_1 \in P_C(x)$, 由 (2) 的结论知

$$\langle x - z_0, z_1 - z_0 \rangle \leqslant 0, \quad \langle x - z_1, z_0 - z_1 \rangle \leqslant 0.$$

两式相加可得 $\langle z_1 - z_0, z_1 - z_0 \rangle \leqslant 0$, 故 $\|z_1 - z_0\|^2 = 0$, 即 $z_1 = z_0$.

(4) 非扩张性.

对任意两点 x, y, 由 (2) 的结论知

$$\langle x - P_C(x), P_C(y) - P_C(x) \rangle \leqslant 0, \quad \langle y - P_C(y), P_C(x) - P_C(y) \rangle \leqslant 0.$$

两式相加后移项得

$$\langle P_C(y) - P_C(x), P_C(y) - P_C(x) \rangle \leqslant \langle y - x, P_C(y) - P_C(x) \rangle,$$

得

$$\|P_C(y) - P_C(x)\|^2 \leqslant \|y - x\| \|P_C(y) - P_C(x)\|,$$

从而有 $\|P_C(y) - P_C(x)\| \leqslant \|y - x\|$. □

定义 2.13 若集合 S_1 与 S_2 分别被一个超平面 H 对应的两个闭半空间所包含, 即存在 $a \in \mathbb{R}^n$, $a \neq 0$, $b \in \mathbb{R}$ 使得 $H = \{x | a^{\mathrm{T}} x = b\}$, 且

$$S_1 \subset \{x | \langle a, x \rangle \leqslant b\}, \quad S_2 \subset \{x | \langle a, x \rangle \geqslant b\},$$

则称 H 分离 S_1 与 S_2.

若 S_1 与 S_2 被 H 分离且不同时包含于 H, 则称该分离是真分离.

若 S_1 与 S_2 分别被 H 对应的两个开的半空间所包含, 即

$$S_1 \subset \{x | \langle a, x \rangle < b\}, \quad S_2 \subset \{x | \langle a, x \rangle > b\},$$

则称 S_1 与 S_2 被 H 严格分离.

若存在非零向量 $a \in \mathbb{R}^n$ 及实数 $b_1 < b_2$ 使得

$$S_1 \subset \{x | \langle a, x \rangle \leqslant b_1\}, \quad S_2 \subset \{x | \langle a, x \rangle \geqslant b_2\}.$$

则称集合 S_1 与 S_2 被强分离.

对非空集合 S_1 与 S_2, 上述分离性质还可以通过确界的形式来表达:

(1) S_1 与 S_2 可被分离当且仅当存在 $a \in \mathbb{R}^n \backslash \{0\}$ 使得 $\sup_{S_1} \langle a, \cdot \rangle \leqslant \inf_{S_2} \langle a, \cdot \rangle$;

(2) S_1 与 S_2 可被真分离当且仅当存在 $a \in \mathbb{R}^n \backslash \{0\}$ 使得 $\sup_{S_1} \langle a, \cdot \rangle \leqslant \inf_{S_2} \langle a, \cdot \rangle$, 且 $\inf_{S_1} \langle a, \cdot \rangle < \sup_{S_2} \langle a, \cdot \rangle$;

(3) S_1 与 S_2 可被严格分离当且仅当存在 $a \in \mathbb{R}^n \backslash \{0\}$ 使得 $\sup_{S_1} \langle a, \cdot \rangle \leqslant \inf_{S_2} \langle a, \cdot \rangle$, 且在等号成立时, 不等式中的两个确界均不能被达到;

(4) S_1 与 S_2 可被强分离当且仅当存在 $a \in \mathbb{R}^n \backslash \{0\}$ 使得 $\sup_{S_1} \langle a, \cdot \rangle < \inf_{S_2} \langle a, \cdot \rangle$.

定理 2.11 (点与凸集的强分离定理) 给定非空凸集 $C \subset \mathbb{R}^n$ 及点 $x \notin \operatorname{cl} C$, 则 C 与 x 可被强分离.

证明 C 为非空凸集, 则 $\operatorname{cl} C$ 为闭凸集. 令 $z_0 = P_{\operatorname{cl} C}(x)$, $a = x - z_0$, 则对任意 $z \in C$, 都有

$$\langle x - z_0, z - z_0 \rangle \leqslant 0,$$

即

$$a^{\mathrm{T}}z \leqslant a^{\mathrm{T}}z_0, \quad \forall z \in C.$$

其次 $a^{\mathrm{T}}x - a^{\mathrm{T}}z_0 = \|a\|^2 > 0.$ 故

$$\sup_{z \in C} a^{\mathrm{T}}z \leqslant a^{\mathrm{T}}x - \|a\|^2 < a^{\mathrm{T}}x,$$

即 x 与 C 可被强分离.　　　　　　　　　　　　　　　　　　　　　□

定理 2.12 (点与凸集的分离定理)　给定非空凸集 $C \subset \mathbb{R}^n$ 及点 $x \notin \mathrm{int}\, C$, 则存在超平面 H 分离 C 与 x.

证明　若 $x \notin \mathrm{cl}\, C$, 则 C 与 x 可被强分离. 现在假设 $x \in \mathrm{cl}\, C \backslash \mathrm{int}\, C = \mathrm{bd}\, C$. 取点列 $\{x_n\} \subset \mathbb{R}^n \backslash \mathrm{cl}\, C$ 收敛于 x. 由点与凸集的强分离定理, 存在点列 $\{a_n\} \in \mathbb{R}^n$ 使得

$$\sup_{z \in \mathrm{cl}\, C} a_n^{\mathrm{T}}z < a_n^{\mathrm{T}}x_n.$$

不妨设所有 $\|a_n\| = 1$. 由单位球面的紧性, 不妨设 $\{a_n\} \to a$, 则 $\|a\| = 1$, 且对任意固定的 $z \in C$, 在式

$$a_n^{\mathrm{T}}z \leqslant a_n^{\mathrm{T}}x_n$$

中令 $n \to \infty$, 得 $a^{\mathrm{T}}z \leqslant a^{\mathrm{T}}x$, 故 $\sup_{z \in \mathrm{cl}\, C} a^{\mathrm{T}}z \leqslant a^{\mathrm{T}}x$, 从而 C 与 x 可被分离.　□

一般情况下的凸集分离定理很容易由点与凸集的分离定理得到, 我们只需要注意到, 对两个凸集 $C, D \subset \mathbb{R}^n$, 条件 $C \cap D = \varnothing$ 等价于 $0 \notin C - D$, 而 C 与 D 可被分离等价于 0 与 $C - D$ 可被分离. 这样由定理 2.12 直接得到如下结论.

推论 2.3　交集为空集的两个凸集 $C, D \subset \mathbb{R}^n$ 可被分离.

作为分离性质和分离定理的特殊情况, 支撑超平面也是凸分析中常用的概念.

定义 2.14　给定非空集合 $S \subset \mathbb{R}^n$ 及其边界上一点 x_0, 称 S 与 x_0 的分离超平面为 S 在 x_0 点的支撑超平面. 若支撑超平面表示为 $\{x \mid a^{\mathrm{T}}x = b\}$, 又称 a 在 x_0 点支撑 S.

定理 2.13　对任意非空凸集 C 及点 $x_0 \in \mathrm{bd}\, C$, 存在 C 在 x_0 点的支撑超平面.

2.1.4　凸锥

凸锥 (特别是闭凸锥) 是一类特殊的凸集, 有着特殊的结构及广泛的应用.

定义 2.15　若集合 $C \subset \mathbb{R}^n$ 是非负齐性的, 即

$$\alpha x \in C, \quad \forall x \in C, \ \forall \alpha \in [0, +\infty),$$

则称 C 为锥. 进一步, 如果集合 C 还为凸集, 即

$$\alpha_1 x_1 + \alpha_2 x_2 \in C, \quad \forall x_1, x_2 \in C, \ \forall \alpha_1, \alpha_2 \in [0, +\infty),$$

则称 C 为凸锥. 闭的凸锥称为闭凸锥.

与仿射集、凸集类似, 凸锥也有相应的锥组合、锥包等概念及类似性质. 这些性质的证明与前面的证明类似, 因此我们直接叙述一下这些概念及性质, 不再进行证明.

定义 2.16 设 $x_1, x_2, \cdots, x_k \in \mathbb{R}^n$, 对 $\theta_1, \theta_2, \cdots, \theta_k \geqslant 0$, 线性组合

$$\theta_1 x_1 + \theta_2 x_2 + \cdots + \theta_k x_k$$

称为 $x_1, x_2, \cdots, x_k$ 的锥组合 (或非负线性组合).

定理 2.14 凸锥内任意有限个点的锥组合都在该凸锥内. 任意多个凸锥的交集还是凸锥.

定义 2.17 设集合 $S \subset \mathbb{R}^n$, 则包含 S 的所有凸锥的交仍为凸锥, 且为包含 S 的最小凸锥, 称为 S 的锥包, 记为 cone S.

定理 2.15 设集合 $S \subset \mathbb{R}^n$, 则

$$\text{cone } S = \{\theta_1 x_1 + \theta_2 x_2 + \cdots + \theta_k x_k | \ x_1, x_2, \cdots, x_k \in S, \theta_i \geqslant 0\}.$$

例 2.6 (闭凸锥) (1) 所有线性子空间、所有形如 $\{x | \ a^{\mathrm{T}} x \geqslant 0\}$ 的半空间都是闭凸锥;

(2) 有限个点的锥包 cone$\{x_1, x_2, \cdots, x_m\}$ 为闭凸锥, 该锥称为 $x_1, x_2, \cdots, x_m$ 生成的锥;

(3) 形如 $\{x \in \mathbb{R}^n | \ \langle a_i, x \rangle \leqslant 0, i = 1, 2, \cdots, m\}$ 的集合称为多面体锥, 这也是闭凸锥;

(4) $\mathbb{R}^n$ 空间的正锥 $\mathbb{R}^n_+ := \{x = (x_1, x_2, \cdots, x_n)^{\mathrm{T}} \in \mathbb{R}^n | \ x_i \geqslant 0, i = 1, 2, \cdots, n\}$ 为闭凸锥, 它既是多面体锥, 也可以表示为锥包 $\mathbb{R}^n_+ = \text{cone } \{e_1, e_2, \cdots, e_n\}$, 其中 $e_i \in \mathbb{R}^n$ 表示第 i 个分量为 1、其余分量为 0 的向量;

(5) 半正定锥 $\mathbb{S}^n_+ := \{X \in \mathbb{S}^n | \ X$ 为半正定矩阵$\}$ 为闭凸锥;

(6) $\mathbb{R}^n$ 上的任意范数 $\|\cdot\|$ 对应的范数锥 $C = \{(x, t) | \ \|x\| \leqslant t\} \subset \mathbb{R}^{n+1}$ 为闭凸锥;

(7) 设 $a \in \mathbb{R}^n$ 使得 $\|a\|_2 = 1$, 对任意 $\gamma \in (0, 1), \{x \in \mathbb{R}^n | \ \langle a, x \rangle \geqslant \gamma \|x\|_2\}$ 为闭凸锥, 称为二阶锥.

定义 2.18 对任意锥 $C \subset \mathbb{R}^n (C$ 不必为凸锥), 集合

$$C^\circ := \{y \in \mathbb{R}^n | \ \langle y, c \rangle \leqslant 0, \ \forall c \in C\}$$

称为 C 的极锥.

例 2.7 (常用极锥)　(1) 线性子空间的极锥即其正交补空间;

(2) 半空间 $\{x \in \mathbb{R}^n \,|\, a^{\mathrm{T}} x \leqslant 0\}$ 的极锥即射线 $\mathbb{R}_+\{a\}$;

(3) $(\mathbb{R}_+^n)^\circ = -\mathbb{R}_+^n$;

(4) $(\mathbb{S}_+^n)^\circ = -\mathbb{S}_+^n$.

证明　(1) 和 (2) 由线性代数知识易得, 这里仅证后两个命题.

(3) 先证 $(\mathbb{R}_+^n)^\circ \supset -\mathbb{R}_+^n$. 任取 $y = (y_1, y_2, \cdots, y_n)^{\mathrm{T}} \in -\mathbb{R}_+^n$, 则 $y_i \leqslant 0, \forall i \in \{1, 2, \cdots, n\}$, 任取 $x = (x_1, x_2, \cdots, x_n)^{\mathrm{T}} \in \mathbb{R}_+^n$, 则 $x_i \geqslant 0, \forall i$. 于是

$$\langle x, y \rangle = \sum_{i=1}^{n} x_i y_i \leqslant 0 \Rightarrow y \in (\mathbb{R}_+^n)^\circ.$$

再证 $(\mathbb{R}_+^n)^\circ \subset -\mathbb{R}_+^n$. 任取 $y = (y_1, y_2, \cdots, y_n)^{\mathrm{T}} \notin -\mathbb{R}_+^n$, 则存在 $k \in \{1, 2, \cdots, n\}$, 使 $y_k > 0$. 取 $e_k \in \mathbb{R}_+^n$, 则

$$\langle e_k, y \rangle = y_k > 0,$$

故 $y \notin (\mathbb{R}_+^n)^\circ$.

(4) 先证 $(\mathbb{S}_+^n)^\circ \supset -\mathbb{S}_+^n$. 设 $Y \in -\mathbb{S}_+^n$, 则存在 $C_1 \in \mathbb{R}^{n \times n}$ 使 $Y = -C_1^{\mathrm{T}} C_1$. 对任意的 $X \in \mathbb{S}_+^n$, 存在 $C_2 \in \mathbb{R}^{n \times n}$ 使 $X = C_2^{\mathrm{T}} C_2$. 则

$$\begin{aligned}
\langle X, Y \rangle = \operatorname{tr}(XY) &= -\operatorname{tr}(C_2^{\mathrm{T}} C_2 C_1^{\mathrm{T}} C_1) \\
&= -\operatorname{tr}(C_1 C_2^{\mathrm{T}} C_2 C_1^{\mathrm{T}}) \\
&= -\operatorname{tr}[(C_2 C_1^{\mathrm{T}})^{\mathrm{T}} (C_2 C_1^{\mathrm{T}})] \leqslant 0.
\end{aligned}$$

故 $Y \in (\mathbb{S}_+^n)^\circ$.

再证 $(\mathbb{S}_+^n)^\circ \subset -\mathbb{S}_+^n$. 若 $Y \notin -\mathbb{S}_+^n$, 则 Y 的特征值至少有一个大于 0, 记为 λ_1, 其余记为 $\lambda_2, \lambda_3, \cdots, \lambda_n$, 存在正交阵 Q, 使 $Q^{\mathrm{T}} Y Q = \Lambda = \operatorname{diag}(\lambda_1, \lambda_2, \cdots, \lambda_n)$, 即 $Y = Q \Lambda Q^{\mathrm{T}}$. 令 $X = Q \Lambda_1 Q^{\mathrm{T}}$, 其中 $\Lambda_1 = \operatorname{diag}(1, 0, \cdots, 0)$, 则

$$\begin{aligned}
\langle X, Y \rangle = \operatorname{tr}(XY) &= \operatorname{tr}(Q \Lambda Q^{\mathrm{T}} Q \Lambda_1 Q^{\mathrm{T}}) \\
&= \operatorname{tr}(Q \Lambda \Lambda_1 Q^{\mathrm{T}}) = \operatorname{tr}(\Lambda \Lambda_1) \\
&= \lambda_1 > 0.
\end{aligned}$$

故 $y \notin (\mathbb{S}_+^n)^\circ$. □

定义 2.19　对任意锥 $C \subset \mathbb{R}^n (C$ 不必为凸锥$)$, C° 的极锥 $(C^\circ)^\circ$ 称为 C 的二阶极锥, 记为 $C^{\circ\circ}$.

极锥和二阶极锥的运算有如下性质.

定理 2.16 设 $C, D \subset \mathbb{R}^n$ 为非空的锥 (不必为凸锥), 则

(a) C° 为闭凸锥;

(b) 若 $C \subset D$, 则 $C^\circ \supset D^\circ$;

(c) $C^\circ = (\text{co } C)^\circ = (\text{cl co } C)^\circ$;

(d) $C^{\circ\circ} = \text{cl co } C$, 特别地, 如果 C 为闭凸锥, 则 $C^{\circ\circ} = C$.

证明 (a) 极锥可以表示为半空间的交的形式: $C^\circ = \{y | \langle y, x \rangle \leqslant 0, \forall x \in C\} = \bigcap_{x \in C} C_x$, 其中 $C_x = \{y | \langle y, x \rangle \leqslant 0\}$ 为闭凸锥, 故交集 C° 也是闭凸锥.

(b) 任取 $y \in D^\circ$, 则对所有 $x \in D$ 都有 $\langle x, y \rangle \leqslant 0$. 注意到 $C \subset D$, 故对所有 $x \in C$ 也有 $\langle x, y \rangle \leqslant 0$. 这意味着 $y \in C^\circ$, 从而 $D^\circ \subset C^\circ$.

(c) 由 $C \subset \text{co } C \subset \text{cl co } C$ 及 (b) 可得 $C^\circ \supset (\text{co } C)^\circ \supset (\text{cl co } C)^\circ$. 任取 $y \in C^\circ$, 则对所有 $x \in C$ 都有 $\langle x, y \rangle \leqslant 0$, 也就是说

$$C \subset \{x \in \mathbb{R}^n | \langle x, y \rangle \leqslant 0\},$$

注意到上式右端的集合为闭凸集, 故 $\text{cl co } C$ 也是其子集, 即 $y \in (\text{cl co } C)^\circ$. 于是 $C^\circ \subset (\text{cl co } C)^\circ$, 这样就得到三个极锥的相等关系.

(d) 结合极锥、二阶极锥的定义可得 $C \subset C^{\circ\circ}$, 而由 (a) 知 $C^{\circ\circ}$ 为闭凸集, 从而 $\text{cl co } C \subset C^{\circ\circ}$. 为证反包含关系, 任取 $z \notin \text{cl co } C$, 由点与凸集的强分离定理, 存在 $a \in \mathbb{R}^n \backslash \{0\}$ 使得

$$\sup_{x \in \text{cl co } C} a^\text{T} x < a^\text{T} z,$$

由 C 的非负齐性得 $\sup_{x \in \text{cl co } C} a^\text{T} x = 0$. 故 $a \in C^\circ$ 且 $a^\text{T} z > 0$. 这样就有 $z \notin C^{\circ\circ}$, 所以 $C^{\circ\circ} \subset \text{cl co } C$. $\square$

定理 2.17 给定非空闭凸锥 $C_i \subset \mathbb{R}^n$ $(i = 1, 2, \cdots, m)$, 有

$$\left(\bigcup_{i=1}^{m} C_i \right)^\circ = \bigcap_{i=1}^{m} C_i^\circ, \tag{2.1.2}$$

$$\left(\bigcap_{i=1}^{m} C_i \right)^\circ = \text{cl co} \left(\bigcup_{i=1}^{m} C_i^\circ \right). \tag{2.1.3}$$

证明 等式 (2.1.2) 可由极锥的定义直接得到.

$$\text{cl co} \left(\bigcup C_i^\circ \right) = \left(\bigcup C_i^\circ \right)^{\circ\circ} = \left[\left(\bigcup C_i^\circ \right)^\circ \right]^\circ = \left(\bigcap C_i^{\circ\circ} \right)^\circ = \left(\bigcap C_i \right)^\circ,$$

其中第三个等式由 (2.1.2) 得到, 最后一个等式来自定理 2.16(d). 得证 (2.1.3).　□

上述定理给我们提供了根据简单常用极锥计算其他更复杂极锥的工具.

定理 2.18　对向量 $a_1, \cdots, a_m$ 生成的锥 C, 有

$$C^\circ = \{y \in \mathbb{R}^n |\ \langle a_i, y \rangle \leqslant 0, i = 1, \cdots, m\}.$$

证明　记 $C_i = \mathbb{R}_+\{a_i\}$, 则 C_i 为闭凸锥, 且 $C = \mathrm{cl\ co}(\bigcup_{i=1}^m C_i)$, 同时

$$C_i^\circ = \{y \in \mathbb{R}^n |\langle a_i, y \rangle \leqslant 0\}.$$

于是就有

$$C^\circ = \left[\mathrm{cl\ co}\left(\bigcup_{i=1}^m C_i\right)\right]^\circ = \left(\bigcup_{i=1}^m C_i\right)^\circ = \bigcap_{i=1}^m C_i^\circ$$

$$= \{y \in \mathbb{R}^n |\langle a_i, y \rangle \leqslant 0, i = 1, 2, \cdots, m\}.$$　□

推论 2.4　对由向量 $a_1, \cdots, a_m, b_1, \cdots, b_k \in \mathbb{R}^n$ 定义的锥

$$C = \left\{x \in \mathbb{R}^n \left|\ x = \sum_{i=1}^m \alpha_i a_i + \sum_{j=1}^k \beta_j b_j, \alpha_i \geqslant 0, \beta_j \in \mathbb{R}, \forall i, j\right.\right\},$$

有

$$C^\circ = \{y \in \mathbb{R}^n |\ \langle a_i, y \rangle \leqslant 0, \langle b_j, y \rangle = 0, \forall i, j\}.$$

证明　注意 $C = \mathrm{cone}\{a_1, a_2, \cdots, a_m, b_1, b_2, \cdots, b_k, -b_1, -b_2, \cdots, -b_k\}$, 由定理 2.18 得

$$C^\circ = \{y \in \mathbb{R}^n |\langle a_i, y \rangle \leqslant 0, \forall i = 1, 2, \cdots, m, \langle b_j, y \rangle \leqslant 0,$$

$$\langle -b_j, y \rangle \leqslant 0, j = 1, 2, \cdots, k\}.$$

利用 $\langle b_j, y \rangle \leqslant 0, \langle -b_j, y \rangle \leqslant 0$ 与 $\langle b_j, y \rangle = 0$ 的等价关系, 由上式即得待证等式.　□

最后我们介绍一下锥与偏序的关系, 以及我们常用的向量、对称矩阵的偏序.

定义 2.20　若锥 $K \subset \mathbb{R}^n$ 满足以下条件:

(1) K 为闭凸锥;

(2) K 是实心的, 即其内点集非空;

(3) K 是尖的, 即 $K \cap (-K) = \{0\}$(也就是说 K 不含直线),

则称 K 为真锥.

定义 2.21　对真锥 $K \subset \mathbb{R}^n$, 由式

$$x \preceq_K y \Longleftrightarrow y - x \in K$$

定义的关系称为 K 导出的偏序. 由

$$x \prec_K y \Longleftrightarrow y - x \in \text{int}\, K$$

定义的关系称为 K 导出的严格偏序.

例 2.8　(1) $\mathbb{R}^n_+$ 为 $\mathbb{R}^n$ 上的真锥, 其内点集为

$$\mathbb{R}^n_{++} := \{x = (x_1, x_2, \cdots, x_n)^{\mathrm{T}} \in \mathbb{R}^n \mid x_i > 0, i = 1, 2, \cdots, n\}.$$

分别记 $\mathbb{R}^n_+$ 导出的 $\mathbb{R}^n$ 上的偏序、严格偏序为 $\leqslant, <$, 即对任意的 $x, y \in \mathbb{R}^n$,

$$x \leqslant y \Longleftrightarrow y - x \in \mathbb{R}^n_+ \Longleftrightarrow x_i \leqslant y_i, \quad i = 1, 2, \cdots, n,$$

$$x < y \Longleftrightarrow y - x \in \mathbb{R}^n_{++} \Longleftrightarrow x_i < y_i, \quad i = 1, 2, \cdots, n.$$

(2) 半正定锥 $\mathbb{S}^n_+$ 为 $\mathbb{S}^n$ 内的真锥, 其内点集为所有正定矩阵的集合, 记为 $\mathbb{S}^n_{++}$. 分别记 $\mathbb{S}^n_+$ 导出的 $\mathbb{S}^n$ 上的偏序、严格偏序为 $\preceq, \prec$, 即对任意的 $A, B \in \mathbb{S}^n$,

$$A \succeq B \Longleftrightarrow A - B \in \mathbb{S}^n_+,$$

$$A \succ B \Longleftrightarrow A - B \in \mathbb{S}^n_{++}.$$

练习

1. 设 $A \in \mathbb{S}^n$ 为半正定矩阵, 证明: 存在唯一的半正定矩阵 B 使得 $B^2 = A$.

2. 设 A 为正定矩阵, B 为半正定矩阵, 证明: 存在可逆矩阵 Q 使得 $Q^{\mathrm{T}}AQ = I$, 且 $Q^{\mathrm{T}}BQ$ 为对角矩阵.

3. 证明: 对任意集合 $S \subset \mathbb{R}^n$, 总有 co cl $S \subset$ cl co S.

4. 求平行超平面 $\{x \in \mathbb{R}^n \mid a^{\mathrm{T}}x = b_1\}$ 与 $\{x \in \mathbb{R}^n \mid a^{\mathrm{T}}x = b_2\}$ 之间的距离.

5. (什么时候两个半空间有包含关系?)　给出保证下式成立的条件:

$$\{x \mid a^{\mathrm{T}}x \leqslant b\} \subseteq \{x \mid \tilde{a}^{\mathrm{T}}x \leqslant \tilde{b}\}$$

(这里 $a \neq 0, \tilde{a} \neq 0$). 进一步, 求两个半空间相等的条件.

6. (半空间的 Voronoi 描述)　设 a, b 是 $\mathbb{R}^n$ 上两个不同的点, 证明: (在欧几里得范数下) 到 a 的距离不超过到 b 的距离的所有点的集合, 即 $\{x \mid \|x - a\|_2 \leqslant \|x - b\|_2\}$ 是一个半空间. 将该空间用 $c^{\mathrm{T}}x \leqslant d$ 形式的不等式表示, 并作图.

7. (二次不等式的解集) 设 $C \subseteq \mathbb{R}^n$ 为二次不等式的解集:

$$C = \{x \in \mathbb{R}^n \mid x^{\mathrm{T}}Ax + b^{\mathrm{T}}x + c \leqslant 0\},$$

其中 $A \in \mathbb{S}^n$, $b \in \mathbb{R}^n$, $c \in \mathbb{R}$.

(1) 证明: 如果 $A \succeq 0$, 则 C 是凸集.

(2) 证明: C 与超平面 $g^{\mathrm{T}}x + h = 0$ $(g \neq 0)$ 的交集是凸集, 若存在 $\lambda \in \mathbb{R}$ 使得 $A + \lambda gg^{\mathrm{T}} \succeq 0$.

以上命题的逆命题是否正确?

8. (外积的锥包) 将所有秩为 k 的外积组成的集合 $\{XX^{\mathrm{T}} \mid X \in \mathbb{R}^{n \times k}, \mathrm{rank}\,X = k\}$ 的锥包用简便形式表示.

9. (扩张集与收缩集) 设 $S \subseteq \mathbb{R}^n$, 且 $\|\cdot\|$ 为 $\mathbb{R}^n$ 上的范数.

(1) 对 $a \geqslant 0$, 定义 S 的 a 扩张集为 $S_a = \{x \mid \mathrm{dist}(x, S) \leqslant a\}$, 这里 $\mathrm{dist}(x, S) = \inf_{y \in S} \|x - y\|$. 证明如果 S 是凸集, 则 S_a 也是凸集.

(2) 对 $a \geqslant 0$, 定义 S 的 a 收缩集为 $S_{-a} = \{x \mid B(x, a) \subseteq S\}$, 这里 $B(x, a)$ 为以 x 为球心、以 a 为半径 (在范数 $\|\cdot\|$ 上) 的闭球. 证明如果 S 是凸集, 则 S_{-a} 也是凸集.

10. (概率分布的集合) 设 x 为实值随机变量, $\mathrm{prob}(x = a_i) = p_i$, $i = 1, \cdots, n$, 其中 $a_1 < a_2 < \cdots < a_n$. 自然 $p \in \mathbb{R}^n$ 属于单纯形 $P = \{p \mid \mathbf{1}^{\mathrm{T}}p = 1, p \geqslant 0\}$. 下列哪些条件关于 p 是凸的? 也就是说, 满足下面哪些条件的 p 的集合是凸集?

(1) $\alpha \leqslant \mathbf{E}f(x) \leqslant \beta$, 其中 $\mathbf{E}f(x)$ 为 $f(x)$ 的期望, 即 $\mathbf{E}f(x) = \sum_{i=1}^{n} p_i f(a_i)$, $f : \mathbb{R} \to \mathbb{R}$ 为给定函数.

(2) $\mathrm{prob}(x > \alpha) \leqslant \beta$.

(3) $\mathbf{E}|x^3| \leqslant \alpha \mathbf{E}|x|$.

(4) $\mathbf{E}x^2 \leqslant \alpha$.

(5) $\mathbf{E}x^2 \geqslant \alpha$.

(6) $\mathbf{var}(x) \leqslant \alpha$, 其中 $\mathbf{var}(x) = \mathbf{E}(x - \mathbf{E}x)^2$ 为 x 的方差.

(7) $\mathbf{var}(x) \geqslant \alpha$.

(8) $\mathbf{quartile}(x) \geqslant \alpha$, 其中 $\mathbf{quartile}(x) = \inf\{\beta \mid \mathrm{prob}(x \leqslant \beta) \geqslant 0.25\}$.

(9) $\mathbf{quartile}(x) \leqslant \alpha$.

11. 证明: 如果 S 为凸集, 则对任意正实数 λ, μ 有 $(\lambda + \mu)S = \lambda S + \mu S$.

12. 证明: 如果 S_1 和 S_2 是 $\mathbb{R}^{m \times n}$ 中的凸集, 则它们的偏和

$$S = \{(x, y_1 + y_2) \mid x \in \mathbb{R}^m, y_1, y_2 \in \mathbb{R}^n, (x, y_1) \in S_1, (x, y_2) \in S_2\}$$

也是凸集.

13. (分离超平面的集合) 设 C 与 D 是 $\mathbb{R}^n$ 中不交的集合. 考虑所有满足以下条件的 $(a, b) \in \mathbb{R}^{n+1}$ 组成的集合: 对任意 $x \in C$ 有 $a^{\mathrm{T}} x \geqslant b$, 对任意 $x \in D$ 有 $a^{\mathrm{T}} x \leqslant b$. 证明该集合是凸锥 (若不存在分离超平面, 则该集合为单点集 $\{0\}$).

14. 给出两个不相交但不能严格分离的闭凸集的例子.

15. (支撑超平面逆定理) 设集合 C 为闭集, 具有非空的内部, 且在其边界的每一点上都有支撑超平面. 证明 C 是凸集.

16. (极锥的形式) 设 K° 是凸锥 K 的极锥, 证明如下结论:

(1) K° 的内点集 $\operatorname{int} K^\circ = \{y |\, y^{\mathrm{T}} x < 0, \forall x \in \operatorname{cl} K, x \neq 0\}$;

(2) 若 K 有非空的内部, 则 K° 是尖的;

(3) 若 K 的闭包是尖的, 则 K° 有非空的内部.

17. 求 $\{Ax |\, x \geqslant 0\}$ 的极锥, 其中 $A \in \mathbb{R}^{m \times n}$.

18. (余正矩阵) 称矩阵 $X \in \mathbb{S}^n$ 为余正矩阵, 如果对所有 $z \geqslant 0$ 都有 $z^{\mathrm{T}} X z \geqslant 0$. 证明所有余正矩阵的集合是一个真锥.

19. (由集合构造的凸锥) (1) 定义集合 C 的闸锥为所有使得 $y^{\mathrm{T}} x$ 在 $x \in C$ 上有界的向量 y 的集合, 换句话说, 非零向量 y 在闸锥中当且仅当它是包含 C 的半空间 $\{x |\, y^{\mathrm{T}} x \leqslant \alpha\}$ 的法向量. 证明闸锥是凸锥 (这里对 C 没有任何限制).

(2) 定义集合 C 的回收锥 (又称渐近锥) 为所有满足以下条件的向量 y 的集合: 对每个 $x \in C$ 及任意 $t \geqslant 0$ 都有 $x + ty \in C$. 证明: 凸集的回收锥是凸锥; 如果 C 是非空闭凸集, 则 C 的回收锥是闸锥的极锥.

(3) 定义集合 C 在边界点 x_0 处的法锥是所有使得对任意 $x \in C$ 都有 $y^{\mathrm{T}}(x - x_0) \leqslant 0$ 的向量 y 的集合 (即在 x_0 处定义了 C 的支撑超平面的向量的集合). 证明法锥是凸锥 (这里对 C 没有任何限制).

2.2 凸 函 数

本节我们介绍凸函数的概念、性质、判定条件及共轭、二次共轭函数的性质.

2.2.1 下半连续性与可微性

在介绍凸函数之前, 我们首先复习一下函数的下半连续性及可微性的概念和计算.

定义 2.22 在集合 $[-\infty, +\infty] = \mathbb{R} \cup \{-\infty, +\infty\}$ 内取值的函数称为广义实值函数.

对广义实值函数 $f : \mathbb{R}^n \to \mathbb{R} \cup \{-\infty, +\infty\}$, 称

$$\operatorname{dom} f := \{x \in \mathbb{R}^n |\, f(x) < +\infty\}$$

为 f 的定义域. 若 $\operatorname{dom} f \neq \varnothing$, 且对所有 x 均有 $f(x) > -\infty$, 则称 f 为正常函数.

例如, 广义实值函数

$$f(x) = \begin{cases} -\infty, & x \in (0,1), \\ 0, & x \in \{0,1\}, \\ +\infty, & x > 1 \text{ 或 } x < 0 \end{cases}$$

的定义域为 $\operatorname{dom} f = [0,1]$.

定义 2.23 考察广义实值函数 $f : \mathbb{R}^n \to \mathbb{R} \cup \{-\infty, +\infty\}$, f 在点 x_0 的下极限为

$$\liminf_{x \to x_0} f(x) = \lim_{\delta \to 0^+} \left[\inf_{x \in B(x_0, \delta)} f(x) \right].$$

若在点 x_0 处有

$$f(x_0) \leqslant \liminf_{x \to x_0} f(x),$$

则称 f 在 x_0 点下半连续.

若 f 在 $\mathbb{R}^n$ 内每一点都下半连续, 则称 f 为下半连续函数或闭函数.

与函数极限的归结原则类似, 下极限也可与点列的函数值极限建立联系:

$$\liminf_{x \to x_0} f(x) = \min\{\alpha \in \mathbb{R} \cup \{-\infty, +\infty\} | \exists \{x_n\} \to x_0 \text{ s.t. } f(x_n) \to \alpha\}.$$

由定义易知, 若函数 f 在 x_0 点连续, 则 f 在 x_0 点下半连续. 故我们通常只需要在函数的间断点处特别去判断下半连续性.

例 2.9 (下半连续函数) 利用定义, 我们可以验证以下函数是下半连续函数:

(1) $f(x) = \begin{cases} \dfrac{1}{x}, & x \neq 0, \\ -\infty, & x = 0. \end{cases}$

(2) $f(x) = \begin{cases} 0, & x \leqslant -1, \\ 1, & -1 < x \leqslant 0, \\ 3, & 0 < x < 1, \\ 2, & x \geqslant 1. \end{cases}$

(3) $f(x,y) = \begin{cases} 0, & x^2 + y^2 \leqslant 1, \\ +\infty, & x^2 + y^2 > 1. \end{cases}$

(4) $f(x,y) = \begin{cases} x^2 + 2xy - 3y + 1, & (x,y) \neq (1,2), \\ -5, & (x,y) = (1,2). \end{cases}$

定义 2.24　对广义实值函数 $f : \mathbb{R}^n \to \mathbb{R} \cup \{-\infty, +\infty\}$,

- 集合

$$\text{graph } f := \{(x, \mu) \mid x \in \mathbb{R}^n, \mu \in \mathbb{R}, \mu = f(x)\} \subseteq \mathbb{R}^{n+1}$$

称为 f 的图像;

- 集合

$$\text{epi } f := \{(x, \mu) \mid x \in \mathbb{R}^n, \mu \in \mathbb{R}, \mu \geqslant f(x)\} \subseteq \mathbb{R}^{n+1}$$

称为 f 的上图;

- 集合

$$S_f(\alpha) := \{x \in \mathbb{R}^n \mid f(x) \leqslant \alpha\}$$

称为 f 的 α-下水平集.

上图和下水平集是优化中常用的研究函数性质的工具, 利用这两个概念, 我们可以从另一个角度对前面定义的下半连续性进行解释.

定理 2.19　对广义实值函数 $f : \mathbb{R}^n \to \mathbb{R} \cup \{-\infty, +\infty\}$, 以下论断等价.

(a) f 是下半连续函数;

(b) epi f 是闭集;

(c) 对每个 $\alpha \in \mathbb{R}$, $S_f(\alpha)$ 是闭集.

证明　"(a) $\Rightarrow$ (b)": 设 f 为下半连续函数. 任取 epi f 中的收敛点列 $\{(x_n, \mu_n)\}$, 记其极限为 (x_0, μ_0), 有 $\mu_n \geqslant f(x_n)$. 于是

$$\mu_0 = \lim_{n \to \infty} \mu_n \geqslant \liminf_{n \to \infty} f(x_n) \geqslant f(x_0),$$

即 $(x_0, \mu_0) \in \text{epi } f$. 故 epi f 为闭集.

"(b) $\Rightarrow$ (c)": 设 epi f 为闭集. 任取 α 及 $S_f(\alpha)$ 中的收敛点列 $\{x_n\}$, 记其极限为 x_0. 则对所有 n 都有 $(x_n, \alpha) \in \text{epi } f$, 且 $\lim_{n \to \infty}(x_n, \alpha) = (x_0, \alpha)$. 由 epi f 为闭集得 $(x_0, \alpha) \in \text{epi } f$, 即 $x_0 \in S_f(\alpha)$. 故 $S_f(\alpha)$ 为闭集.

"(c) $\Rightarrow$ (a)": 设对任意 $\alpha \in \mathbb{R}$, $S_f(\alpha)$ 为闭集. 反证, 假设 f 在某点 x_0 不是下半连续的, 即

$$f(x_0) > \liminf_{x \to x_0} f(x).$$

取 α 使 $\liminf_{x \to x_0} f(x) < \alpha < f(x_0)$, 则存在收敛于 x_0 的点列 $\{x_n\}$ 使得所有 $f(x_n) < \alpha$, 即 $\{x_n\} \subset S_f(\alpha)$ 但 $x_0 \notin S_f(\alpha)$. 矛盾! 故假设不成立, 即 f 在定义域所有点都下半连续. $\qquad\square$

上图在讨论逐点上确界 (最大值) 函数的性质时有非常便利的应用.

定理 2.20 设 $\{f_i\}_{i \in \mathcal{I}}$ 为一族下半连续的广义实值函数, 则函数

$$f(x) = \sup_{i \in \mathcal{I}} f_i(x), \quad x \in \mathbb{R}^n$$

也是下半连续的.

证明 注意到 $\mu \geqslant f(x)$ 当且仅当对每个 $i \in \mathcal{I}$ 都有 $\mu \geqslant f_i(x)$, 故

$$\text{epi}\, f = \bigcap_{i \in \mathcal{I}} \text{epi}\, f. \tag{2.2.1}$$

这样 $\text{epi}\, f$ 为闭集, 即 f 下半连续. □

接下来我们回顾向量值函数的可微性及其计算.

定义 2.25 (向量值函数的可微性) 设开集 $D \subset \mathbb{R}^n, F : D \to \mathbb{R}^m$. 对点 $x_0 \in D$, 如果存在线性映射 $\mathcal{A} : \mathbb{R}^n \to \mathbb{R}^m$ 使得

$$F(x) - F(x_0) = \mathcal{A}(x - x_0) + o(\|x - x_0\|),$$

即

$$\lim_{x \to x_0} \frac{F(x) - F(x_0) - \mathcal{A}(x - x_0)}{\|x - x_0\|} = 0,$$

则称 F 在点 x_0 可微, $\mathcal{A}(x - x_0)$ 为 F 在点 x_0 的微分, 线性映射 $\mathcal{A}$ 为 F 在点 x_0 的导数, 记为

$$F'(x_0) = \mathcal{A}.$$

设向量值函数 F 在点 x_0 可微, 导数 $F'(x_0) = \mathcal{A}$. 我们通常不区分线性映射 $\mathcal{A}$ 及其矩阵 $A_{m \times n}$, 并记

$$F'(x_0) = A.$$

例如, 对如下定义的向量值函数 $F : \mathbb{R}^2 \to \mathbb{R}^2$,

$$F \begin{pmatrix} x \\ y \end{pmatrix} = \begin{pmatrix} x^2 + y^2 \\ xy \end{pmatrix}, \quad \begin{pmatrix} x_0 \\ y_0 \end{pmatrix} \in \mathbb{R}^2.$$

我们有

$$F \begin{pmatrix} x \\ y \end{pmatrix} - F \begin{pmatrix} x_0 \\ y_0 \end{pmatrix} = \begin{pmatrix} (x_0 + \Delta x)^2 + (y_0 + \Delta y)^2 \\ (x_0 + \Delta x)(y_0 + \Delta y) \end{pmatrix} - \begin{pmatrix} x_0^2 + y_0^2 \\ x_0 y_0 \end{pmatrix}$$

$$= \begin{pmatrix} 2x_0 \Delta x + 2y_0 \Delta y + (\Delta x)^2 + (\Delta y)^2 \\ y_0 \Delta x + x_0 \Delta y + \Delta x \Delta y \end{pmatrix}$$

$$= \begin{pmatrix} 2x_0 & 2y_0 \\ y_0 & x_0 \end{pmatrix} \begin{pmatrix} \Delta x \\ \Delta y \end{pmatrix} + o(\|(\Delta x, \Delta y)\|),$$

其中 $\Delta x = x - x_0$, $\Delta y = y - y_0$, 故

$$F'\begin{pmatrix} x_0 \\ y_0 \end{pmatrix} = \begin{pmatrix} 2x_0 & 2y_0 \\ y_0 & x_0 \end{pmatrix}.$$

对于一般的可微函数, 我们更多会利用以下结论计算导数.

定理 2.21　设 $F = (f_1, f_2, \cdots, f_m)$ 在点 x_0 可微, 则 F 的各个分量函数 f_i $(i = 1, 2, \cdots, m)$ 在 x_0 关于自变量 x 的每个分量 x_j $(j = 1, 2, \cdots, n)$ 都存在一阶偏导数, 且

$$F'(x_0) = \left(\frac{\partial f_i}{\partial x_j}(x_0) \right)_{m \times n}.$$

例 2.10　对仿射映射 $F(x) = Ax + b$, 其中 $A \in \mathbb{R}^{m \times n}, b \in \mathbb{R}^m$, 有 $F' \equiv A$. 对其特殊情况 $f(x) = a^{\mathrm{T}} x + c$ $(a \in \mathbb{R}^n, c \in \mathbb{R})$, $f'(x) \equiv a^{\mathrm{T}}$.

定义 2.26　若在点 x_0 的某邻域内, 向量值函数 F 的各个分量函数关于自变量的每个分量都存在一阶偏导数, 且所有这些偏导数在 x_0 连续, 则称 F 在点 x_0 连续可微.

定理 2.22　若 F 在点 x_0 连续可微, 则 F 在点 x_0 必可微.

定理 2.23 (复合函数求导的链式法则)　设 $D \subset \mathbb{R}^n$, 函数 $F : D \to \mathbb{R}^m$ 在点 $x_0 \in D$ 可微; $D' \subset \mathbb{R}^m$, $F(D) \subset D'$; $G : D' \to \mathbb{R}^p$ 在 $y_0 = F(x_0)$ 可微. 则复合函数 $G \circ F : D \to \mathbb{R}^p$ 在 x_0 可微, 且

$$(G \circ F)'(x_0) = G'(y_0) F'(x_0).$$

与偏导数的链式法则类似, 我们可以仿照上述定理得到更多不同形式的链式法则.

例 2.11　对以下二次函数

$$f(x) = \frac{1}{2} x^{\mathrm{T}} A x, \quad x \in \mathbb{R}^n,$$

其中 $A \in \mathbb{S}^n$, 可以将 f 视为以下向量值函数的复合

$$F(u, v) = \frac{1}{2} u^{\mathrm{T}} A v \left(= \frac{1}{2} v^{\mathrm{T}} A u \right), \quad u = x, \ v = x.$$

于是由链式法则可得

$$f'(x) = F'_u u' + F'_v v' = \frac{1}{2} v^{\mathrm{T}} A \cdot I + \frac{1}{2} u^{\mathrm{T}} A \cdot I = x^{\mathrm{T}} A.$$

定义 2.27 设 $D \subset \mathbb{R}^n$ 为开集, $x_0 \in D$. 实值函数 $f: D \to \mathbb{R}$ 若在 x_0 可微, 称 $f'(x_0)$ 的转置为 f 在 x_0 的梯度, 记为 $\mathrm{grad} f(x_0)$ 或 $\nabla f(x_0)$.

定义 2.28 设 $D \subset \mathbb{R}^n$ 为开集, 实值函数 f 在 D 内可微, 则在 D 上确定了 f 的导函数 $f': D \to \mathbb{R}^{1 \times n}$. 如果 ∇f 在点 $x_0 \in D$ 可微, 则称 ∇f 在 x_0 的导数为 f 在点 x_0 的二阶导数, 记为 $f''(x_0)$ 或 $\nabla^2 f(x)$, 即

$$H_f = \begin{pmatrix} \dfrac{\partial^2 f}{\partial x_1^2} & \dfrac{\partial^2 f}{\partial x_1 \partial x_2} & \cdots & \dfrac{\partial^2 f}{\partial x_1 \partial x_n} \\ \dfrac{\partial^2 f}{\partial x_2 \partial x_1} & \dfrac{\partial^2 f}{\partial x_2^2} & \cdots & \dfrac{\partial^2 f}{\partial x_2 \partial x_n} \\ \vdots & \vdots & & \vdots \\ \dfrac{\partial^2 f}{\partial x_n \partial x_1} & \dfrac{\partial^2 f}{\partial x_n \partial x_2} & \cdots & \dfrac{\partial^2 f}{\partial x_n^2} \end{pmatrix},$$

该矩阵一般称为 f 在点 x_0 的黑塞 (Hesse) 矩阵.

注: 如果 $f(x)$ 的所有二阶混合偏导数都在 x_0 连续, 则 $f''(x_0)$ 是对称矩阵.

例 2.12 (1) 对二次函数 $f(x) = \dfrac{1}{2} x^{\mathrm{T}} A x + b^{\mathrm{T}} x + c$, 其中 $A \in \mathbb{S}^n, b \in \mathbb{R}^n, c \in \mathbb{R}$, 有 $f'(x) = x^{\mathrm{T}} A + b^{\mathrm{T}}$, $f''(x) = A$.

(2) 设实值函数 f 在开集 $D \subset \mathbb{R}^n$ 上可微, 则对任意 $x_0 \in D$, $v \in \mathbb{R}^n$, 函数 $g(t) := f(x_0 + tv)$ 在 $I = \{t \in \mathbb{R} | \ x_0 + tv \in D\}$ 上可微, 且对任意 $t \in I$,

$$g'(t) = f'(x_0 + tv)v.$$

进一步若 f 在 D 上二次连续可微, 则有

$$g''(t) = v^{\mathrm{T}} \nabla^2 f(x_0 + tv) v.$$

定理 2.24 若 $f: \mathbb{R}^n \to \mathbb{R}$ 是一个具有 L-利普希茨连续梯度的函数, 即对任意 $x, y \in \mathbb{R}^n$, 都有

$$\|\nabla f(x) - \nabla f(y)\|_2 \leqslant L \|x - y\|_2,$$

则有如下二次上界估计

$$f(x) \leqslant f(y) + \langle \nabla f(y), x - y \rangle + \frac{L}{2} \|x - y\|_2^2, \quad \forall x, y \in \mathbb{R}^n.$$

证明 固定 x, y, 并令 $g(t) = f[y + t(x - y)]$ $(t \in \mathbb{R})$. 则 $g(0) = f(y)$, $g(1) = f(x)$, $g'(t) = \langle \nabla f[y + t(x - y)], x - y \rangle$ 及

$$|g'(t) - g'(0)| = |\langle \nabla f[y + t(x - y)] - \nabla f(y), x - y \rangle|$$

$$\leqslant \|\nabla f[y + t(x - y)] - \nabla f(y)\|_2 \cdot \|x - y\|_2$$

$$\leqslant L|t| \cdot \|x - y\|_2^2.$$

于是

$$f(x) - f(y) = g(1) - g(0) = \int_0^1 g'(t)dt$$

$$\leqslant \int_0^1 [g'(0) + Lt \cdot \|x - y\|_2^2]dt = g'(0) + \frac{L}{2} \cdot \|x - y\|_2^2$$

$$= \langle \nabla f(y), x - y \rangle + \frac{L}{2} \cdot \|x - y\|_2^2.$$

不等式得证. □

2.2.2 凸函数及其基本性质

我们在数学分析课程中已经学到过一元凸函数的定义及性质, 现在将这些内容扩展到多元函数上来.

定义 2.29 对广义实值函数 $f : \mathbb{R}^n \to \mathbb{R} \cup \{-\infty, +\infty\}$, 假设 $\mathrm{dom}\, f$ 为凸集, 若对任意的 $x, y \in \mathrm{dom}\, f$, $\theta \in [0, 1]$, 都有

$$f((1 - \theta)x + \theta y) \leqslant (1 - \theta)f(x) + \theta f(y), \tag{2.2.2}$$

则称 f 为凸函数. 注意上式在涉及无穷大的计算中, 我们约定 $0 \cdot (\pm\infty) = 0$.

若 $-f$ 为凸函数, 则称 f 为凹函数.

例 2.13 (1) 仿射函数 (及其特例线性函数) 既是凸函数也是凹函数; 反之, 既凸又凹的函数一定是仿射函数;

(2) 任意范数 $\|x\|$ 是 $\mathbb{R}^n$ 上的凸函数.

从几何上看, 凸函数图像上任意两点相连的线段都在图像的上方, 或者说, 在该函数的上图之内.

定理 2.25 对广义实值函数 $f : \mathbb{R}^n \to \mathbb{R} \cup \{-\infty, +\infty\}$, f 为凸函数当且仅当 $\mathrm{epi}\, f$ 为凸集.

证明 必然性. 设 f 为凸函数. 任取 $(x, \mu), (y, \lambda) \in \mathrm{epi}\, f$ (即 $f(x) \leqslant \mu$, $f(y) \leqslant \lambda$), 对 $\theta \in [0, 1]$,

$$f((1 - \theta)x + \theta y) \leqslant (1 - \theta)f(x) + \theta f(y) \leqslant (1 - \theta)\mu + \theta\lambda,$$

即 $(1-\theta)(x,\mu) + \theta(y,\lambda) = ((1-\theta)x + \theta y, (1-\theta)\mu + \theta\lambda) \in \mathrm{epi}\, f$. 故 $\mathrm{epi}\, f$ 为凸集.

充分性. 设 $\mathrm{epi}\, f$ 为凸集. 任取 $x,y \in \mathbb{R}^n$, $\theta \in (0,1)$. 要证 (2.2.2) 式, 分情况讨论如下:

(1) 若 x 或 y 不在 f 的定义域内, 则 $(1-\theta)f(x) + \theta f(y) = +\infty$, 故 (2.2.2) 式成立.

(2) 若 $x,y \in \mathrm{dom}\, f$, 即 $f(x) < +\infty, f(y) < +\infty$. 任取 $\mu \geqslant f(x), \lambda \geqslant f(y)$, 则 $(x,\mu),(y,\lambda) \in \mathrm{epi}\, f$, 由 $\mathrm{epi}\, f$ 为凸集得 $((1-\theta)x + \theta y, (1-\theta)\mu + \theta\lambda) \in \mathrm{epi}\, f$, 即

$$f((1-\theta)x + \theta y) \leqslant (1-\theta)\mu + \theta\lambda,$$

对 μ, λ 取下确界即得 (2.2.2) 式. $\qquad\qquad\qquad\qquad\qquad\qquad\square$

我们在数学分析中已经学过一元凸函数的 Jensen 不等式, 利用完全相同的证法可以证明以下的常用一般形式.

定理 2.26 (Jensen 不等式) 函数 $f: \mathbb{R}^n \to \mathbb{R} \cup \{+\infty\}$ 为凸函数的充分必要条件是: 对任意的 $x_1, x_2, \cdots, x_m \in \mathbb{R}^n$ 以及任意满足 $\sum_{i=1}^{m} \alpha_i = 1$ 的非负数 $\alpha_1, \alpha_2, \cdots, \alpha_m$, 均有

$$f\left(\sum_{i=1}^{m} \alpha_i x_i\right) \leqslant \sum_{i=1}^{m} \alpha_i f(x_i).$$

除了上述常用形式外, 我们还可以得到以下形式的 Jensen 不等式:

(1) (测度形式 ★) 设 $(\Omega, \mathcal{B}, \mu)$ 为测度空间且 $\mu(\Omega) = 1$, 若 p 为 μ 可积的实值函数, f 是 $\mathbb{R}$ 上的凸函数, 则

$$f\left(\int_\Omega p\, d\mu\right) \leqslant \int_\Omega f \circ p\, d\mu.$$

(2)(期望形式 ★) 设 X 为几乎必然取值于 $\mathrm{dom}\, f$ 的随机变量, f 是 $\mathbb{R}$ 上的凸函数, 则 (在以下期望均存在的前提下)

$$f(\mathbf{E}X) \leqslant \mathbf{E}f(X).$$

利用定义还可以验证以下性质.

定理 2.27 若函数 $f: \mathbb{R}^n \to \mathbb{R} \cup \{+\infty\}$ 为凸函数, 则

(a) 对任意的 $x,y \in \mathbb{R}^n$, $\theta \in [0,1]$, 都有

$$f(\theta x + (1-\theta)y) \leqslant \max\{f(x), f(y)\};$$

(b) 对任意的 $\alpha \in \mathbb{R}$, $S_f(\alpha)$ 是凸集.

我们还可以证明上述定理得到的两个条件相互等价, 但它们仅仅是 "f 为凸函数" 的必要条件, 而非充分条件, 例如 $f(x) = \sqrt{|x|}$. 我们称满足上述两个条件的函数为拟凸函数.

此外, 利用 Jensen 不等式, 我们还可以得到上述定理中结论 (a) 的扩展形式: 若函数 $f : \mathbb{R}^n \to \mathbb{R} \cup \{+\infty\}$ 为凸函数, 则对任意的 $x_1, x_2, \cdots, x_m \in \mathbb{R}^n$ 以及任意满足 $\sum_{i=1}^m \alpha_i = 1$ 的非负数 $\alpha_1, \alpha_2, \cdots, \alpha_m$, 均有

$$f\left(\sum_{i=1}^m \alpha_i x_i\right) \leqslant \max\{f(x_1), f(x_2), \cdots, f(x_m)\}.$$

以下定理、推论显示, 凸性常常可以保证函数的连续性或下半连续性.

定理 2.28 设函数 $f : \mathbb{R}^n \to \mathbb{R} \cup \{+\infty\}$ 为正常凸函数, 且 $\mathrm{int}\ \mathrm{dom}\, f \neq \varnothing$, 则 f 在 $\mathrm{int}\ \mathrm{dom}\, f$ 内连续.

证明 固定 $x_0 \in \mathrm{int}\ \mathrm{dom}\, f$, 以下分两部分证明.

(1) 先证存在 x_0 的邻域, 使 f 在该邻域上有上界.

由于 $x_0 \in \mathrm{int}\ \mathrm{dom}\, f$, 存在 $\delta > 0$, 使 x_0 的方邻域 $B_\infty := \{x \mid \|x - x_0\|_\infty \leqslant \delta\} \subset \mathrm{dom}\, f$, 记 B_∞ 的端点为 $a_1, a_2, \cdots, a_{2^n}$, 则

$$B_\infty = \mathrm{co}\ \{a_1, a_2, \cdots, a_{2^n}\}.$$

取 $M = \max\{f(a_1), f(a_2), \cdots, f(a_{2^n})\} < +\infty$, 则对任意 $x \in B_\infty$, 由 f 的凸性, $f(x) \leqslant M$.

(2) 其次证明 f 在 x_0 连续.

承接 (1) 的 δ 与 M, 并令 $B = \{x \mid \|x - x_0\|_2 \leqslant \delta\} \subset B_\infty$, 则 f 在 B 上有上界 M. 任取 $x \in B$, $x \neq x_0$, 令

$$z_1 = x_0 + \frac{\delta}{\|x - x_0\|}(x - x_0),$$

则 x 可以表示为 x_0 与 z_1 的凸组合

$$x = (1 - \theta_1)x_0 + \theta_1 z_1,$$

其中 $\theta_1 = \dfrac{\|x - x_0\|}{\delta} \in [0, 1]$. 于是

$$f(x) \leqslant (1 - \theta_1)f(x_0) + \theta_1 f(z_1) \leqslant (1 - \theta_1)f(x_0) + \theta_1 M,$$

整理可得

$$f(x) - f(x_0) \leqslant \theta_1 (M - f(x_0)) = \frac{M - f(x_0)}{\delta} \|x - x_0\|. \tag{2.2.3}$$

同理, 令

$$z_2 = x_0 - \frac{\delta}{\|x - x_0\|}(x - x_0),$$

则 x_0 可以表示为 x 与 z_2 的凸组合

$$x_0 = (1 - \theta_2)z_2 + \theta_2 x,$$

其中 $\theta_2 = \dfrac{\delta}{\delta + \|x - x_0\|} \in [0, 1]$. 由

$$f(x_0) \leqslant (1 - \theta_2)f(z_2) + \theta_2 f(x) \leqslant (1 - \theta_2)M + \theta_2 f(x),$$

整理可得

$$f(x) - f(x_0) \geqslant -\frac{M - f(x_0)}{\delta} \|x - x_0\|. \tag{2.2.4}$$

该式与 (2.2.3) 式结合即得

$$|f(x) - f(x_0)| \leqslant \frac{M - f(x_0)}{\delta} \|x - x_0\|,$$

从而 f 在 x_0 连续. □

推论 2.5 恒取有限值的凸函数 $f : \mathbb{R}^n \to \mathbb{R}$ 在 $\mathbb{R}^n$ 上处处连续.

推论 2.6 设函数 $f : \mathbb{R}^n \to \mathbb{R} \cup \{+\infty\}$ 为正常凸函数, 则 f 在 ri dom f 内下半连续.

证明 任取 $x_0 \in$ ri dom f. 由定理 2.28, 当 f 限制在拓扑子空间 aff dom f 上时在 x_0 连续, 而在该拓扑子空间之外恒有 $f(x) = +\infty$, 故 f 在 x_0 下半连续.

□

定理 2.29 给定正常凸函数 $f : \mathbb{R}^n \to \mathbb{R} \cup \{+\infty\}$, 则存在仿射函数 $h : \mathbb{R}^n \to \mathbb{R}$, 使得 $f > h$.

证明 取 $x_0 \in$ ri dom f 及 $\mu < f(x_0)$, 则

$$(x_0, \mu) \notin \text{cl epi } f.$$

(反之, 若存在 $\{(x_n, \mu_n)\} \subset \mathrm{epi}\, f$ 收敛于 (x_0, μ), 则 $\mu = \lim\limits_{n \to \infty} \mu_n \geqslant \liminf_{n \to \infty} f(x_n)$ $\geqslant f(x_0)$, 矛盾！) 由点与凸集的强分离定理, 存在 $a \in \mathbb{R}^n, \beta \in \mathbb{R}$, 使 $(a, \beta) \neq 0$, 且

$$\inf_{(x, \lambda) \in \mathrm{epi}\, f} \langle (a, \beta), (x, \lambda) \rangle > \langle (a, \beta), (x_0, \mu) \rangle.$$

故对任意 $x \in \mathrm{dom}\, f$, 有

$$a^{\mathrm{T}} x + \beta f(x) > a^{\mathrm{T}} x_0 + \beta \mu.$$

取 $x = x_0$ 可得 $\beta[f(x_0) - \mu] > 0$, 于是 $\beta > 0$. 这样上式可调整为

$$f(x) > \frac{1}{\beta} a^{\mathrm{T}} (x_0 - x) + \mu.$$

定理得证.   □

最后我们介绍几种常见的保持函数凸性的运算.

定理 2.30   设 $f : \mathbb{R}^n \to \mathbb{R} \cup \{+\infty\}$ 为凸函数, 则函数

$$g(x) := f(Ax + b)$$

也是凸函数, 其中 $A \in \mathbb{R}^{n \times m}$, $b \in \mathbb{R}^n$.

定理 2.31   设 $f_i : \mathbb{R}^n \to \mathbb{R} \cup \{+\infty\}$ $(i = 1, 2, \cdots, m)$ 为凸函数, 则它们的任意非负组合也是凸函数.

以上两定理均可利用定义直接验证. 利用与定理 2.20 相同的思路, 我们可以得到如下定理.

定理 2.32   设 $f_i : \mathbb{R}^n \to \mathbb{R} \cup \{+\infty\}$ $(i \in \mathcal{I})$ 为凸函数, 则它们的逐点上确界

$$f(x) = \sup_{i \in \mathcal{I}} f_i(x)$$

也是凸函数.

2.2.3   严格凸函数与强凸函数

严格凸函数与强凸函数是两类特殊的凸函数, 它们相比一般凸函数有更强的性质, 从而在条件适合的情况下有更好的应用.

定义 2.30   广义实值函数 $f : \mathbb{R}^n \to \mathbb{R} \cup \{-\infty, +\infty\}$. 若当 $x, y \in \mathrm{dom}\, f$, $\theta \in (0, 1)$ 且 $x \neq y$ 时, 总有

$$f((1 - \theta)x + \theta y) < (1 - \theta)f(x) + \theta f(y),$$

则称 f 为严格凸函数.

若存在 $\sigma > 0$ 使得对任意的 $x, y \in \mathrm{dom}\, f$, $\theta \in [0, 1]$, 都有

$$f((1-\theta)x + \theta y) \leqslant (1-\theta)f(x) + \theta f(y) - \frac{1}{2}\sigma\theta(1-\theta)\|x-y\|^2 \qquad (2.2.5)$$

成立, 则称 f 为系数为 σ 的强凸函数或一致凸函数.

由定义可知, 强凸函数必为严格凸函数, 严格凸函数必为凸函数. 进一步我们还可以得出, 强凸函数与一般凸函数有一个简单直接的联系.

定理 2.33 设函数 $f : \mathbb{R}^n \to \mathbb{R} \cup \{+\infty\}$ 为正常凸函数, 则 f 为系数为 σ ($\sigma > 0$) 的强凸函数的充分必要条件是函数

$$f(x) - \frac{1}{2}\sigma\|x\|^2$$

为正常凸函数.

证明 记 $g(x) = f(x) - \frac{1}{2}\sigma\|x\|^2$, 即 $f(x) = g(x) + \frac{1}{2}\sigma\|x\|^2$. 对任意的 $x, y \in \mathrm{dom}\, f$, $\theta \in [0, 1]$, 若 f 为系数为 σ 的强凸函数, 由定义 (2.2.5) 可得

$$g[(1-\theta)x + \theta y] + \frac{1}{2}\sigma\|(1-\theta)x + \theta y\|^2$$

$$\leqslant (1-\theta)\left[g(x) + \frac{1}{2}\sigma\|x\|^2\right] + \theta\left[g(y) + \frac{1}{2}\sigma\|y\|^2\right] - \frac{1}{2}\sigma\theta(1-\theta)\|x-y\|^2. \quad (2.2.6)$$

注意到

$$\|(1-\theta)x + \theta y\|^2 + \theta(1-\theta)\|x-y\|^2 = (1-\theta)\|x\|^2 + \theta\|y\|^2,$$

不等式 (2.2.6) 等价于 $g[(1-\theta)x + \theta y] \leqslant (1-\theta)g(x) + \theta g(y)$. 故 f 强凸当且仅当 g 是凸函数. $\qquad \square$

定理 2.34 严格凸函数最多只有一个最小值点, 闭的正常的强凸函数一定有唯一最小值点.

证明 设严格凸函数 f 有两个不同的最小值点 x_1 与 x_2. 记最小值为 m. 则对任意 $\theta \in (0, 1)$,

$$f[\theta x_1 + (1-\theta)x_2] < \theta f(x_1) + (1-\theta)f(x_2) = m.$$

这与 m 为最小值矛盾, 故 f 最多只有一个最小值点.

进一步假设 f 为闭的正常的系数为 $\sigma > 0$ 的强凸函数. 只需证最小值存在. 由定理 2.33,

$$f(x) - \frac{1}{2}\sigma\|x\|^2$$

为正常凸函数. 再由定理 2.29, 存在仿射函数 $h(x) = a^{\mathrm{T}}x + b \ (a \in \mathbb{R}^n, b \in \mathbb{R})$ 使得

$$f(x) - \frac{1}{2}\sigma\|x\|^2 \geqslant a^{\mathrm{T}}x + b.$$

任取 $\alpha > \inf\limits_{x} f(x)$, 则下水平集 $S_f(\alpha)$ 为非空闭集, 且

$$
\begin{aligned}
S_f(\alpha) &= \{x \in \mathbb{R}^n \,|\, f(x) \leqslant \alpha\} \\
&\subset \left\{x \in \mathbb{R}^n \,\middle|\, \frac{1}{2}\sigma\|x\|^2 + a^{\mathrm{T}}x + b \leqslant \alpha\right\} \\
&= \left\{x \in \mathbb{R}^n \,\middle|\, \|x + \frac{1}{\sigma}a\|^2 \leqslant \frac{2(\alpha - b)}{\sigma} + \frac{1}{\sigma^2}\|a\|^2\right\},
\end{aligned}
$$

从而 $S_f(\alpha)$ 为有界闭集. 这样 f 在 $S_f(\alpha)$ 上取到最小值, 该值也是 f 的最小值. $\quad\square$

上述证明用到了 $\mathbb{R}^n$ 上的下半连续函数在有界闭集上一定可以取到最小值的性质.

注意仅仅严格凸不一定能保证最小值点存在, 如 $f(x) = e^x$ 与 $g(x) = -\ln x$ 都是严格凸函数, 但都没有最小值.

2.2.4 凸函数的判定

对于可导或二阶可导的一元函数, 我们可以通过导数的单增性或二阶导数的非负性判定函数的凸性. 类似地, 多元函数的凸性也有相应的一阶、二阶条件, 这些条件的证明用到了多元函数凸性与一元函数凸性的联系.

定理 2.35 函数 $f : \mathbb{R}^n \to \mathbb{R} \cup \{+\infty\}$ 为凸函数的充分必要条件是: 对任意的 $x \in \mathrm{dom}\, f$, $v \in \mathbb{R}^n$, 函数 $g(t) := f(x + tv)$ 为凸函数.

证明 设 f 为凸函数, 固定 $x \in \mathrm{dom}\, f$, $v \in \mathbb{R}^n$, 对任意 $t_0, t_1 \in \mathbb{R}$ 及 $\theta \in [0,1]$, 有

$$
\begin{aligned}
g((1-\theta)t_0 + \theta t_1) &= f[(1-\theta)(x + t_0 v) + \theta(x + t_1 v)] \\
&\leqslant (1-\theta)f(x + t_0 v) + \theta f(x + t_1 v) = (1-\theta)g(t_0) + \theta g(t_1),
\end{aligned}
$$

故 g 为一元凸函数.

反之, 假设对任意 x, v, g 都是凸函数. 对任意 $x, y \in \mathrm{dom}\, f$, 令 $g(t) = f(x + t(y - x))$. 任取 $\theta \in [0,1]$,

$$f[(1-\theta)x + \theta y] = g(\theta) \leqslant (1-\theta)g(0) + \theta g(1) = (1-\theta)f(x) + \theta f(y),$$

故 f 为凸函数. $\quad\square$

该定理即表明, f 为 $\mathbb{R}^n$ 上的凸函数当且仅当 f 在每条直线上都是凸的. 下面我们回顾一下数学分析中关于一元函数凸性的结论.

引理 2.36　设函数 $f: \mathbb{R} \to \mathbb{R} \cup \{+\infty\}$ 的定义域为区间 I, 则 f 为凸函数的充要条件是: 对于 I 上任意三个点 $x_1 < x_2 < x_3$, 总有

$$\frac{f(x_2) - f(x_1)}{x_2 - x_1} \leqslant \frac{f(x_3) - f(x_1)}{x_3 - x_1} \leqslant \frac{f(x_3) - f(x_2)}{x_3 - x_2}.$$

上式中的不等号若换为严格小于, 则为 f 是严格凸函数的充要条件.

定理 2.37　设函数 $f: \mathbb{R} \to \mathbb{R} \cup \{+\infty\}$ 的定义域为开区间 I, 且 f 在 I 上可微. 则以下论述等价:

(a) f 为凸函数;

(b) f' 在 I 上广义单增;

(c) 对任意 $x_1, x_2 \in I$, 有 $f(x_2) \geqslant f(x_1) + f'(x_1)(x_2 - x_1)$;

进一步, 若 f 在 I 上二次可微, 则以下条件也与上述条件等价

(d) 对任意 $x \in I$, $f''(x) \geqslant 0$.

类似我们还有等价关系:

(a) f 为严格凸函数;

(b) f' 在 I 上严格单增;

(c) 对任意不等的 $x_1, x_2 \in I$, 有 $f(x_2) > f(x_1) + f'(x_1)(x_2 - x_1)$;

(d) 对任意 $x \in I$ 都有 $f''(x) \geqslant 0$, 且对任意子区间 $I_1 \subset I$, f'' 在 I_1 上不恒为 0.

注意条件 "对任意 $x \in I$, $f''(x) > 0$" 可导出 f 严格凸. 但反过来结论未必成立, 如 $f(x) = x^4$ 在 $(-\infty, +\infty)$ 上严格凸, 但 $f''(0) = 0$.

例 2.14　(1) 对函数 $f(x) = \dfrac{1}{p}|x|^p$ $(p > 1)$, 由于

$$f'(x) = \begin{cases} x^{p-1}, & x \geqslant 0, \\ -(-x)^{p-1}, & x < 0 \end{cases}$$

严格单增, 故 $f_1(x)$ 为 $\mathbb{R}$ 上的严格凸函数.

(2) $f(x) = e^{\alpha x}$ $(\alpha \neq 0)$ 为 $\mathbb{R}$ 上的严格凸函数, 注意到

$$f''(x) = \alpha^2 e^{\alpha x} > 0, \quad \forall x \in \mathbb{R}.$$

(3) $f(x) = -\ln x$ 为 $(0, +\infty)$ 上的严格凸函数, 其二阶导数

$$f''(x) = \frac{1}{x^2} > 0, \quad \forall x > 0.$$

定理 2.38(凸函数的一阶判定条件) 设函数 $f:\mathbb{R}^n\to\mathbb{R}\cup\{+\infty\}$ 的定义域为开凸集, 且 f 在 $\operatorname{dom}f$ 上可微. 则 f 为凸函数的充要条件是对任意 $x,y\in\operatorname{dom}f$, 有

$$f(y)\geqslant f(x)+\langle\nabla f(x),y-x\rangle.$$

类似可以证明: f 为严格凸函数的充要条件是对任意 $x,y\in\operatorname{dom}f$, 有 $f(y)>f(x)+\langle\nabla f(x),y-x\rangle$.

证明 必要性. 设 f 为凸函数. 任取 $x,y\in\operatorname{dom}f$, 令 $g(t)=f[x+t(y-x)]$, 则 g 是 $\mathbb{R}$ 上的凸函数, 且 g 在 $\operatorname{dom}g$ 上可微, 有

$$g'(t)=\nabla f[x+t(y-x)]^{\mathrm{T}}(y-x).$$

由一元函数凸性的等价条件得

$$g(1)\geqslant g(0)+g'(0)(1-0),$$

即

$$f(y)\geqslant f(x)+\nabla f(x)^{\mathrm{T}}(y-x).$$

充分性. 任取 $x,y\in\operatorname{dom}f$ 及 $\theta\in[0,1]$. 令 $z=(1-\theta)x+\theta y$, 则

$$f(x)\geqslant f(z)+\nabla f(z)^{\mathrm{T}}(x-z)=f(z)+\theta\nabla f(z)^{\mathrm{T}}(x-y),$$

$$f(y)\geqslant f(z)+\nabla f(z)^{\mathrm{T}}(y-z)=f(z)+(1-\theta)\nabla f(z)^{\mathrm{T}}(y-x).$$

于是有

$$(1-\theta)f(x)+\theta f(y)\geqslant f(z),$$

从而 f 为凸函数.   □

由上述等价条件可以立刻得到凸函数的以下性质是凸分析在优化理论中占据重要地位的关键原因.

定理 2.39(一阶最优性条件) 设凸函数 $f:\mathbb{R}^n\to\mathbb{R}\cup\{+\infty\}$ 的定义域为开凸集, 且 f 在 $\operatorname{dom}f$ 上可微. 则 $x_0\in\operatorname{dom}f$ 为 f 的最小值点当且仅当 $\nabla f(x_0)=0$.

一元函数凸性的二阶判定条件也可以推广到 $\mathbb{R}^n$ 上的函数上来.

定理 2.40 (凸函数的二阶判定条件) 设函数 $f:\mathbb{R}^n\to\mathbb{R}\cup\{+\infty\}$ 的定义域为开凸集, 且 f 在 $\operatorname{dom}f$ 上二次连续可微. 则 f 为凸函数的充要条件是对任意 $x\in\operatorname{dom}f$, 有

$$\nabla^2 f(x)\succeq O.$$

若处处有 $\nabla^2 f(x)\succ O$, 则 f 为严格凸函数. 但反之不一定成立.

证明 设函数 f 为凸函数. 由定理 2.35, 对任意的 $x \in \operatorname{dom} f$, $v \in \mathbb{R}^n$, 函数 $g(t) = f(x + tv)$ 为凸函数. 考虑到 f 在 $\operatorname{dom} f$ 上二次连续可微时 g 在 $\operatorname{dom} g$ 上也二次可导, 且 $g''(t) = v^{\mathrm{T}} \nabla^2 f(x + tv) v$, 故有 $g''(0) \geqslant 0$, 即 $v^{\mathrm{T}} \nabla^2 f(x) v \geqslant 0$, 由 v 的任意性得 $\nabla^2 f(x) \succeq O$.

反之, 若对任意的 $x \in \operatorname{dom} f$, $\nabla^2 f(x) \succeq O$. 则对任意方向 v 及相应的一元函数 $g(t) = f(x + tv)$, $g''(t) \geqslant 0$ 对所有 $t \in \operatorname{dom} g$ 都成立, 故 g 为凸函数, 从而 f 为凸函数. $\qquad \square$

由上述二阶判定条件及定理 2.33 立刻可以得到强凸函数的二阶判定条件.

推论 2.7 设函数 $f : \mathbb{R}^n \to \mathbb{R} \cup \{+\infty\}$ 的定义域为开凸集, 且 f 在 $\operatorname{dom} f$ 上二次连续可微. 则 f 为参数为 $\sigma > 0$ 的强凸函数的充要条件是对任意 $x \in \operatorname{dom} f$, 有

$$\nabla^2 f(x) \succeq \sigma I.$$

例 2.15 $f(x) = \dfrac{1}{2} x^{\mathrm{T}} A x + b^{\mathrm{T}} x + c$ (其中 $A \in \mathbb{S}^n, b \in \mathbb{R}^n, c \in \mathbb{R}$) 在 $A \succeq O$ 时为凸函数, 在 $A \succ O$ 时为强凸函数. 这样我们可以通过凸函数性质证明椭球体 (P 为正定矩阵)

$$\mathcal{E} = \{x \mid (x - x_c)^{\mathrm{T}} P^{-1} (x - x_c) \leqslant 1\}$$

是凸集.

例 2.16 证明以下结论:

(1) (Log-sum-exp function) 函数 $f(x) = \ln\left(\sum_{i=1}^n e^{x_i}\right)$ 为 $\mathbb{R}^n$ 上的凸函数;

(2) (Log-determinant) 函数 $f(X) = \ln \det X$ 为 $\mathbb{S}_{++}^n$ 上的凹函数.

证明 (1) 记 $s(x) = \sum_{i=1}^n e^{x_i}$. 对任意不等的 $j, k \in \{1, 2, \cdots, n\}$, 有

$$\frac{\partial f}{\partial x_j} = \frac{e^{x_j}}{s(x)},$$

$$\frac{\partial^2 f}{\partial x_j^2} = \frac{s(x) e^{x_j} - e^{x_j} \cdot e^{x_j}}{[s(x)]^2} = \frac{e^{x_j}}{s(x)} - \frac{e^{x_j} \cdot e^{x_j}}{[s(x)]^2},$$

$$\frac{\partial^2 f}{\partial x_j \partial x_k} = -\frac{e^{x_j} \cdot e^{x_k}}{[s(x)]^2}.$$

因而 f 的黑塞矩阵为

$$\nabla^2 f(x) = \frac{1}{s(x)} \Lambda - \frac{1}{[s(x)]^2} v v^{\mathrm{T}} = \frac{1}{[s(x)]^2} [s(x) \Lambda - v v^{\mathrm{T}}],$$

其中

$$\Lambda = \begin{pmatrix} e^{x_1} & & & \\ & e^{x_2} & & \\ & & \ddots & \\ & & & e^{x_n} \end{pmatrix}, \qquad v = \begin{pmatrix} e^{x_1} \\ e^{x_2} \\ \vdots \\ e^{x_n} \end{pmatrix}.$$

对任意 $z = (z_1, z_2, \cdots, z_n)^{\mathrm{T}} \in \mathbb{R}^n$, 利用柯西 (Cauchy) 不等式得二次型

$$z^{\mathrm{T}} s(x) \Lambda z - z^{\mathrm{T}} v v^{\mathrm{T}} z = \left(\sum_{i=1}^n e^{x_i} \right) \left(\sum_{i=1}^n e^{x_i} z_i^2 \right) - \left(\sum_{i=1}^n e^{x_i} z_i \right)^2 \geqslant 0,$$

即 $s(x)\Lambda - v v^{\mathrm{T}}$ 为半正定矩阵, 从而 $\nabla^2 f(x)$ 半正定, 故 $f(x)$ 为 $\mathbb{R}^n$ 上的凸函数.

(2) 任取 $X \in \mathbb{S}_{++}^n, V \in \mathbb{S}^n$, 定义 $g(t) = \ln \det(X + tV)$, 其中 $t \in I := \{t \in \mathbb{R} \mid X + tV \succ O\}$. 由于 X 对称正定, V 对称, 则存在可逆矩阵 P 及正交矩阵 Q 使得

$$X = P^{\mathrm{T}} P, \quad V = P^{\mathrm{T}} Q^{\mathrm{T}} \Lambda Q P,$$

其中

$$\Lambda = \mathrm{diag}(\lambda_1, \lambda_2, \cdots, \lambda_n).$$

则

$$g(t) = \ln \det(I + t\Lambda) + 2 \ln |\det(QP)|$$
$$= \sum_{i=1}^n \ln(1 + t\lambda_i) + 2 \ln |\det(QP)|.$$

由于 $\ln(1 + t\lambda_i)$ 均为凹函数, 故 $\ln \det X$ 为 $\mathbb{S}_{++}^n$ 上的凹函数. □

2.2.5 共轭函数

定义 2.31 给定函数 $f : \mathbb{R}^n \to \mathbb{R} \cup \{+\infty\}$, 由

$$f^*(\xi) := \sup_{x \in \mathbb{R}^n} \left\{ \langle x, \xi \rangle - f(x) \right\}$$

定义的函数 $f^* : \mathbb{R}^n \to [-\infty, +\infty]$ 称为 f 的共轭函数.

由定义可以看出共轭函数有如下性质.

(a) f^* 必为闭凸函数, 无论 f 是否为凸函数. 事实上, f^* 可以写为如下上确界形式

$$f^*(\xi) := \sup_{x \in \mathbb{R}^n} g_x(\xi),$$

其中 $g_x(\xi) := \langle x, \xi \rangle - f(x)$ 为 ξ 的仿射函数.

(b) (Fenchel 不等式) 对任意 $\xi, x \in \mathbb{R}^n$ 恒有

$$f(x) + f^*(\xi) \geqslant \langle x, \xi \rangle.$$

(c) 若 $f \leqslant g$, 则 $f^* \geqslant g^*$.

以下给出一些常见凸函数的共轭函数的例子.

例 2.17 (1) 函数 $f(x) = \dfrac{1}{p}|x|^p$ $(p > 1)$ 的共轭函数为 $f^*(\xi) = \dfrac{1}{q}|\xi|^q$, 其中 q 满足 $\dfrac{1}{p} + \dfrac{1}{q} = 1$.

(2) 函数 $f(x) = e^{\alpha x}$ $(\alpha > 0)$ 的共轭函数为

$$f^*(\xi) = \begin{cases} \dfrac{\xi}{\alpha}\left(\ln\dfrac{\xi}{\alpha} - 1\right), & \xi > 0, \\ 0, & \xi = 0, \\ +\infty, & \xi < 0. \end{cases}$$

(3) 仿射函数 $f(x) = \langle a, x \rangle + b$ 的共轭函数为

$$f^*(\xi) = \begin{cases} -b, & \xi = a, \\ +\infty, & \xi \neq a. \end{cases}$$

(4) 函数 $f(x) = \|x\|_2$ 的共轭函数为

$$f^*(\xi) = \begin{cases} 0, & \|\xi\|_2 \leqslant 1, \\ +\infty, & \|\xi\|_2 > 1. \end{cases}$$

(5) 二次函数 $f(x) = \dfrac{1}{2}x^{\mathrm{T}}Ax + b^{\mathrm{T}}x + c$ (其中 $A \succ O, b \in \mathbb{R}^n, c \in \mathbb{R}$) 的共轭函数为

$$f^*(\xi) = \dfrac{1}{2}(\xi - b)^{\mathrm{T}}A^{-1}(\xi - b) - c.$$

证明 (1) 固定 ξ, 令 $g(x) = \xi x - \dfrac{1}{p}|x|^p$, 由例 2.14(1), g 为凹函数且

$$g'(x) = \xi - f'(x) = \begin{cases} \xi - |x|^{p-1}, & x \geqslant 0, \\ \xi + |x|^{p-1}, & x < 0. \end{cases}$$

分情况讨论:

(i) 若 $\xi \geqslant 0$, 则 g 有驻点 $x_\xi = \xi^{\frac{1}{p-1}}$, 由一阶最优性条件, 该点为最大值点,

$$f^*(\xi) = g(x_\xi) = \xi \cdot \xi^{\frac{1}{p-1}} - \frac{1}{p}\xi^{\frac{p}{p-1}} = \left(1 - \frac{1}{p}\right)\xi^{\frac{p}{p-1}} = \frac{1}{q}\xi^q.$$

(ii) 若 $\xi < 0$, 则 g 有驻点 $x_\xi = -|\xi|^{\frac{1}{p-1}}$,

$$f^*(\xi) = g(x_\xi) = -\xi \cdot |\xi|^{\frac{1}{p-1}} - \frac{1}{p}|\xi|^{\frac{p}{p-1}} = \frac{1}{q}|\xi|^q.$$

综合以上两种情况得 $f^*(\xi) = \dfrac{1}{q}|\xi|^q$.

(2) 固定 ξ, 令 $g(x) = \xi x - e^{\alpha x}$, 由例 2.14(2), g 为凹函数且

$$g'(x) = \xi - \alpha e^{\alpha x}.$$

分情况讨论:

(i) 当 $\xi > 0$ 时, $g(x)$ 有驻点 $x_\xi = \dfrac{1}{\alpha}\ln\dfrac{\xi}{\alpha}$, 该点即最大值点, 于是

$$f^*(\xi) = g(x_\xi) = \xi\frac{1}{\alpha}\ln\frac{\xi}{\alpha} - \frac{\xi}{\alpha} = \frac{\xi}{\alpha}\left(\ln\frac{\xi}{\alpha} - 1\right).$$

(ii) 当 $\xi \leqslant 0$ 时, 恒有 $g'(x) < 0$, 故 $g(x)$ 在 $\mathbb{R}$ 上单减, 从而

$$f^*(\xi) = \lim_{x \to -\infty} g(x) = \begin{cases} \lim\limits_{x \to -\infty}(-e^{\alpha x}) = 0, & \xi = 0, \\ \lim\limits_{x \to -\infty}(\xi x - e^{\alpha x}) = +\infty, & \xi < 0. \end{cases}$$

综合以上两种情况即得所求.

(3) 由共轭函数的定义,

$$f^*(\xi) = \sup_x\{\langle \xi, x\rangle - (\langle a, x\rangle + b)\} = \sup_x\{\langle \xi - a, x\rangle - b\}.$$

注意到线性函数 $\langle \xi - a, x\rangle$ 仅在 $\xi - a = 0$ 时恒等于零, 其他情况可以取到任意实数, 故得所求.

(4) $f^*(\xi) = \sup\limits_x\{\langle \xi, x\rangle - \|x\|\}$, 分情况讨论.

(i) 当 $\|\xi\| \leqslant 1$ 时, 由柯西不等式, $\langle \xi, x\rangle \leqslant \|\xi\| \cdot \|x\| \leqslant \|x\|$. 故 $\langle \xi, x\rangle - \|x\| \leqslant 0$ 且等号在 $x = 0$ 成立, 故此时 $f^*(\xi) = 0$.

(ii) 当 $\|\xi\| > 1$ 时, 则

$$f^*(\xi) \geqslant \sup\{\langle \xi, x \rangle - \|x\| \mid x = t\xi, t > 0\} = \sup\{t\|\xi\|(\|\xi\| - 1) \mid t > 0\} = +\infty.$$

(5) 令 $g(x) = \xi^T x - f(x) = -\left[\dfrac{1}{2}x^T Ax - (\xi - b)^T x + c\right]$, 则 g 为凹函数, 且

$$\nabla g(x) = -[Ax - (\xi - b)].$$

g 有驻点 $x_0 = A^{-1}(\xi - b)$, 该点为 g 的最大值点, 从而

$$f^*(\xi) = -\left[\frac{1}{2}x_0^T Ax_0 - (\xi - b)^T x_0 + c\right] = \frac{1}{2}(\xi - b)^T A^T(\xi - b) - c. \qquad \square$$

定理 2.41 正常凸函数的共轭函数也是闭正常凸函数.

证明 只需证明共轭函数是正常函数. 设 $f : \mathbb{R}^n \to \mathbb{R} \cup \{+\infty\}$ 为正常凸函数, 则存在 x_0 使 $f(x_0) \in \mathbb{R}$, 于是对任意 ξ,

$$f^*(\xi) = \sup_x \{\langle \xi, x \rangle - f(x)\} \geqslant \langle \xi, x_0 \rangle - f(x_0) > -\infty.$$

其次由定理 2.29, 存在仿射函数 $h(x) = \langle a, x \rangle + b$ 使 $h \leqslant f$. 注意到例 2.17(3) 的结论

$$f^*(a) \leqslant h^*(a) = -b < +\infty.$$

故 f^* 为正常函数. $\qquad \square$

共轭函数还可以继续取共轭, 由此得到双重共轭函数的概念.

定义 2.32 给定函数 $f : \mathbb{R}^n \to \mathbb{R} \cup \{+\infty\}$, 称 f^* 的共轭为 f 的双重共轭函数, 记为 f^{**}, 即

$$f^{**}(x) := \sup_{\xi \in \mathbb{R}^n} [\langle x, \xi \rangle - f^*(\xi)].$$

由共轭函数的性质容易得到双重共轭函数有以下性质:

(a) $f^{**} \leqslant f$ (注意 Fenchel 不等式 $\langle x, \xi \rangle - f^*(\xi) \leqslant f(x)$);

(b) 若 $f \leqslant h$, 则 $f^* \geqslant h^*$, $f^{**} \leqslant h^{**}$.

例 2.18 仿射函数 $h(x) = \langle a, x \rangle + b$ 的双重共轭函数为其本身.

证明 由例 2.17(3) 知

$$\langle \xi, x \rangle - h^*(\xi) = \begin{cases} \langle a, x \rangle + b, & \xi = a, \\ -\infty, & \xi \neq a. \end{cases}$$

从而

$$h^{**}(x) = \sup_\xi \{(\xi, x) - h^*(\xi)\} = \langle a, x \rangle + b = h(x). \qquad \square$$

定义 2.33 对正常凸函数 $f : \mathbb{R}^n \to \mathbb{R} \cup \{+\infty\}$, 称以 cl epi f 为上图的函数为 f 的闭包, 记为 cl f, 即

$$\text{epi cl } f = \text{cl epi } f.$$

由定义可得, $\mu \geqslant \text{cl } f(x)$ 当且仅当存在点列 $\{(x_n, \mu_n)\} \subset \text{epi } f$ 收敛于 (x, μ), 此即 $\liminf\limits_{n \to \infty} f(x_n) \leqslant \mu$, 于是得

$$\text{cl } f(x) = \liminf\limits_{z \to x} f(z).$$

进而得, 对正常凸函数 $f : \mathbb{R}^n \to \mathbb{R} \cup \{+\infty\}$, 闭包函数 cl f 是闭正常凸函数, 且是满足 $g \leqslant f$ 的所有闭正常凸函数 g 中最大的那个. 注意到当 $x \in \text{ri dom } f$ 时 f 下半连续, 此时有 cl $f(x) = f(x)$.

定理 2.42 正常凸函数 $f : \mathbb{R}^n \to \mathbb{R} \cup \{+\infty\}$ 的闭包满足

$$\text{cl } f(x) = \sup\{h(x) \mid h \text{ 为仿射函数, 且 } h \leqslant f\}.$$

证明 记等式右侧函数为 $\hat{h}$, 易见 epi cl $f \subset$ epi $\hat{h}$. 为证反包含关系, 任取 $(x_0, \mu) \notin$ epi cl f, 只需证 $(x_0, \mu) \notin$ epi $\hat{h}$. 利用点与凸集的强分离定理得, 存在 $a \in \mathbb{R}^n, \beta \in \mathbb{R}$, 使 $(a, \beta) \neq 0$, 且

$$\inf_{(x, \lambda) \in \text{epi } f} \langle (a, \beta), (x, \lambda) \rangle \geqslant \alpha > \langle (a, \beta), (x_0, \mu) \rangle. \tag{2.2.7}$$

注意到当 $x \in \text{dom } f$ 时, λ 可以取任意大于等于 $f(x)$ 实数, 故 $\beta \geqslant 0$. 另外, 对任意 $x \in \text{dom } f$, 有

$$a^{\mathrm{T}} x + \beta f(x) \geqslant \alpha > a^{\mathrm{T}} x_0 + \beta \mu. \tag{2.2.8}$$

分情况讨论如下:

(1) 当 $\beta > 0$ 时, 令 $h(x) = -\dfrac{1}{\beta} a^{\mathrm{T}} x + \dfrac{\alpha}{\beta}$, 则 $f(x) \geqslant h(x)$ 且 $h(x_0) > \mu$. 于是 $(x_0, \mu) \notin$ epi $\hat{h}$.

(2) 当 $\beta = 0$ 时, (2.2.7) 即为

$$\inf_{x \in \text{dom } f} a^{\mathrm{T}} x \geqslant \alpha > a^{\mathrm{T}} x_0.$$

由定理 2.29 知, 存在仿射函数 $h_0(x) = a_0^{\mathrm{T}} x + b$ 使得 $h_0 \leqslant f$. 则对任意 $t > 0$, 仿射函数

$$h_t(x) = a_0^{\mathrm{T}} x + b - t(a^{\mathrm{T}} x - \alpha)$$

也恒小于等于 f. 注意到对足够大的 t, 有 $h_t(x_0) > \mu$, 故 $(x_0, \mu) \notin$ epi $\hat{h}$. □

定理 2.43 对正常凸函数 $f : \mathbb{R}^n \to \mathbb{R} \cup \{+\infty\}$ 必有 $f^{**} = \mathrm{cl}\, f$. 特别地, 若 f 为闭正常凸函数, 则有 $f^{**} = f$ 及 $(\mathrm{cl}\, f)^* = f^*$.

证明 首先 $f^{**} \leqslant f$ 且为闭函数, 故 $f^{**} \leqslant \mathrm{cl}\, f$. 其次任取仿射函数 $h(x)$ 使 $h \leqslant f$, 则

$$h = h^{**} \leqslant f^{**}.$$

对所有这样的 h 取上确界, 得

$$\mathrm{cl}\, f \leqslant f^{**}.$$

于是有 $f^{**} = \mathrm{cl}\, f$.

进一步假设 f 为闭正常凸函数, 则 $\mathrm{cl}\, f = f$, 于是 $f^{**} = f$ 且

$$(\mathrm{cl}\, f)^* = (f^{**})^* = (f^*)^{**} = f^*,$$

其中最后一个等式是因为 f^* 也是闭正常凸函数. $\qquad\square$

练习

1. 设 $f : \mathbb{R}^n \to \mathbb{R}$ 是定义域上 $\mathrm{dom}\, f = \mathbb{R}^n$ 的凸函数, 且在 $\mathbb{R}^n$ 上有界. 证明 f 是常数.

2. 设 $f : \mathbb{R}^n \to \mathbb{R}$ 是凸函数, $g : \mathbb{R}^n \to \mathbb{R}$ 是凹函数, $\mathrm{dom}\, f = \mathrm{dom}\, g = \mathbb{R}^n$, 且对所有的 x 都有 $g(x) \leqslant f(x)$. 证明存在仿射函数 h, 使得对于所有 x, $g(x) \leqslant h(x) \leqslant f(x)$.

3. (Jensen 不等式的推广 ★) Jensen 不等式的一种诠释是随机化或抖动会提高凸函数的平均值: 对于凸函数 f 和均值为零的随机变量 v, 我们有 $\mathbf{E} f(x_0 + v) \geqslant f(x_0)$. 由此我们猜想: 如果 f 是凸函数, 那么 v 的方差越大, $\mathbf{E} f(x_0 + v)$ 就越大.

(1) 给出反例说明该猜想是错误的, 即求零均值随机变量 v 和 w, 使得 $\mathbf{var}(v) > \mathbf{var}(w)$, 以及凸函数 f 和点 x_0, 使得 $\mathbf{E} f(x_0 + v) < \mathbf{E} f(x_0 + w)$.

(2) 当 v 和 w 成比例时, 证明该猜想是正确的, 即证明当 f 是凸函数, v 是均值为零的随机变量时, $\mathbf{E} f(x_0 + tv)$ 在 $t \geqslant 0$ 时单调递增.

4. (一族凹的效用函数) 对于 $0 < \alpha \leqslant 1$, 令

$$u_\alpha(x) = \frac{x^\alpha - 1}{\alpha},$$

其中 $\mathrm{dom}\, u_\alpha = \mathbb{R}_+$. 定义 $u_0(x) = \ln x$ ($\mathrm{dom}\, u_0 = \mathbb{R}_{++}$).

(1) 证明当 $x > 0$ 时, $u_0(x) = \lim\limits_{\alpha \to 0} u_\alpha(x)$;

(2) 证明 u_α 是单调递增的凹函数, 且都满足 $u_\alpha(1) = 0$.

在经济学中, 这些函数通常用于对一定数量的商品或资金的效益或效用进行建模. u_α 的凹性意味着边际效用随着商品数量的增加而减少. 换言之, 凹性反映了饱和效果.

5. 确定以下函数的凹凸性:

(1) $f(x) = x \ln x, x \in \mathbb{R}_{++}$;

(2) $f(x_1, x_2) = x_1 x_2, (x_1, x_2) \in \mathbb{R}_{++}^2$;

(3) $f(x_1, x_2) = 1/(x_1 x_2), (x_1, x_2) \in \mathbb{R}_{++}^2$;

(4) $f(x_1, x_2) = x_1/x_2, (x_1, x_2) \in \mathbb{R}_{++}^2$;

(5) $f(x_1, x_2) = x_1^2/x_2, (x_1, x_2) \in \mathbb{R} \times \mathbb{R}_{++}$;

(6) $f(x_1, x_2) = x_1^\alpha x_2^{1-\alpha} (0 \leqslant \alpha \leqslant 1), (x_1, x_2) \in \mathbb{R}_{++}^2$.

6. 证明以下结论:

(1) 几何平均值函数 $f(x) = (\prod_{i=1}^n x_i)^{\frac{1}{n}}$ 为 $\mathbb{R}_{++}^n$ 上的凹函数;

(2) 函数 $f(x) = (\sum_{i=1}^n x_i^p)^{\frac{1}{p}}$ $(p < 1, p \neq 0)$ 为 $\mathbb{R}_{++}^n$ 上的凹函数;

(3) 函数 $f(X) = \text{tr}(X^{-1})$ 为 $\mathbb{S}_{++}^n$ 上的凸函数;

(4) 函数 $f(X) = (\det X)^{\frac{1}{n}}$ 为 $\mathbb{S}_{++}^n$ 上的凹函数;

(5) 负广义对数 $f(x, t) = -\ln(t^2 - x^T x)$ 是二阶锥 $\{(x, t) \in \mathbb{R}^n \times \mathbb{R} \mid \|x\|_2 < t\}$ 上的凸函数.

7. (概率单形上的函数)　设 x 为在 $\{a_1, \cdots, a_n\}$ 中取值的实值随机变量, 其中 $a_1 < a_2 < \cdots < a_n$, $\text{prob}(x = a_i) = p_i$, $i = 1, \cdots, n$. 对于下列 (定义在概率单形 $\{p \in \mathbb{R}_+^n \mid \mathbf{1}^T p = 1\}$ 上) 关于 p 的函数, 确定函数的凹凸性:

(1) $\mathbf{E}x$;

(2) $\text{prob}(x \geqslant \alpha)$;

(3) $\text{prob}(\alpha \leqslant x \leqslant \beta)$;

(4) 概率分布的负熵 $\sum_{i=1}^n p_i \ln p_i$;

(5) 方差 $\mathbf{var}x = \mathbf{E}(x - \mathbf{E}x)^2$;

(6) $\mathbf{quartile}(x) = \inf\{\beta \mid \text{prob}(x \leqslant \beta) \geqslant 0.25\}$;

(7) 概率大于等于 90% 的最少样本数;

(8) 概率大于等于 90% 的最小区间长度 $\inf\{\beta - \alpha \mid \text{prob}(\alpha \leqslant x \leqslant \beta) \geqslant 0.9\}$.

8. (特征值的函数)　设 $\lambda_1(X) \geqslant \lambda_2(X) \geqslant \cdots \geqslant \lambda_n(X)$ 为矩阵 $X \in \mathbb{S}^n$ 的特征值. 证明以下结论.

(1) 最大特征值函数 $\lambda_1(X)$ 是凸的, 最小特征值函数 $\lambda_n(X)$ 是凹的.

(2) 迹 $\text{tr}X = \lambda_1(X) + \cdots + \lambda_n(X)$ 是线性的, $\text{tr}(X^{-1}) = \sum_{i=1}^n 1/\lambda_i(X)$ 是 $\mathbb{S}_{++}^n$ 上的凸函数.

(3) 特征值的几何平均值 $(\det X)^{1/n} = (\prod_{i=1}^n \lambda_i(X))^{1/n}$, 特征值乘积的对数

$\ln \det X = \sum_{i=1}^{n} \ln \lambda_i(X)$ 是 $X \in \mathbb{S}_{++}^{n}$ 上的凹函数.

(4) (前 k 个最大特征值之和) 利用

$$\sum_{i=1}^{k} \lambda_i(X) = \sup\{\operatorname{tr}(V^{\mathrm{T}} X V) \mid V \in \mathbb{R}^{n \times k}, V^{\mathrm{T}} V = I\},$$

证明 $\sum_{i=1}^{k} \lambda_i(X)$ 是 $\mathbb{S}^{n}$ 上的凸函数.

(5) (前 k 个最小特征值的几何平均值) 证明 $\prod_{i=n-k+1}^{n} (\lambda_i(X))^{1/k}$ 是 $\mathbb{S}_{++}^{n}$ 上的凹函数. 注意对于 $X \succ 0$, 我们有

$$\left(\prod_{i=n-k+1}^{n} \lambda_i(X)\right)^{1/k} = \frac{1}{k} \inf\{\operatorname{tr}(V^{\mathrm{T}} X V) \mid V \in \mathbb{R}^{n \times k}, \det V^{\mathrm{T}} V = 1\}.$$

(6) (k 个最小特征值乘积的对数) 证明 $\sum_{i=n-k+1}^{n} \ln \lambda_i(X)$ 是 $\mathbb{S}_{++}^{n}$ 上的凹函数. 注意对于 $X \succ 0$, 我们有

$$\prod_{i=n-k+1}^{n} \lambda_i(X) = \inf\left\{\prod_{i=1}^{k} (V^{\mathrm{T}} X V)_{ii} \,\middle|\, V \in \mathbb{R}^{n \times k}, V^{\mathrm{T}} V = I\right\}.$$

9. (Minkowski 函数) 凸集 C 的 Minkowski 函数定义为

$$M_C(x) = \inf\{t > 0 \mid t^{-1} x \in C\}.$$

(1) 画图给出 $M_C(x)$ 的几何解释;

(2) 证明 M_C 是正齐次的, 即对任意 $\alpha > 0$ 有 $M_C(\alpha x) = \alpha M_C(x)$;

(3) 求 M_C 的定义域;

(4) 证明 M_C 是凸函数;

(5) 进一步假设 C 是对称的 (如果 $x \in C$, 那么 $-x \in C$) 闭有界集, 并且有非空的内部. 证明 M_C 是一个范数, 并确定其单位球.

10. 求下列函数的共轭函数:

(1) (负的对数函数) $f(x) = -\ln x$, $x > 0$;

(2) (负熵函数) $f(x) = x \ln x$, $x > 0$;

(3) (最大值函数) $f(x) = \max_{i=1,\cdots,n} x_i$, $x \in \mathbb{R}^{n}$;

(4) (前 r 个最大元素之和) $f(x) = \sum_{i=1}^{r} x_{[i]}$, $x \in \mathbb{R}^{n}$;

(5) ($\mathbb{R}$ 上的分段线性函数) $f(x) = \max_{i=1,\cdots,m}(a_i x + b_i)$, $x \in \mathbb{R}$; (可不妨设 a_i 按递增顺序排序, 即 $a_1 \leqslant \cdots \leqslant a_m$, 并且 $a_i x + b_i$ 中没有一个函数是多余的, 即对于每个 k, 至少有一个 x 使 $f(x) = a_k x + b_k$.)

(6) (幂函数) $f(x) = x^p$, $x \in \mathbb{R}_{++}$, (i) $p > 1$, (ii) $p < 0$;

(7) (负几何平均数)　$f(x) = -(\prod_{i=1}^n x_i)^{\frac{1}{n}}$, $x \in \mathbb{R}_{++}^n$;

(8) (二阶锥上的负广义对数)　$f(x,t) = -\ln(t^2 - x^T x)$, 定义域 $\{(x,t) \in \mathbb{R}^n \times \mathbb{R}|\ \|x\|_2 < t\}$.

11. 证明函数 $f(X) = \mathrm{tr}(X^{-1})(\mathrm{dom}\, f = \mathbb{S}_{++}^n)$ 的共轭函数为

$$f^*(Y) = -2\mathrm{tr}(-Y)^{1/2}, \quad \mathrm{dom}\, f^* = -\mathbb{S}_+^n.$$

提示: f 的梯度是 $\nabla f(X) = -X^{-2}$.

12. (规范化负熵的共轭函数)　证明规范化负熵

$$f(x) = \sum_{i=1}^n x_i \ln(x_i/\mathbf{1}^T x)$$

$(\mathrm{dom}\, f = \mathbb{R}_{++}^n)$ 为正齐次的凸函数, 且共轭函数为

$$f^*(y) = \begin{cases} 0, & \sum_{i=1}^n e^{y_i} \leqslant 1, \\ +\infty, & 其他. \end{cases}$$

13. (Young 不等式)　设 $f : \mathbb{R} \to \mathbb{R}$ 为严格单增连续函数, $f(0) = 0$, g 为其反函数. 定义函数 F 和 G 分别为

$$F(x) = \int_0^x f(a)da, \quad G(y) = \int_0^y g(a)da.$$

证明 F 和 G 互为共轭函数, 并给出 Young 不等式

$$xy \leqslant F(x) + G(y)$$

的简单图形解释.

14. (共轭函数的性质)

(1) (凸函数与仿射函数的和的共轭)　设 f 是凸函数, $g(x) = f(x) + c^T x + d$, 用 f^* 及 c, d 表示 g^*;

(2) (透视函数的共轭)　设 f 是凸函数, 用 f^* 表示 f 的透视函数 $g(x,t) = tf\left(\frac{x}{t}\right)$ 的共轭 $(\mathrm{dom}\, g = \{(x,t)|\ x/t \in \mathrm{dom}\, f, t > 0\})$;

(3) (最小化与共轭)　设 $f(x,z)$ 为关于 (x,z) 的凸函数, $g(x) = \inf_z f(x,z)$, 用 f^* 表示 g^*.

作为应用, 对凸函数 h 及函数 $g(x) = \inf_z\{h(z)|\ Az + b = x\}$, 用 h^*, A, b 表示 g^*.

15. (共轭函数的梯度和黑塞矩阵) 设 $f: \mathbb{R}^n \to \mathbb{R}$ 是二次连续可微的凸函数, $\bar{y}$ 和 $\bar{x}$ 满足 $\bar{y} = \nabla f(\bar{x})$, $\nabla^2 f(\bar{x}) \succ 0$.

(a) 证明 $\nabla f^*(\bar{y}) = \bar{x}$;

(b) 证明 $\nabla^2 f^*(\bar{y}) = \nabla^2 f(\bar{x})^{-1}$.

2.3 凸函数的次微分

2.3.1 示性函数与支撑函数

定义 2.34 给定集合 $S \subset \mathbb{R}^n$, 函数

$$\delta_S(x) = \begin{cases} 0, & x \in S, \\ +\infty, & x \notin S \end{cases}$$

称为集合 S 的示性函数. 函数

$$\delta_S^*(y) = \sup \{\langle x, y \rangle | \ x \in S\}$$

称为集合 S 的支撑函数.

由定义容易验证: 集合 $S \subset \mathbb{R}^n$ 为非空凸集当且仅当其示性函数 δ_S 为正常凸函数. S 为非空闭凸集当且仅当 δ_S 为闭正常凸函数. 集合 S 的支撑函数即是集合 S 的示性函数的共轭, 如对单位球 $S = \{x \in \mathbb{R}^n | \ \|x\|_2 \leqslant 1\}$, $\delta_S^*(y) = \|y\|_2$ ($y \in \mathbb{R}^n$).

定义 2.35 设 f 为 $\mathbb{R}^n$ 上的广义实值函数, 若对任意 $x \in \mathbb{R}^n$ 及正数 λ 都有 $f(\lambda x) = \lambda f(x)$, 则称 f 是正齐次的.

根据定义判断一个函数是否是示性函数非常容易, 但判断是否是支撑函数则没有那么直观, 以下给出支撑函数的等价条件.

定理 2.44 非空凸集 $S \subset \mathbb{R}^n$ 的支撑函数 δ_S^* 为正齐次闭正常凸函数. 反之, 若函数 $f: \mathbb{R}^n \to \mathbb{R} \cup \{+\infty\}$ 为正齐次闭正常凸函数, 则 f 必为以下非空闭凸集的支撑函数

$$S = \{\xi \in \mathbb{R}^n | \ \langle \xi, x \rangle \leqslant f(x), x \in \mathbb{R}^n\}. \tag{2.3.1}$$

证明 设 S 为非空凸集, 则 δ_S 是正常凸函数, 故 δ_S^* 是闭正常凸函数, 而且对任意 $y \in \mathbb{R}^n$ 及 $\lambda > 0$,

$$\delta_S^*(\lambda y) = \sup_{x \in S}\{\langle \lambda y, x \rangle\} = \lambda \sup_{x \in S}\langle y, x \rangle = \lambda \delta_S^*(y),$$

故支撑函数是正齐性的.

现假设 $f : \mathbb{R}^n \to \mathbb{R} \cup \{+\infty\}$ 为正齐次闭正常凸函数, 对用 (2.3.1) 所定义的 S, 则 S 满足以下性质.

(i) S 的闭凸性: 由于 $S = \bigcap_{x \in \mathbb{R}^n} \{\xi \mid \langle \xi, x \rangle \leqslant f(x)\}$ 为闭半空间的交集, 故 S 为闭凸集.

(ii) S 的非空性: 由于 f 为正常凸函数, 则存在 $h(x) = \langle a, x \rangle + b \, (a \in \mathbb{R}^n, b \in \mathbb{R})$ 使

$$\langle a, x \rangle + b \leqslant f(x), \quad \forall x \in \mathbb{R}^n.$$

故对任意 $x \in \mathbb{R}^n, \lambda > 0$, 有

$$\langle a, \lambda x \rangle + b \leqslant f(\lambda x) = \lambda f(x),$$

不等式两边同时除以 λ, 并令 $\lambda \to +\infty$ 即得

$$\langle a, x \rangle \leqslant f(x).$$

从而 $a \in S$, 故 S 非空.

最后证明 $f = \delta_S^*$. 只需证 $f^* = \delta_S$ (然后由于 f 为闭的正常凸函数, 就有 $f = f^{**} = \delta_S^*$). 考察 $f^*(\xi) = \sup_x \{\langle \xi, x \rangle - f(x)\}$, 分情况讨论如下.

(a) 若 $\xi \in S$, 则对任意 $x \in \mathbb{R}^n$ 都有 $\langle \xi, x \rangle - f(x) \leqslant 0$, 从而 $f^*(\xi) \leqslant 0$. 又因为对任意 $x \in \operatorname{dom} f, \lambda > 0$, 有

$$\lim_{\lambda \to 0^+} [\langle \xi, \lambda x \rangle - f(\lambda x)] = \lim_{\lambda \to 0^+} \lambda [\langle \xi, x \rangle - f(x)] = 0,$$

故 $f^*(\xi) = 0$.

(b) 若 $\xi \notin S$, 即存在 $x_0 \in \mathbb{R}^n$, 使 $\langle \xi, x_0 \rangle > f(x_0)$. 对任意的 $\lambda > 0$, 有

$$\lim_{\lambda \to +\infty} [\langle \xi, \lambda x_0 \rangle - f(\lambda x_0)] = \lim_{\lambda \to +\infty} \lambda [\langle \xi, x_0 \rangle - f(x_0)] = +\infty.$$

故 $f^*(\xi) = +\infty$.

综合 (a) 和 (b) 得 $f^* = \delta_S$. □

推论 2.8 恒取有限值的正齐次凸函数 $f : \mathbb{R}^n \to \mathbb{R}$ 必为某非空紧凸集 $S \subset \mathbb{R}^n$ 的支撑函数.

证明 设 f 为 $\mathbb{R}^n$ 上取值在 $\mathbb{R}$ 中的正齐次性凸函数, 则 f 在 $\mathbb{R}^n$ 上连续, 故为闭函数. 从而 f 为以下非空闭凸集的支撑函数:

$$S = \{\xi \mid \langle \xi, x \rangle \leqslant f(x), \forall x \in \mathbb{R}^n\}.$$

现只需证 S 有界. 由 f 连续及对任意 $x \in \mathbb{R}^n$, 都有 $\lim\limits_{\lambda \to 0^+} f(\lambda x) = 0$, 故 $f(0) = 0$. 再次利用连续性, 存在 $\delta > 0$, 使当 $\|x\|_2 < \delta$ 时, 就有 $|f(x)| < 1$. 故

$$S \subset \{\xi \mid \langle \xi, x \rangle \leqslant f(x), \forall \|x\|_2 < \delta\}$$
$$\subset \{\xi \mid \langle \xi, x \rangle \leqslant 1, \forall \|x\|_2 < \delta\}$$
$$= \left\{\xi \,\middle|\, \langle \xi, x \rangle \leqslant \frac{1}{\delta}, \forall \|z\|_2 < 1\right\} = B\left(0, \frac{1}{\delta}\right)$$

为有界集. $\qquad\qquad\qquad\qquad\qquad\qquad\qquad\qquad\qquad\qquad\qquad\qquad\square$

2.3.2 次微分定义、一阶最优性条件

我们之前学习了凸函数的一阶判定条件, 在可微性的前提下, 凸函数 f 的梯度满足

$$f(y) \geqslant f(x) + \langle \nabla f(x), y - x \rangle, \quad \forall x, y \in \operatorname{dom} f.$$

该式的一个重要应用就是梯度形式的一阶最优性条件, 对于可微凸函数的最小化问题, 我们只需要找该函数的驻点即可. 但我们实际应用中还有一些常用的凸函数有不可导点, 如 $f(x) = |x|$ 在其最小值点不可导. 这意味着我们无法直接应用求导的方法来解决涉及这类函数的问题. 但是另一方面, 我们又注意到在某些不可微的情况下, 我们可以用某些特定向量代替 $\nabla f(x)$ 来保证上式成立, 如对 $f(x) = |x|$, 我们很容易看出若 $\xi \in [-1, 1]$, 对任意的 $x \in \mathbb{R}$, 都有

$$f(x) \geqslant f(0) + \xi(x - 0).$$

特别当 $\xi = 0$ 时, 上式即是说 $x = 0$ 是 f 的最小值点. 因此这里的 ξ 某种程度上起到了梯度在可微情况下的作用. 基于这种思路, 我们对函数的可微性进行扩展.

定义 2.36 给定正常函数 $f : \mathbb{R}^n \to \mathbb{R} \cup \{+\infty\}$ 及任意一点 $x \in \operatorname{dom} f$, 若向量 $\xi \in \mathbb{R}^n$ 满足

$$f(y) - f(x) \geqslant \langle \xi, y - x \rangle, \quad \forall y \in \mathbb{R}^n, \qquad\qquad (2.3.2)$$

则称 ξ 为 f 在点 x 的次梯度. 称 f 在点 x 的次梯度全体构成的集合为 f 在点 x 的次微分, 记为 $\partial f(x)$.

为方便起见, 若 $x \notin \operatorname{dom} f$, 则记 $\partial f(x) = \varnothing$. 当 $\partial f(x) \neq \varnothing$ 时, 称 f 在 x 点次可微. f 的次可微点的集合称为极值映射 ∂f 的定义域, 记为 $\operatorname{dom} \partial f$.

对函数 $f(x) = |x|$, 我们可以进一步验证当 $|\xi| > 1$ 时, ξ 不是 f 在 $x = 0$ 处的次梯度, 因此有 $\partial f(0) = [-1, 1]$.

例 2.19　设 $S \subset \mathbb{R}^n$ 为非空凸锥, 点 $\bar{x} \in S$, 则有

$$\partial \delta_S(\bar{x}) = \{\xi \in S^\circ | \langle \xi, \bar{x} \rangle = 0\}.$$

证明　设 $\xi \in \partial \delta_S(\bar{x})$, 则对任意 $x \in S$, 有 $\langle \xi, x - \bar{x} \rangle \leqslant 0$. 由定义 2.15, 注意到对任意 $z \in S, z + \bar{x} \in S$, 故有 $\langle \xi, z \rangle \leqslant 0$, 即 $\xi \in S^\circ$. 特别有 $\langle \xi, \bar{x} \rangle \leqslant 0$. 由于 $0 \in S$, 有 $\langle \xi, 0 - \bar{x} \rangle \leqslant 0$, 即 $\langle \xi, \bar{x} \rangle \geqslant 0$, 故 $\langle \xi, \bar{x} \rangle = 0$.

设 $\xi \in S^\circ$, 且 $\langle \xi, \bar{x} \rangle = 0$, 则对任意 $x \in S$, 有 $\langle \xi, x \rangle \leqslant 0$. 从而

$$\langle \xi, x - \bar{x} \rangle = \langle \xi, x \rangle - \langle \xi, \bar{x} \rangle \leqslant 0,$$

故 $\xi \in \partial \delta_S(\bar{x})$.　$\square$

按照定义, 次微分可以写成关于 ξ 的闭半空间的交集的形式:

$$\partial f(x) = \bigcap_{y \in \mathbb{R}^n} \{\xi \in \mathbb{R}^n | \langle \xi, y - x \rangle \leqslant f(y) - f(x)\}.$$

因此我们有以下性质.

定理 2.45　正常函数 $f : \mathbb{R}^n \to \mathbb{R} \cup \{+\infty\}$ 的次微分 $\partial f(x)$ 为闭凸集.

注意到 $0 \in \partial f(x_0)$ 意味着对所有 x 都有 $f(y) \geqslant f(x_0)$, 我们可以得到以下次微分形式的一阶最优性条件.

定理 2.46 (一阶最优性条件)　给定正常函数 $f : \mathbb{R}^n \to \mathbb{R} \cup \{+\infty\}$ 及点 $x_0 \in \mathrm{dom}\, f$, 则 x_0 为 f 的最小值点当且仅当 $0 \in \partial f(x_0)$.

本小节关于次微分的定义和性质都不需要预设函数是凸的, 但是对于非凸函数来说, 这样的定义可能无法保证函数在大部分点的次可微性, 如对函数 $f(x) = -x^2$, 其在所有点处的次微分都是空集, 虽然该函数是可微的. 所以我们这里定义的次可微性 (作为可微性的扩展) 主要是针对凸函数的.

2.3.3　次微分与方向导数

次微分的计算常常依赖于其与方向导数的关系.

定义 2.37　函数 $f : \mathbb{R}^n \to \mathbb{R} \cup \{+\infty\}$ 在点 $x \in \mathrm{dom}\, f$ 沿方向 $v \in \mathbb{R}^n$ 的方向导数 (若下式右端的极限存在) 为

$$f'(x; v) := \lim_{t \to 0^+} \frac{f(x + tv) - f(x)}{t}.$$

若 f 在 x 点可微, 则对任意方向 v, 都有

$$f(x + tv) = f(x) + \langle \nabla f(x), tv \rangle + o(\|tv\|).$$

于是

$$f'(x; v) = \lim_{t \to 0^+} \frac{f(x + tv) - f(x)}{t} = \lim_{t \to 0^+} \left[\langle \nabla f(x), v \rangle + \frac{o(t\|v\|)}{t} \right] = \langle \nabla f(x), v \rangle.$$

以上方向导数的定义和计算也不需要预设 f 是凸函数, 事实上, 对于一般的非凸函数, 方向导数依然有其重要应用. 但是, 当函数为凸函数时, 方向导数会有一些更强的性质.

定理 2.47 正常凸函数 $f : \mathbb{R}^n \to \mathbb{R} \cup \{+\infty\}$ 在任意点 $x \in \operatorname{dom} f$ 沿任意方向 v 均存在方向导数 (取值包含 $\pm\infty$), $f'(x; \cdot) : \mathbb{R}^n \to [-\infty, +\infty]$ 为正齐次凸函数, $f'(x; 0) = 0$, 且对任意 $v \in \mathbb{R}^n$,

$$-f'(x; -v) \leqslant f'(x; v).$$

证明 依次证明以下结论.

(1) 方向导数的存在性: 固定 x, v 并定义 $h(t) = f(x + tv)$, $t \in \mathbb{R}$ 及

$$g(t) := \frac{f(x + tv) - f(x)}{t} = \frac{h(t) - h(0)}{t}, \quad t > 0,$$

则 $h(t)$ 也是凸函数. 由引理 2.36, 对任意 $t_2 > t_1 > 0$, 有

$$g(t_1) = \frac{h(t_1) - h(0)}{t_1} \leqslant \frac{h(t_2) - h(0)}{t_2} = g(t_2).$$

故 $g(t)$ 在 $(0, +\infty)$ 上单增, 由单调收敛定理知极限 $\lim_{t \to 0^+} g(t)$ 总是存在 (包含非正常极限), 故 $f'(x; v)$ 存在.

(2) $f'(x; \cdot)$ 的正齐性: 任取 $\lambda > 0, v \in \mathbb{R}^n$, 则

$$f'(x; \lambda v) = \lim_{t \to 0^+} \frac{f(x + t\lambda v) - f(x)}{t} \xlongequal{s = t\lambda} \lim_{s \to 0^+} \frac{f(x + sv) - f(x)}{s} \lambda$$

$$= \lambda f'(x; v).$$

(3) $f'(x; \cdot)$ 的凸性: 只需证明 $\operatorname{epi} f'(x; \cdot)$ 为凸集. 任取 $(v_0, \mu_0), (v_1, \mu_1) \in \operatorname{epi} f'(x; \cdot)$, $\theta \in (0, 1)$, 记 $v_\theta = (1 - \theta)v_0 + \theta v_1$, 则

$$f'(x; v_\theta) = \lim_{t \to 0^+} \frac{f(x + tv_\theta) - f(x)}{t}$$

$$\leqslant \lim_{t \to 0^+} \frac{(1 - \theta)f(x + tv_0) + \theta f(x + tv_1) - f(x)}{t}$$

$$= \lim_{t \to 0^+} \left[(1 - \theta)\frac{f(x + tv_0) - f(x)}{t} + \theta \frac{f(x + tv_1) - f(x)}{t} \right]$$

$$\leqslant (1-\theta)\mu_0 + \theta\mu_1.$$

故 $(1-\theta)(v_0, \mu_0) + \theta(v_1, \mu_1) \in \operatorname{epi} f'(x; \cdot)$.

(4) 直接由定义得 $f'(x; 0) = \lim\limits_{t \to 0^+} \dfrac{f(x+t0) - f(x)}{t} = 0$. 然后由 $f'(x; \cdot)$ 的凸性, 对任意 v 有

$$0 = f'(x; 0) \leqslant \frac{1}{2}f'(x; v) + \frac{1}{2}f'(x; -v),$$

整理即得 $-f'(x; -v) \leqslant f'(x; v)$. □

定理 2.48　给定正常凸函数 $f : \mathbb{R}^n \to \mathbb{R} \cup \{+\infty\}$ 及任意一点 $x \in \operatorname{dom} f$, 则 $\xi \in \partial f(x)$ 的充要条件是

$$f'(x; v) \geqslant \langle \xi, v \rangle, \quad \forall v \in \mathbb{R}^n. \tag{2.3.3}$$

进一步, 若 $f'(x; \cdot)$ 为闭的正常凸函数, 则 $f'(x; \cdot) = \delta^*_{\partial f(x)}$.

证明　首先设 $\xi \in \partial f(x)$. 任取 $v \in \mathbb{R}^n$ 及 $t > 0$, 由次梯度定义,

$$f(x + tv) \geqslant f(x) + \langle \xi, tv \rangle.$$

于是

$$\langle \xi, v \rangle \leqslant \frac{f(x + tv) - f(x)}{t},$$

令 $t \to 0^+$ 得 $\langle \xi, v \rangle \leqslant f'(x, v)$.

反之, 若 ξ 满足 (2.3.3), 任取 $y \in \mathbb{R}^n$, 令 $v = y - x$, 则

$$\langle \xi, v \rangle \leqslant f'(x; v) = \lim_{t \to 0^+} \frac{f(x + tv) - f(x)}{t} \leqslant \frac{f(x + v) - f(x)}{1} = f(y) - f(x)$$

(其中第二个不等号利用了定理 2.47 证明中 $g(t)$ 的单增性), 即 $f(y) \geqslant f(x) + \langle \xi, y - x \rangle$. 从而 $\xi \in \partial f(x)$.

最后, 设 $f'(x; \cdot)$ 为闭的正常凸函数, 则由定理 2.44, $f'(x; \cdot)$ 为以下集合的支撑函数

$$\{\xi \mid \langle \xi, v \rangle \leqslant f'(x; v)\} = \partial f(x). \qquad \square$$

当正常凸函数 f 在 x 点可微时, 有 $\partial f(x) = \{\nabla f(x)\}$.

例 2.20　求以下正常凸函数在各点的次微分:

$$f(x) = \begin{cases} -\sqrt{1 - x^2}, & -1 \leqslant x < 0, \\ x - 1, & 0 \leqslant x \leqslant 1, \\ +\infty, & x < -1, x > 1. \end{cases}$$

解　函数 f 的定义域为 $[-1,1]$, 故当 $x \notin [-1,1]$ 时, $\partial f(x) = \varnothing$. 函数在 $(-1,0)$ 上可导, 导数为 $f'(x) = \dfrac{x}{\sqrt{1-x^2}}$, 在 $(0,1)$ 上导数恒为 1. 最后, 函数在 $x = 0, \pm 1$ 处的方向导数分别为

$$f'(1;v) = \begin{cases} +\infty, & v > 0, \\ v, & v \leqslant 0; \end{cases}$$

$$f'(0;v) = \begin{cases} v, & v \geqslant 0, \\ 0, & v < 0; \end{cases}$$

$$f'(-1;v) = \begin{cases} -\infty, & v > 0, \\ 0, & v = 0, \\ +\infty, & v < 0. \end{cases}$$

由定理 2.48 可得 $\partial f(-1) = \varnothing$, $\partial f(0) = [0,1]$, $\partial f(1) = [1,+\infty)$. 综上得到 f 的次微分为

$$\partial f(x) = \begin{cases} \varnothing, & x \leqslant -1 \text{ 或 } x > 1, \\[2mm] \left\{ \dfrac{x}{\sqrt{1-x^2}} \right\}, & x \in (-1,0), \\[2mm] [0,1], & x = 0, \\[2mm] \{1\}, & x \in (0,1), \\[2mm] [1,+\infty), & x = 1. \end{cases} \qquad \square$$

2.3.4　次微分的常用性质

凸函数的次微分与共轭函数有着直接的联系, 这种联系可以帮助我们进一步讨论次微分的性质.

定理 2.49　设 f 为 $\mathbb{R}^n$ 上的正常凸函数, $x, x^* \in \mathbb{R}^n$. 则以下条件相互等价:

(a) $x^* \in \partial f(x)$;

(b) $\langle x^*, z \rangle - f(z)$ 作为 z 的函数在 $z = x$ 处达到最大值;

(c) $f(x) + f^*(x^*) \leqslant \langle x^*, x \rangle$;

(d) $f(x) + f^*(x^*) = \langle x^*, x \rangle$.

若进一步假设 f 是闭的, 以下两个条件也与上述条件相互等价:

(a′) $x \in \partial f^*(x^*)$;

(b′) $\langle z^*, x \rangle - f^*(z^*)$ 作为 z^* 的函数在 $z^* = x^*$ 处达到最大值.

证明 由于对任意 $z \in \mathbb{R}^n$, 不等式

$$f(z) \geqslant f(x) + \langle x^*, z - x \rangle$$

与

$$\langle x^*, z \rangle - f(z) \leqslant \langle x^*, x \rangle - f(x)$$

完全相同, 故 (a) 与 (b) 等价.

若 (b) 成立, 则

$$f^*(x^*) = \sup_z \{\langle x^*, z \rangle - f(z)\} = \langle x^*, x \rangle - f(x).$$

故 (d) 成立.

由 Fenchel 不等式得 (c) 与 (d) 等价. 最后若 (c) 成立, 即 $f^*(x^*) \leqslant \langle x^*, x \rangle - f(x)$, 由 f^* 的定义知 (b) 成立.

综上即证得 (a)、(b)、(c)、(d) 的等价性.

最后, 若 f 是闭的, 则 $f = f^{**} = (f^*)^*$, 由 (a)、(b)、(d) 的等价性即得 (a′)、(b′)、(d) 的等价性.   □

接下来的两个定理是我们在计算中常用的两个性质, 它们提供了利用简单凸函数次微分计算更复杂凸函数次微分的办法, 由于这两个定理的证明都需要更多关于凸集、凸函数的性质, 我们在此省略其证明. 有兴趣的读者可分别参考文献 [104] 的 2.10 节及文献 [74] 的 23 节.

定理 2.50 设 $f_1, \cdots, f_m$ 为 $\mathbb{R}^n$ 上的正常凸函数, $f = \max\{f_1, \cdots, f_m\}$. 若 $\operatorname{dom} f$ 的内点集非空, 则对任意的 $x \in \operatorname{int} \operatorname{dom} f$, 有

$$\partial f(x) = \operatorname{co} \{\partial f_i(x)|\ i \in \mathcal{I}(x)\},$$

其中 $\mathcal{I}(x) = \{i|\ f_i(x) = f(x)\}$.

例 2.21 利用定理 2.50 讨论函数 $f(x) = |x|$ 的次微分.

解 注意到函数 $f(x)$ 可以看作以下两个函数的最大值:

$$f_1(x) = -x, \qquad f_2(x) = x.$$

当 $x < 0$ 时, $\mathcal{I}(x) = \{1\}$, 故 $\partial f(x) = \partial f_1(x) = \{-1\}$; 当 $x > 0$ 时, $\mathcal{I}(x) = \{2\}$, 故 $\partial f(x) = \partial f_2(x) = \{1\}$. 最后在零点, $\mathcal{I}(0) = \{1, 2\}$, 故

$$\partial f(0) = \operatorname{co}\left(\partial f_1(0) \cup \partial f_2(0)\right) = \operatorname{co}\{-1, 1\} = [-1, 1].$$ □

注意定理 2.50 不能推广到无限指标集上, 如对无限的函数族 $\{f_p(x) = |x|^p\}_{p>1}$, 其上确界函数

$$f(x) = \sup_{p>1} f_p(x) = \begin{cases} |x|, & x \in [-1, 1], \\ +\infty, & \text{其他}, \end{cases}$$

但

$$\partial f(0) = [-1, 1] \neq \mathrm{co}\,\{\partial f_p(0), p > 1\} = \{0\}.$$

定理 2.51 设 $f_1, \cdots, f_m$ 为 $\mathbb{R}^n$ 上的正常凸函数, $f = f_1 + \cdots + f_m$, 则

$$\partial f(x) \supset \partial f_1(x) + \cdots + \partial f_m(x), \quad \forall x \in \mathbb{R}^n. \tag{2.3.4}$$

若进一步还有 $\bigcap_{i=1}^{m} \mathrm{ri}\,\mathrm{dom}\,f_i \neq \varnothing$, 则有

$$\partial f(x) = \partial f_1(x) + \cdots + \partial f_m(x), \quad \forall x \in \mathbb{R}^n. \tag{2.3.5}$$

证明 只证前半部分, 即 (2.3.4). 设 $x_i^* \in \partial f_i(x), i = 1, \cdots, m$, 则对任意 $z \in \mathbb{R}^n$,

$$f_i(z) \geqslant f_i(x) + \langle x_i^*, z - x \rangle.$$

以上式子对 i 求和, 得

$$f(z) \geqslant f(x) + \langle x_1^* + x_2^* + \cdots + x_m^*, z - x \rangle,$$

故 $x_1^* + \cdots + x_m^* \in \partial f(x)$. $\square$

例 2.22 讨论以下函数的次微分:

$$f(x) = \begin{cases} g(x), & x \in S, \\ +\infty, & x \notin S, \end{cases}$$

其中 $g(x)$ 是 $\mathbb{R}^n$ 上的可微凸函数, S 为非空闭凸锥.

解 函数 $f(x)$ 可以写为 $f(x) = g(x) + \delta_S(x)$ 的形式, 且 $\mathrm{ri}\,\mathrm{dom}\,g = \mathbb{R}^n$, $\mathrm{ri}\,\mathrm{dom}\,\delta_S = \mathrm{ri}\,S \neq \varnothing$, 故

$$\mathrm{ri}\,\mathrm{dom}\,g \cap \mathrm{ri}\,\mathrm{dom}\,\delta_S \neq \varnothing.$$

因而由定理 2.51 及例 2.19 得, 对 $x \in S$, 有

$$\partial f(x) = \partial g(x) + \partial \delta_S(x) = \{\nabla g(x) + \xi \mid \xi \in S^\circ, \langle \xi, x \rangle = 0\}. \quad \square$$

2.3.5　次微分的单调性与闭性

定义 2.38　给定集值映射 $F : \mathbb{R}^n \rightarrow 2^{\mathbb{R}^n}$, 若对任意的 $x, y \in \mathrm{dom}\, F$ 及 $x^* \in F(x), y^* \in F(y)$, 都有

$$\langle x^* - y^*, x - y \rangle \geqslant 0,$$

则称 F 是单调的. 若 F 的图像 $\mathrm{graph}\, F := \{(x, y)|\ y \in F(x)\}$ 是闭集, 则称 F 是闭的.

定理 2.52　正常凸函数的次微分是单调的. 若进一步假设 f 是下半连续的, 则其次微分 $\partial f(\cdot)$ 是闭的集值函数.

证明　首先对任意 $x, y, x^* \in \partial f(x), y^* \in \partial f(y)$, 有

$$f(y) \geqslant f(x) + \langle x^*, y - x \rangle,$$

$$f(x) \geqslant f(y) + \langle y^*, x - y \rangle.$$

两式相加并整理即得 $\langle x^* - y^*, x - y \rangle \geqslant 0$.

其次设有点列 $\{x_k, y_k\} \subset \mathrm{graph}\, \partial f$ 收敛于 $(\bar{x}, \bar{y})$, 则由定理 2.49, 对任意 k 都有

$$f(x_k) + f^*(y_k) \leqslant \langle y_k, x_k \rangle,$$

于是

$$f(\bar{x}) + f^*(\bar{y}) \leqslant \liminf_{k \to \infty} f(x_k) + \liminf_{k \to \infty} f^*(y_k) \leqslant \liminf_{k \to \infty} [f(x_k) + f^*(y_k)]$$

$$\leqslant \lim_{k \to \infty} \langle y_k, x_k \rangle = \langle \bar{y}, \bar{x} \rangle.$$

这样就得到 $(\bar{x}, \bar{y}) \in \mathrm{graph}\, \partial f$, 从而次微分 $\partial f(\cdot)$ 是闭的. □

定理后半部分的下半连续性不可缺少. 如函数

$$f(x) = \begin{cases} |x|, & -1 < x < 1, \\ 2, & x = \pm 1, \\ +\infty, & x < -1, x > 1 \end{cases}$$

在 $x = \pm 1$ 处不是下半连续的, 其次微分

$$\partial f(x) = \begin{cases} \varnothing, & |x| \geqslant 1, \\ \{-1\}, & -1 < x < 0, \\ [-1, 1], & x = 0, \\ \{1\}, & 0 < x < 1. \end{cases}$$

对应的图像

$$\text{graph } \partial f = \{(0,y)|\ y \in [-1,1]\} \cup \{(\text{sgn}x,0)|\ x \in (-1,1)\}$$

不是闭集.

定理 2.53 设闭正常凸函数 $f : \mathbb{R}^n \to \mathbb{R} \cup \{+\infty\}$ 的定义域 $\text{dom} f$ 为开集且 f 在 $\text{dom} f$ 可微, 则 f 必在 $\text{dom} f$ 内连续可微.

证明 设 $x_0 \in \text{dom} f$, 则 f 在 x_0 连续, 因此存在 $\delta > 0$, 使 $B(x_0, 2\delta) \subset \text{dom} f$ 且对任意 $x \in B(x_0, 2\delta)$,

$$|f(x) - f(x_0)| < 1,$$

则对任意 $x \in B(x_0, \delta)$ 及 y 使得 $\|x - y\|_2 = \delta$, 则 $y \in B(x_0, 2\delta)$, 且

$$\langle \nabla f(x), y - x \rangle \leqslant f(y) - f(x) < 2,$$

则 $\|\nabla f(x)\| \leqslant \dfrac{2}{\delta}$.

设 ∇f 在 x_0 不连续, 则存在 $\varepsilon_0 > 0$ 及收敛于 x_0 的点列 $\{x_k\}$, 使得对所有 k 都有 $\|\nabla f(x_k) - \nabla f(x_0)\| \geqslant \varepsilon_0$. 不妨设 $\{x_k\} \subset B(x_0, \delta)$, 则 $\{\nabla f(x_k)\}$ 有界, 从而存在收敛子列, 由前定理该子列极限应属于 $\partial f(x_0) = \{\nabla f(x_0)\}$, 矛盾! 故 ∇f 在 x_0 连续. $\qquad\square$

📝 **练习**

1. (支撑函数的运算性质) 证明以下结论:
(1) $\delta_B^* = \delta_{\text{co } B}^*$;
(2) $\delta_{A+B}^* = \delta_A^* + \delta_B^*$;
(3) $\delta_{A \cup B}^* = \max\{\delta_A^*, \delta_B^*\}$;
(4) 设 B 为闭凸集, 则 $A \subseteq B$ 当且仅当对所有 y 都有 $\delta_A^*(y) \leqslant \delta_B^*(y)$.

2. 定义 $\mathbb{R}^n$ 上的函数 $f(x) = \|x\|_2$, $g(x) = \dfrac{1}{2}\|x\|_2^2$. 证明:

(1) $\partial f(x) = \{\xi \in \mathbb{R}^n \mid \|\xi\|_2 \leqslant 1,\ \langle x, \xi \rangle = \|x\|_2\} = \begin{cases} B(0,1), & x = 0, \\ \left\{ \dfrac{x}{\|x\|_2} \right\}, & x \neq 0. \end{cases}$

(2) $\partial g(x) = \{x\}$.

3. 设函数 $f : \mathbb{R}^n \to \mathbb{R}$ 在任意点 $x \in \mathbb{R}^n$ 沿任意方向 $v \in \mathbb{R}^n$ 均存在方向导数 $f'(x; v)$. 证明: f 为凸函数的充要条件是

$$f(x + v) - f(x) \geqslant f'(x; v), \quad f'(x; v) + f'(x; -v) \geqslant 0, \quad \forall x, v \in \mathbb{R}^n.$$

4. (软阈值算子)　对 $x \in \mathbb{R}, \lambda > 0$, 定义 $S_\lambda(x)$ 为函数 $f(z) = \frac{1}{2}(z-x)^2 + \lambda|z|$ 的最小值点, 即

$$S_\lambda(x) := \underset{z}{\operatorname{argmin}} \left\{ \frac{1}{2}(z-x)^2 + \lambda|z| \right\}.$$

证明 $S_\lambda(x) = \operatorname{sgn}x \cdot \max\{|x| - \lambda, 0\}$, 其中 $\operatorname{sgn}x$ 为符号函数.

5. (三点定理)　设 $\psi : \mathbb{R}^n \to (-\infty, \infty]$ 为闭的正常凸函数, 对 $z \in \mathbb{R}^n$ 及常数 $\beta > 0$, 存在

$$z_+ = \underset{x}{\operatorname{argmin}} \left\{ \psi(x) + \frac{\beta}{2}\|x - z\|^2 \right\}.$$

证明: 对任意 $x \in \operatorname{dom}\psi$, 有

$$\psi(x) + \frac{\beta}{2}\|x - z\|^2 \geqslant \psi(z_+) + \frac{\beta}{2}\|z_+ - z\|^2 + \frac{\beta}{2}\|x - z_+\|^2.$$

6. (单调映射)　称映射 $\psi : \mathbb{R}^n \to \mathbb{R}^n$ 为单调的, 如果对于所有 $x, y \in \operatorname{dom}\psi$, 都有

$$(\psi(x) - \psi(y))^{\mathrm{T}}(x - y) \geqslant 0.$$

设 $f : \mathbb{R}^n \to \mathbb{R}$ 是一个可微凸函数, 证明它的梯度 ∇f 是单调的. 反之, 每个单调映射都是凸函数的梯度吗?

7. 求以下函数在 $X \in \mathbb{S}^n$ 处沿方向 $V \in \mathbb{S}^n$ 的方向导数及它们在 X 处的梯度:

(1) $f_1(X) = \operatorname{tr}(X)$;　(2) $f_2(X) = a^{\mathrm{T}}Xb$ $(a, b \in \mathbb{R}^n)$.

8. 求以下函数在 $X \in \mathbb{S}^n_{++}$ 处沿方向 $v \in \mathbb{S}^n$ 的方向导数及它们在 X 处的梯度:

(1) $g_1(X) = \ln\det X$;　(2) $g_2(X) = \operatorname{tr}(X^{-1})$.

第 3 章 最优性条件

本章讨论优化问题的最优解满足的条件. 回顾第 1 章介绍的欧氏空间 $\mathbb{R}^n$ 上的优化问题的一般形式

$$\begin{aligned} \min_{x \in \mathbb{R}^n} \quad & f(x) \\ \text{s.t.} \quad & x \in \Omega, \end{aligned} \qquad (P_0)$$

称

$$\bar{p} := \inf\{f(x)\mid x \in \Omega\} \qquad (3.0.1)$$

为该问题的最优值. 这里 $\bar{p}$ 可以取 $\pm\infty$(约定 $\inf \varnothing = +\infty$). 给定 $\bar{x} \in \Omega$, 如果 $f(\bar{x}) = \bar{p}$, 则称 $\bar{x}$ 为问题 (P_0) 的全局最优解或最优解; 如果存在 $\varepsilon > 0$ 使得

$$f(\bar{x}) = \inf\{f(x)\mid x \in \Omega, \|x - \bar{x}\| < \varepsilon\},$$

则称 $\bar{x}$ 为问题 (P_0) 的局部最优解.

当 Ω 为凸集、函数 $f : \mathbb{R}^n \to \mathbb{R}$ 为凸函数时, 称问题 (P_0) 为凸优化问题.

定理 3.1 凸优化问题的局部最优解均为全局最优解, 且全局最优解的集合为凸集.

证明 设 $\bar{x}$ 为凸优化问题的局部最优解, 即存在 $\varepsilon > 0$, 使对任意 $\|x - \bar{x}\|_2 < \varepsilon$ 有 $f(x) \geqslant f(\bar{x})$. 反证, 若 $\bar{x}$ 不是全局最优解, 即存在 $x_0 \in \Omega$ 使 $f(x_0) < f(\bar{x})$. 取 $\theta \in (0,1)$,

$$x_\theta := (1 - \theta)\bar{x} + \theta x_0 \in \Omega.$$

则由 f 的凸性,

$$f(x_\theta) \leqslant (1 - \theta)f(\bar{x}) + \theta f(x_0) < f(\bar{x}).$$

注意到 θ 足够小时就可保证 $\|x_\theta - \bar{x}\|_2 < \varepsilon$, 这与 $\bar{x}$ 为局部最优解矛盾! 从而 $\bar{x}$ 为全局最优解.

记 S 为全局最优解的集合, 即 $S = \{x \in \Omega \mid f(x) = \bar{p}\}$, 任取 $x_1, x_2 \in S, \theta \in [0,1]$, 则

$$\bar{p} \leqslant f[\theta x_1 + (1 - \theta)x_2] \leqslant \theta f(x_1) + (1 - \theta)f(x_2) = \bar{p}.$$

故 $f[\theta x_1 + (1 - \theta)x_2] = \bar{p}$, 即 $\theta x_1 + (1 - \theta)x_2 \in S$. $\square$

在实际应用中, 集合 Ω 常常可以表示为

$$\Omega = \{x \in \mathbb{R}^n \mid g_i(x) \leqslant 0, \ i = 1, \cdots, m; \ h_j(x) = 0, \ j = 1, \cdots, l\}.$$

此时问题 (P_0) 可改写为如下形式:

$$\begin{aligned}
\min_{x \in \mathbb{R}^n} \quad & f(x) \\
\text{s.t.} \quad & g_i(x) \leqslant 0, \quad i = 1, \cdots, m, \\
& h_j(x) = 0, \quad j = 1, \cdots, l,
\end{aligned} \qquad (P)$$

其中条件 $g_i(x) \leqslant 0$ 称为不等式约束, g_i 称为不等式约束函数; $h_j(x) = 0$ 称为等式约束, h_j 称为等式约束函数, 称

$$\mathcal{D} := \operatorname{dom} f \cap \left(\bigcap_{i=1}^{m} \operatorname{dom} g_i \right) \cap \left(\bigcap_{j=1}^{l} \operatorname{dom} h_j \right)$$

为问题 (P) 的定义域. 给定 $\bar{x} \in \Omega$, 如果 $g_i(\bar{x}) = 0$, 则称约束条件 $g_i(x) \leqslant 0$ 为 $\bar{x}$ 处的有效约束; 反之如果 $g_i(\bar{x}) < 0$, 则称约束条件 $g_i(x) \leqslant 0$ 为 $\bar{x}$ 处的无效约束. 一般记 $\bar{x}$ 处的有效约束的指标集为

$$\mathcal{I}(\bar{x}) := \{i \mid g_i(\bar{x}) = 0, \ i = 1, 2, \cdots, m\}.$$

针对约束最优化问题 (P), 若目标函数与不等式约束函数都是凸的、等式约束函数都是仿射的, 则称该问题为凸优化问题. 凸优化问题的一般形式为

$$\begin{aligned}
\min_{x \in \mathbb{R}^n} \quad & f(x) \\
\text{s.t.} \quad & g_i(x) \leqslant 0, \quad i = 1, \cdots, m, \\
& Ax = b,
\end{aligned} \qquad (P_C)$$

其中 $f, g_1, \cdots, g_m$ 为凸函数, $A \in \mathbb{R}^{l \times n}, b \in \mathbb{R}^l$.

这里需要提到的是, 我们分别针对问题 (P_0)、问题 (P) 规定了它们被称为凸优化问题的条件, 但是这两种规定并不是完全一致, 也就是说, 如果一个问题分别表示为这两种形式的话, 可能会出现称呼矛盾的情况. 如问题

$$\begin{aligned}
\min_{x \in \mathbb{R}} \quad & 2x \\
\text{s.t.} \quad & \sqrt{|x|} - 1 \leqslant 0
\end{aligned} \qquad (3.0.2)$$

的约束函数并非凸函数, 但其可行解集却是凸集 $[-1, 1]$. 虽然不一致, 但两种定义都是我们所需要的. 如在一些理论分析中, 我们并不关心 Ω 是怎么定义出来的, 只

需知道其作为集合所具有的性质, 此时我们按照第一种规则来判断问题是否为凸问题. 然而在实际应用和其他的理论分析中, 约束函数的作用更加重要, 这时就需要第二种定义. 另外我们也注意到, 问题 (3.0.2) 的约束条件可以调整为 $|x|-1 \leqslant 0$ (或者满足可微性的 $x^2-1 \leqslant 0$), 这时该问题在第二种规定下也是凸优化问题. 事实上, 这种办法也是我们在协调两者不一致时的常用处理思路.

3.1 对 偶 问 题

我们在数学分析课程中已经接触过一些简单的约束最优化问题, 使用的方法是拉格朗日乘子法. 对于复杂的实际问题, 该方法依然是我们最可依赖的工具. 本章我们将深入讨论拉格朗日乘子法在凸优化问题中的应用. 首先以拉格朗日函数为起点引出对偶问题的概念.

定义 3.1 考察优化问题 (P), 定义该问题的拉格朗日 (Lagrange) 函数 $L:$ $\mathbb{R}^n \times \mathbb{R}^m \times \mathbb{R}^l \to \mathbb{R} \cup \{\pm\infty\}$ 为

$$L(x, \lambda, \nu) := f(x) + \sum_{i=1}^m \lambda_i g_i(x) + \sum_{j=1}^l \nu_j h_j(x), \tag{3.1.1}$$

其中 $\lambda = (\lambda_1, \lambda_2, \cdots, \lambda_m)^{\mathrm{T}}$, $\nu = (\nu_1, \nu_2, \cdots, \nu_l)^{\mathrm{T}}$, 我们分别称 λ, ν 为对应于约束条件 $g_i(x) \leqslant 0$ 和 $h_j(x) = 0$ 的拉格朗日乘子.

问题 (P) 的拉格朗日对偶函数 $q: \mathbb{R}^m \times \mathbb{R}^l \to \mathbb{R} \cup \{\pm\infty\}$ 定义为

$$q(\lambda, \nu) := \inf_{x \in \mathcal{D}} L(x, \lambda, \nu) = \inf_{x \in \mathcal{D}} \left(f(x) + \sum_{i=1}^m \lambda_i g_i(x) + \sum_{j=1}^l \nu_j h_j(x) \right). \tag{3.1.2}$$

根据需要, 问题 (P) 的拉格朗日函数也可以写为

$$L(x, \lambda, \nu) = f(x) + \lambda^{\mathrm{T}} g(x) + \nu^{\mathrm{T}} h(x)$$

的形式, 其中

$$g(x) = \begin{pmatrix} g_1(x) \\ \vdots \\ g_m(x) \end{pmatrix}, \qquad h(x) = \begin{pmatrix} h_1(x) \\ \vdots \\ h_l(x) \end{pmatrix}. \tag{3.1.3}$$

在凸优化问题中, $h(x)$ 一般表示为 $Ax - b$ 的形式, 此时有

$$L(x, \lambda, \nu) = f(x) + \lambda^{\mathrm{T}} g(x) + \nu^{\mathrm{T}} (Ax - b).$$

容易验证, 对任意的 $\lambda \in \mathbb{R}^m_+, \nu \in \mathbb{R}^l$, 有

$$q(\lambda, \nu) \leqslant \inf_{x \in \Omega} \left(f(x) + \sum_{i=1}^m \lambda_i g_i(x) + \sum_{j=1}^l \nu_j h_j(x) \right)$$

$$\leqslant \inf_{x \in \Omega} f(x) = \bar{p},$$

即 $q(\lambda, \nu)$ 为最优值 $\bar{p}$ 的一个下界. 事实上, $q(\lambda, \nu)$ 在估计优化问题最优值时常常起到重要的作用. 如我们在设计算法求解问题时, 如果不知道最优值的大概范围, 一般只能通过迭代序列的函数值的变化情况确定终止条件. 这样可能造成的一个后果是, 如果算法在某些点下降速度较慢时, 可能会在当前函数值离最优值还很远的时候就结束迭代. 而如果知道下界, 那么某种程度上可以为我们提供一定的最优值的信息并改善终止条件.

显然当 $q(\lambda, \nu) = -\infty$ 时, 估计式 $q(\lambda, \nu) \leqslant \bar{p}$ 自然成立, 但对我们求解问题没有任何帮助. 因此我们称

$$\mathrm{dom}\, q := \{(\lambda, \nu) \in \mathbb{R}^m \times \mathbb{R}^l \mid q(\lambda, \nu) > -\infty\} \tag{3.1.4}$$

为 q 的定义域, 并称满足

$$\lambda \geqslant 0, \quad q(\lambda, \nu) > -\infty \tag{3.1.5}$$

的 (λ, ν) 为对偶可行的.

由于拉格朗日对偶函数给出了优化问题的下界, 一个很自然的想法就是: 我们能得到的最优下界是什么? 由此引出以下优化问题:

$$\begin{aligned} \max_{\lambda, \nu} \quad & q(\lambda, \nu) \\ \mathrm{s.t.} \quad & \lambda \geqslant 0, \end{aligned} \tag{D}$$

称该问题为问题 (P) 的对偶问题. 这里我们注意: 无论原问题是否是凸问题, 拉格朗日对偶函数作为 (λ, ν) 的仿射函数的逐点下确界是凹函数, 因此对偶问题总是凸的. 这意味着对偶问题可能会比原问题要容易求解.

例 3.1　标准形式的线性规划

$$\begin{aligned} \min_x \quad & c^\mathrm{T} x + d \\ \mathrm{s.t.} \quad & Ax = b, \\ & x \geqslant 0 \end{aligned} \tag{3.1.6}$$

的对偶问题为

$$\max_{y} \quad b^{\mathrm{T}}y + d$$
$$\text{s.t.} \quad A^{\mathrm{T}}y \leqslant c. \tag{3.1.7}$$

不等式形式的线性规划

$$\min_{x} \quad c^{\mathrm{T}}x + d$$
$$\text{s.t.} \quad Ax \leqslant b \tag{3.1.8}$$

的对偶问题为

$$\max_{\lambda} \quad d - b^{\mathrm{T}}\lambda$$
$$\text{s.t.} \quad A^{\mathrm{T}}\lambda = -c, \tag{3.1.9}$$
$$\lambda \geqslant 0.$$

证明 问题 (3.1.6) 的拉格朗日函数为

$$L(x, \lambda, \nu) = c^{\mathrm{T}}x + d + \lambda^{\mathrm{T}}(-x) + \nu^{\mathrm{T}}(Ax - b),$$

拉格朗日对偶函数为

$$q(\lambda, \nu) = \inf_{x \in \mathbb{R}^n} L(x, \lambda, \nu) = \inf_{x \in \mathbb{R}^n} [(c - \lambda + A^{\mathrm{T}}\nu)^{\mathrm{T}}x + (d - b^{\mathrm{T}}\nu)]$$

$$= \begin{cases} d - b^{\mathrm{T}}\nu, & c - \lambda + A^{\mathrm{T}}\nu = 0, \\ -\infty, & \text{其他.} \end{cases}$$

于是对偶问题是

$$\max_{\lambda, \nu} \quad d - b^{\mathrm{T}}\nu$$
$$\text{s.t.} \quad c - \lambda + A^{\mathrm{T}}\nu = 0,$$
$$\lambda \geqslant 0.$$

注意等式约束和不等式约束实际上可以合并为 $c + A^{\mathrm{T}}\nu \geqslant 0$, 再做变量替换 $y = -\nu$ 即得 (3.1.7). 类似可证问题 (3.1.8) 的对偶问题可以写为 (3.1.9) 的形式. $\quad\square$

例 3.2 线性约束最优化问题

$$\min_{x} \quad f(x)$$
$$\text{s.t.} \quad Ax \leqslant b,$$
$$Cx = d$$

的对偶问题为

$$\max_{\lambda,\nu} \quad -b^{\mathrm{T}}\lambda - d^{\mathrm{T}}\nu - f^*(-A^{\mathrm{T}}\lambda - C^{\mathrm{T}}\nu)$$
$$\text{s.t.} \quad -A^{\mathrm{T}}\lambda - C^{\mathrm{T}}\nu \in \operatorname{dom} f^*,$$
$$\lambda \geqslant 0.$$

证明 问题的拉格朗日函数为

$$L(x,\lambda,\nu) = f(x) + \lambda^{\mathrm{T}}(Ax-b) + \nu^{\mathrm{T}}(Cx-d)$$
$$= f(x) + \left(A^{\mathrm{T}}\lambda + C^{\mathrm{T}}\nu\right)^{\mathrm{T}} x - \left(b^{\mathrm{T}}\lambda + d^{\mathrm{T}}\nu\right).$$

拉格朗日对偶函数为

$$q(\lambda,\nu) = \inf_x L(x,\lambda,\nu) = \inf_x \left\{ f(x) + \left(A^{\mathrm{T}}\lambda + C^{\mathrm{T}}\nu\right)^{\mathrm{T}} x \right\} - \left(b^{\mathrm{T}}\lambda + d^{\mathrm{T}}\nu\right)$$
$$= -b^{\mathrm{T}}\lambda - d^{\mathrm{T}}\nu - \sup_x \left\{ \left(-A^{\mathrm{T}}\lambda - C^{\mathrm{T}}\nu\right)^{\mathrm{T}} x - f(x) \right\}$$
$$= -b^{\mathrm{T}}\lambda - d^{\mathrm{T}}\nu - f^* \left(-A^{\mathrm{T}}\lambda - C^{\mathrm{T}}\nu\right).$$

于是得对偶问题为所求. □

例 3.3 以下形式的半正定规划 (semi-definite programming, SDP) 问题

$$\min_{X\in\mathbb{S}^n} \quad \langle C, X\rangle$$
$$\text{s.t.} \quad \langle A_i, X\rangle = b_i, \quad i = 1,\cdots, m,$$
$$X \succeq 0$$

的对偶问题为

$$\max_{y\in\mathbb{R}^m} \quad \langle b, y\rangle$$
$$\text{s.t.} \quad \sum_{i=1}^{m} y_i A_i \preceq C,$$

其中 $b = (b_1, b_2, \cdots, b_m)$.

证明 将问题改写为

$$\min_X \quad \langle C, X\rangle + \delta_{S_+^n}(X)$$
$$\text{s.t.} \quad \langle A_i, X\rangle = b_i, \quad i = 1, 2, \cdots, m$$

的形式, 该问题的拉格朗日函数为

$$L(X, \nu) = \langle C, X \rangle + \delta_{S_+^n}(X) + \sum_{i=1}^{m} \nu_i \left[\langle A_i, X \rangle - b_i \right]$$

$$= \left\langle C + \sum_{i=1}^{m} \nu_i A_i, X \right\rangle - \sum_{i=1}^{m} \nu_i b_i + \delta_{S_+^n}(X).$$

拉格朗日对偶函数为

$$q(\nu) = \inf_{X \in \mathbb{S}^n} L(X; \nu) = \inf_{X \succeq 0} \left\{ \left\langle C + \sum_{i=1}^{m} \nu_i A_i, X \right\rangle \right\} - \sum_{i=1}^{m} \nu_i b_i$$

$$= \begin{cases} -\sum_{i=1}^{m} \nu_i b_i, & C + \sum_{i=1}^{m} \nu_i A_i \succeq 0, \\ -\infty, & 其他. \end{cases}$$

故对偶问题为

$$\max_{\nu \in \mathbb{R}^m} \quad -\sum_{i=1}^{m} \nu_i b_i$$

$$\text{s.t.} \quad -\sum_{i=1}^{m} \nu_i A_i \preceq C.$$

做变换 $y = -\nu$ 即得所求形式. $\qquad\qquad\qquad\qquad\qquad\qquad\qquad\qquad\qquad\square$

定义 3.2 记对偶问题的最优值为 $\bar{d}$, 则有

$$\bar{d} \leqslant \bar{p}, \qquad\qquad\qquad\qquad (3.1.10)$$

我们称该性质为弱对偶条件, 并称 $\bar{p} - \bar{d}$ 为对偶间隙. 如果弱对偶条件中的等式成立

$$\bar{d} = \bar{p}, \qquad\qquad\qquad\qquad (3.1.11)$$

则称强对偶条件成立.

强对偶条件对求解优化问题有着重要的意义. 如果对偶问题比原问题易于求解, 则我们可以先求解对偶问题得到两个问题共同的最优值, 然后再求解原问题时就有了非常明确的目标. 即使两个问题都不易求解, 同时求解这两个问题并比较函数值的差距也可以帮助我们判断两个算法是否同时收敛到最优解附近. 进一步, 我们在下一节会看到, 在仅仅知道该条件成立的情况下, 我们就可以给出一些具体的最优性条件, 从而给求解带来便利.

基于以上原因, 如何简单快捷地判断强对偶条件就成了一个非常值得钻研的问题. 研究者们开发了很多这方面的条件, 其中在凸优化问题中最常用的一个就是如下的 Slater 条件.

定义 3.3(Slater 条件)　对凸优化问题 (P_C), Slater 条件指: 存在 $x \in \text{ri } \mathcal{D}$ 使得

$$g_i(x) < 0, \ i = 1, 2, \cdots, m, \quad Ax = b. \tag{3.1.12}$$

定理 3.2　对凸优化问题 (P_C), 假设 Slater 条件成立, 则强对偶条件成立. 进一步若 $\bar{p} > -\infty$, 则存在 $(\bar{\lambda}, \bar{\nu}) \in \mathbb{R}^m \times \mathbb{R}^l$ 使得 $q(\bar{\lambda}, \bar{\nu}) = \bar{p}$.

注意在定理中, 我们不仅保证了强对偶条件成立, 同时还说明对偶问题的最优解一定存在, 无论原问题的最优解是否存在, 这又一次说明了对偶问题可能满足比原问题相对更好的性质.

证明　在正式证明之前首先做以下的假设.

(1) 设 int $\mathcal{D}$ 非空, 即 ri $\mathcal{D} = $ int $\mathcal{D}$. 因为若不然, 则 aff $\mathcal{D}$ 维数 k 小于 n, 该仿射集的点均可表示为 $x = Tz + x_0$ 的形式, 其中 $T \in \mathbb{R}^{n \times k}$, $z \in \mathbb{R}^k$, $x_0 \in $ aff $\mathcal{D}$, 于是可以用变量 z 代替 x 作为我们的优化变量, 从而使问题定义域的内点集非空.

(2) rank $A = l$. 若 rank $A < l$, 则意味着等式约束条件中有些是可以被其他条件线性表示的, 那么删掉这些条件对我们的问题没有任何影响.

(3) $\bar{p} > -\infty$. 若 $\bar{p} = -\infty$, 则由弱对偶条件即得强对偶条件自然成立.

定义 $\mathbb{R}^m \times \mathbb{R}^l \times \mathbb{R}$ 上的集合 (注意 $h(x) = Ax - b$, 这两种写法我们都会使用)

$$\mathcal{A} = \{(u, v, t) | \ \exists x \in \mathcal{D}, g_i(x) \leqslant u_i, i = 1, 2, \cdots, m,$$
$$h_j(x) = v_j, j = 1, 2, \cdots, l, f(x) \leqslant t\} \tag{3.1.13}$$

与

$$\mathcal{B} = \{(0, 0, s) | \ s < \bar{p}\}, \tag{3.1.14}$$

则显然 $\mathcal{B}$ 为凸集. 为证 $\mathcal{A}$ 的凸性, 首先任取 $(u^{(1)}, v^{(1)}, t^{(1)}), (u^{(2)}, v^{(2)}, t^{(2)}) \in \mathcal{A}$, 则存在 $x^{(1)}, x^{(2)} \in \mathcal{D}$ 使得

$$g(x^{(i)}) \leqslant u^{(i)}, \quad h(x^{(i)}) = v^{(i)}, \quad f(x^{(i)}) \leqslant t^{(i)}, \quad i = 1, 2.$$

任取 $\theta \in [0, 1]$, 令 $x = (1 - \theta)x^{(1)} + \theta x^{(2)}$, 则

$$g(x) \leqslant (1 - \theta)g(x^{(1)}) + \theta g(x^{(2)}) \leqslant (1 - \theta)u^{(1)} + \theta u^{(2)},$$
$$h(x) = (1 - \theta)h(x^{(1)}) + \theta h(x^{(2)}) = (1 - \theta)v^{(1)} + \theta v^{(2)},$$

$$f(x) \leqslant (1-\theta)f(x^{(1)}) + \theta f(x^{(2)}) \leqslant (1-\theta)t^{(1)} + \theta t^{(2)},$$

这说明 $(1-\theta)(u^{(1)}, v^{(1)}, t^{(1)}) + \theta(u^{(2)}, v^{(2)}, t^{(2)}) \in \mathcal{A}$, 故 $\mathcal{A}$ 为凸集.

其次, $\mathcal{A} \cap \mathcal{B} = \varnothing$. 若不然, 则存在 $s < \bar{p}$ 使 $(0,0,s) \in \mathcal{A}$, 即存在 $x \in \mathcal{D}$ 使

$$g(x) \leqslant 0, \quad h(x) = 0, \quad f(x) \leqslant s,$$

这样就有 $\bar{p} \leqslant f(x) \leqslant s$, 与 s 的取法矛盾!

由分离定理, 存在 $(\lambda, \nu, \mu) \in \mathbb{R}^m \times \mathbb{R}^l \times \mathbb{R}$, λ, ν, μ 不全为 0 及 $\alpha \in \mathbb{R}$, 使得

$$\forall (u,v,t) \in \mathcal{A}, \quad \lambda^{\mathrm{T}}u + \nu^{\mathrm{T}}v + \mu t \geqslant \alpha; \tag{3.1.15}$$

$$\forall (0,0,s) \in \mathcal{B}, \quad \mu s \leqslant \alpha. \tag{3.1.16}$$

则 $\mu \geqslant 0$, $\lambda \geqslant 0$. 反证, 首先, 若 $\mu < 0$, 则在 (3.1.16) 中令 $s \to -\infty$, 于是 $\mu s \to +\infty$, 与 (3.1.16) 矛盾! 其次, 若有某个 $\lambda_i < 0$, 在 (3.1.15) 中固定其他量并令 $u_i \to +\infty$, 此时 $\lambda_i u_i \to -\infty$, 与 (3.1.15) 矛盾!

在公式 (3.1.15) 中取 $u = g(x)$, $t = f(x)$, 得特殊情况:

$$\forall x \in \mathcal{D}, \quad \lambda^{\mathrm{T}}f(x) + \nu^{\mathrm{T}}h(x) + \mu f(x) \geqslant \alpha. \tag{3.1.17}$$

最后, 我们分以下两种情况讨论.

情况 1. 若 $\mu > 0$, 令 $\bar{\lambda} = \dfrac{1}{\mu}\lambda$, $\bar{\nu} = \dfrac{1}{\mu}\nu$, $\bar{\alpha} = \dfrac{1}{\mu}\alpha$, 不等式 (3.1.16) 两边同时除以 μ 得

$$\forall s < \bar{p}, \quad s \leqslant \bar{\alpha}.$$

这意味着 $\bar{p} \leqslant \bar{\alpha}$. 同样, 不等式 (3.1.17) 可化为

$$\forall x \in \mathcal{D}, \quad \bar{\lambda}^{\mathrm{T}}f(x) + \bar{\nu}^{\mathrm{T}}h(x) + f(x) \geqslant \bar{\alpha}.$$

进一步得

$$\forall x \in \mathcal{D}, \quad \bar{\lambda}^{\mathrm{T}}f(x) + \bar{\nu}^{\mathrm{T}}h(x) + f(x) \geqslant \bar{p}.$$

不等式对 x 取下确界得 $q(\bar{\lambda}, \bar{\nu}) \geqslant \bar{p}$. 又因为 $q(\bar{\lambda}, \bar{\nu}) \leqslant \bar{d} \leqslant \bar{p}$, 故 $q(\bar{\lambda}, \bar{\nu}) = \bar{d} = \bar{p}$, 从而强对偶条件成立.

情况 2. 若 $\mu = 0$, 则由 (3.1.16) 得 $\alpha \geqslant 0$. 在此基础上再将 $\mu = 0$ 代入 (3.1.17) 并利用 $\alpha \geqslant 0$ 得

$$\forall x \in \mathcal{D}, \quad \lambda^{\mathrm{T}}g(x) + \nu^{\mathrm{T}}(Ax - b) \geqslant 0. \tag{3.1.18}$$

由 Slater 条件, 存在 $x_0 \in \operatorname{int} \mathcal{D}$ 使得 $g(x_0) < 0, Ax_0 - b = 0$, 代入上式得

$$\lambda^{\mathrm{T}} g(x_0) + \nu (Ax_0 - b) \geqslant 0.$$

故 $\lambda = 0$. (3.1.18) 化为

$$\forall x \in \mathcal{D}, \quad \nu^{\mathrm{T}}(Ax - b) \geqslant 0,$$

注意到 $\nu^{\mathrm{T}}(Ax_0 - b) = 0$, 上式只有在 $\nu^{\mathrm{T}}A = 0$ 时才能成立, 结合 $\operatorname{rank}A = l$, 就有 $\nu = 0$. 于是 $(\lambda, \nu, \mu) = 0$ 矛盾!   □

　　上述定理中 Slater 条件也可改为使用起来更加便利的推广 Slater 条件: 存在 $x \in \operatorname{ri} \mathcal{D}$ 使得

$$g_i(x) \leqslant 0, \quad \text{若 } g_i \text{ 为仿射函数};$$

$$g_i(x) < 0, \quad \text{若 } g_i \text{ 不是仿射函数};$$

$$Ax = b.$$

严格来说该条件仅仅是形式上的推广, 它与标准形式的 Slater 条件实际是等价关系. 为说明这一点, 假设 $g_1, \cdots, g_k$ 为仿射函数, $x^{(1)}$ 是满足推广 Slater 条件的点, 即 $x^{(1)} \in \operatorname{ri} \mathcal{D}$, 且

$$g_1(x^{(1)}) \leqslant 0, \cdots, g_k(x^{(1)}) \leqslant 0; g_{k+1}(x^{(1)}) < 0, \cdots, g_m(x^{(1)}) < 0; Ax^{(1)} = b.$$

　　我们分两种情况讨论.
　　(1) 若存在 $x^{(2)} \in \mathcal{D}$ 使

$$g_i(x^{(2)}) \leqslant 0, \quad \forall i \neq k; \quad g_k(x^{(2)}) < 0, Ax^{(2)} = b.$$

令 $x^{(3)} = \dfrac{1}{2}(x^{(1)} + x^{(2)})$, 则 $x^{(3)} \in \operatorname{ri} \mathcal{D}$, 且

$$g_1(x^{(3)}) \leqslant 0, \cdots, g_{k-1}(x^{(3)}) \leqslant 0; g_k(x^{(3)}) < 0, \cdots, g_m(x^{(3)}) < 0; Ax^{(3)} = b.$$

　　(2) 若 (1) 不能成立, 这意味着对任意的 $x \in \mathcal{D}$, 若有

$$g_i(x) \leqslant 0, \forall i \neq k; \quad Ax = b,$$

就一定有 $g_k(x) \geqslant 0$. 这样就表明约束条件 $g_k(x) \leqslant 0$ 是一个伪不等式, 它在问题中的功能与 $g_k(x) = 0$ 等价. 于是, 我们可以将该不等式约束改为等式约束并与 $Ax = b$ 合并.

重复执行以上操作, 最终可以得到如定义 3.3 中形式的条件.

推广的 Slater 条件意味着我们对线性不等式约束没有更高的要求, 特别地, 如果一个问题中的不等式约束函数全都是仿射函数时, 那么只要该问题有可行解, 则自动满足推广的 Slater 条件.

例 3.4 由于线性规划问题只要有可行解就自动满足推广的 Slater 条件, 故线性规划问题及其对偶问题只要有一个可行, 强对偶条件即成立.

例 3.5 以下线性约束二次规划 (linearly constrained quadratic programming, LCQP) 问题

$$
\begin{aligned}
& \min_{x \in \mathbb{R}^n} \quad x^{\mathrm{T}} x \\
& \text{s.t.} \quad Ax = b
\end{aligned}
\tag{3.1.19}
$$

的对偶问题为

$$
\max_{\nu} \quad -\frac{1}{4}\nu^{\mathrm{T}} A A^{\mathrm{T}} \nu - b^{\mathrm{T}} \nu.
\tag{3.1.20}
$$

只要原问题可行, 则强对偶条件成立.

证明 问题 (3.1.19) 的拉格朗日函数为

$$
L(x, \nu) = x^{\mathrm{T}} x + \nu^{\mathrm{T}}(Ax - b) = x^{\mathrm{T}} x + \left(A^{\mathrm{T}} \nu\right)^{\mathrm{T}} x - b^{\mathrm{T}} \nu.
$$

该函数为关于 x 凸的二次函数, 有驻点 $x = -\dfrac{1}{2}A^{\mathrm{T}}\nu$, 因此拉格朗日对偶函数

$$
\begin{aligned}
q(\nu) = \min_{x} L(x, \nu) &= \frac{1}{4}\nu^{\mathrm{T}} A A^{\mathrm{T}} \nu - \frac{1}{2}\left(A^{\mathrm{T}} \nu\right)^{\mathrm{T}} A^{\mathrm{T}} \nu - b^{\mathrm{T}} \nu \\
&= -\frac{1}{4}\nu^{\mathrm{T}} A A^{\mathrm{T}} \nu - b^{\mathrm{T}} \nu.
\end{aligned}
$$

故对偶问题为 (3.1.20). □

上例中, 我们还注意到对偶问题为无约束的二次规划问题, 可直接通过求导的办法求解并得到最优值.

例 3.6 以下最大熵 (entropy maximization) 问题

$$
\begin{aligned}
& \min_{x \in \mathbb{R}^n} \quad \sum_{i=1}^{n} x_i \ln x_i \\
& \text{s.t.} \quad Ax \leqslant b, \\
& \qquad\quad \mathbf{1}^{\mathrm{T}} x = 1
\end{aligned}
\tag{3.1.21}
$$

的对偶问题为

$$\max_{\lambda, \nu} \quad -b^{\mathrm{T}}\lambda - \nu - e^{-\nu-1}\sum_{i=1}^{n} e^{-a_i^{\mathrm{T}}\lambda} \tag{3.1.22}$$
$$\text{s.t.} \quad \lambda \geqslant 0,$$

其中 a_i 为矩阵 A 的第 i 列. 只要原问题可行, 则强对偶条件成立.

证明　问题 (3.1.21) 的约束条件均为仿射约束, 故只要原问题可行, 就满足推广的 Slater 条件, 从而强对偶条件成立. 问题的拉格朗日函数为

$$
\begin{aligned}
L(x, \lambda, \nu) &= \sum_{i=1}^{n} x_i \ln x_i + \lambda^{\mathrm{T}}(Ax - b) + \nu\left(\mathbf{1}^{\mathrm{T}}x - 1\right) \\
&= \sum_{i=1}^{n} x_i \ln x_i + \sum_{i=1}^{n} a_i^{\mathrm{T}}\lambda x_i - b^{\mathrm{T}}\lambda + \nu\sum_{i=1}^{n} x_i - \nu \\
&= \sum_{i=1}^{n} \left[x_i \ln x_i + a_i^{\mathrm{T}}\lambda x_i + \nu x_i\right] - b^{\mathrm{T}}\lambda - \nu.
\end{aligned}
$$

求该函数的偏导数得

$$\frac{\partial}{\partial x_i} L(x, \lambda, \nu) = \ln x_i + 1 + a_i^{\mathrm{T}}\lambda + \nu, \quad i = 1, 2, \cdots, n.$$

于是, L 作为 x 的函数有唯一的驻点, 满足

$$x_i = e^{-1-\nu-a_i^{\mathrm{T}}\lambda}, \quad i = 1, 2, \cdots, n.$$

因此拉格朗日对偶函数

$$
\begin{aligned}
q(\lambda, \nu) = \min_{x} L\left(x_i, \lambda, \nu\right) &= \sum_{i=1}^{n}(-e^{-1-\nu-a_i^{\mathrm{T}}\lambda}) - b^{\mathrm{T}}\lambda - \nu \\
&= -e^{-1-\nu}\sum_{i=1}^{n} e^{-a_i^{\mathrm{T}}\lambda} - b^{\mathrm{T}}\lambda - \nu.
\end{aligned}
$$

故对偶问题为 (3.1.22).　　　　　　　　　　　　　　　　　　　　　　　□

注意上例中, 对偶问题的约束条件比原问题简单, 因而也更便于设计算法求解.

📝 **练习**

1. (强对偶条件成立、对偶问题有解但原问题无最优解)　求问题

$$\min_{x \in \mathbb{R}} \quad f(x) = e^x$$
$$\text{s.t.} \quad x \leqslant 0$$

的对偶问题及对偶问题的最优解.

2. 考虑关于变量 $x \in \mathbb{R}$ 的优化问题

$$\min_x \quad x^2 + 1$$
$$\text{s.t.} \quad (x-2)(x-4) \leqslant 0.$$

(1) (原问题的计算) 求可行解集、最优值和最优解.

(2) (拉格朗日函数与对偶函数) 画出 $x^2 + 1$ (关于自变量 x) 的函数图像, 并在图上标出可行解集、最优值和最优解. 对一些 λ 的正数取值, 画出 $L(x, \lambda)$ (关于自变量 x) 的函数图像.

(3) (拉格朗日对偶问题) 写出对偶问题, 证明该问题是一个凹最大化问题. 求对偶最优值和对偶最优解 $\bar{\lambda}$. 讨论强对偶条件是否成立; 求拉格朗日对偶函数 $q(\lambda)$ 的表达式并画出其图像.

(4) (灵敏度分析) 用 $\bar{p}(u)$ 表示问题

$$\min_x \quad x^2 + 1$$
$$\text{s.t.} \quad (x-2)(x-4) \leqslant u$$

的最优值, 其中 u 为参数. 画出函数 $\bar{p}(u)$ 的图形. 验证 $d\bar{p}(0)/du = -\bar{\lambda}$.

3. 用共轭函数 f^* 表示问题 $(c \neq 0)$

$$\min_x \quad c^{\mathrm{T}} x$$
$$\text{s.t.} \quad f(x) \leqslant 0$$

的对偶问题.

4. (分片线性函数的最小化) 考虑凸的分片线性函数的最小化问题 (变量 $x \in \mathbb{R}^n$)

$$\min_x \quad \max_{i=1,\cdots,m} (a_i^{\mathrm{T}} x + b_i). \tag{3.1.23}$$

(1) 基于以下等价问题求拉格朗日对偶问题 (变量 $x \in \mathbb{R}^n, y \in \mathbb{R}^m$)

$$\min_x \quad \max_{i=1,\cdots,m} y_i$$
$$\text{s.t.} \quad a_i^{\mathrm{T}} x + b_i = y_i, \quad i = 1, \cdots, m.$$

(2) 将问题 (3.1.23) 表示为一个线性规划问题, 求线性规划问题的对偶, 并讨论其与 (1) 中对偶问题的联系.

(3) 用光滑函数

$$f(x) = \ln\left(\sum_{i=1}^{m} \exp(a_i^{\mathrm{T}} x + b_i)\right)$$

代替问题 (3.1.23) 中的目标函数, 解以下无约束几何规划问题

$$\min_{x} \quad \ln\left(\sum_{i=1}^{m} \exp(a_i^{\mathrm{T}} x + b_i)\right). \tag{3.1.24}$$

分别用 $\bar{p}_{pwl}$ 和 $\bar{p}_{gp}$ 表示问题 (3.1.23) 和 (3.1.24) 的最优值. 证明

$$0 \leqslant \bar{p}_{gp} - \bar{p}_{pwl} \leqslant \ln m.$$

(4) 仿照 (3) 给出 p_{pwl}^* 与以下问题最优值的差的上下界:

$$\min_{x} \quad (1/\gamma)\ln\left(\sum_{i=1}^{m} \exp(\gamma(a_i^{\mathrm{T}} x + b_i))\right),$$

其中 $\gamma > 0$ 为参数. 当 γ 增大时, 上下界会有什么变化?

5. 考察问题

$$\min_{x} \quad \sum_{i=1}^{N} \|A_i x + b_i\|_2 + \frac{1}{2}\|x - x_0\|_2^2,$$

其中 $A_i \in \mathbb{R}^{m_i \times n}, b_i \in \mathbb{R}^{m_i}, x_0 \in \mathbb{R}^n$. 首先引入新变量 $y_i \in \mathbb{R}^{m_i}$ 和等式约束 $y_i = A_i x + b_i$ 将问题转化为约束最优化问题, 然后求对偶问题.

6. (解析中心)　考察问题 (定义域 $\{x| a_i^{\mathrm{T}} x < b_i, i = 1, \cdots, m\}$)

$$\min_{x} \quad -\sum_{i=1}^{m} \ln(b_i - a_i^{\mathrm{T}} x).$$

首先引入新变量 y_i 和等式约束 $y_i = b_i - a_i^{\mathrm{T}} x$ 将问题转化为约束最优化问题, 然后求对偶问题. (这个问题的解叫作线性不等式系统 $a_i^{\mathrm{T}} x \leqslant b_i, i = 1, \cdots, m$ 的解析中心, 在几何应用问题及屏障函数法中有重要应用.)

7. (布尔线性规划的松弛化)　布尔线性规划是如下形式的优化问题:

$$\begin{aligned} \min_{x} \quad & c^{\mathrm{T}} x \\ \text{s.t.} \quad & Ax \leqslant b, \\ & x_i \in \{0, 1\}, \quad i = 1, \cdots, n, \end{aligned}$$

该问题很难解决. 近似求解该问题的一个常用办法是将其松弛化为容易求解的线性规划问题

$$\begin{aligned}
\min_{x} \quad & c^{\mathrm{T}}x \\
\text{s.t.} \quad & Ax \leqslant b, \\
& 0 \leqslant x_i \leqslant 1, \quad i = 1, \cdots, n,
\end{aligned} \tag{3.1.25}$$

进而给出原问题最优值的一个下界.

(1) (拉格朗日松弛) 布尔线性规划也可采取以下二次约束的松弛方法 (该方法称为拉格朗日松弛)

$$\begin{aligned}
\min_{x} \quad & c^{\mathrm{T}}x \\
\text{s.t.} \quad & Ax \leqslant b, \\
& x_i(1 - x_i) = 0, \quad i = 1, \cdots, n.
\end{aligned}$$

求该问题的拉格朗日对偶问题, 并由此给出原布尔线性规划最优值的一个下界.

(2) 证明: 通过拉格朗日松弛得到的下界与通过线性规划松弛 (3.1.25) 得到的下界是相同的.(提示: 求问题 (3.1.25) 的对偶问题.)

8. (等式约束的罚函数法) 考虑问题

$$\begin{aligned}
\min_{x} \quad & f(x) \\
\text{s.t.} \quad & Ax = b,
\end{aligned} \tag{3.1.26}$$

其中 $f : \mathbb{R}^n \to \mathbb{R}$ 是可微的凸函数, $A \in \mathbb{R}^{m \times n}$ 且 $\operatorname{rank} A = m$. 在二次罚函数方法中, 构造辅助函数

$$\phi(x) = f(x) + \alpha \|Ax - b\|_2^2,$$

其中 $\alpha > 0$ 为参数. 该辅助函数由目标函数及惩罚项 $\alpha \|Ax - b\|_2^2$ 组成. 其思想是, 辅助函数的最优解 $\tilde{x}$ 应该是原始问题的近似解. 我们可以直接觉察到, 惩罚权 α 越大, $\tilde{x}$ 对原问题的解的逼近就越好. 假设 $\tilde{x}$ 是 ϕ 的最优解, 讨论如何通过 $\tilde{x}$ 找到问题 (3.1.26) 的一个对偶可行点, 并给出问题 (3.1.26) 的最优值的下界.

9. (通道容量问题的对偶问题) 考察通道容量问题

$$\begin{aligned}
\min_{x} \quad & -c^{\mathrm{T}}x + \sum_{i=1}^{m} y_i \ln y_i \\
\text{s.t.} \quad & Px = y, \\
& x \geqslant 0, \quad \mathbf{1}^{\mathrm{T}}x = 1,
\end{aligned}$$

其中转移概率矩阵 $P \in \mathbb{R}^{m \times n}$ 的元素均非负, 且每列元素之和为 1, 即 $P^{\mathrm{T}} \mathbf{1} = \mathbf{1}$. 该问题的最优值在 $c_j = \sum_{i=1}^{m} p_{ij} \ln p_{ij}$ 时为离散无记忆通道容量的相反数 (至多相差 $\ln 2$ 倍). 求该问题的对偶问题并进行化简.

10. (不满足强对偶条件的凸问题) 考虑优化问题

$$\min_{x} \quad e^{-x}$$
$$\text{s.t.} \quad x^2/y \leqslant 0,$$

其中变量为 x 和 y, 定义域 $\mathcal{D} = \{(x, y)| \ y > 0\}$.

(1) 验证该问题是一个凸优化问题, 并求其最优值.

(2) 给出该问题的拉格朗日对偶问题, 并求对偶问题的最优解 $\bar{\lambda}$ 和最优值 $\bar{d}$, 以及原问题与对偶问题的对偶间隙.

(3) 该问题是否满足 Slater 条件?

(4) 扰动问题

$$\min_{x} \quad e^{-x}$$
$$\text{s.t.} \quad x^2/y \leqslant u$$

的最优值 $\bar{p}(u)$ 是多少? 验证不等式

$$\bar{p}(u) \geqslant \bar{p}(0) - \bar{\lambda} u$$

不成立.

11. 考虑二次约束二次规划问题 (变量 $x \in \mathbb{R}^2$)

$$\min_{x} \quad x_1^2 + x_2^2$$
$$\text{s.t.} \quad (x_1 - 1)^2 + (x_2 - 1)^2 \leqslant 1,$$
$$\quad\quad (x_1 - 1)^2 + (x_2 + 1)^2 \leqslant 1.$$

(1) 描述可行解集, 求最优点 $\bar{x}$ 和最优值 $\bar{p}$.

(2) 给出问题的 KKT 条件. 是否存在最优的拉格朗日乘子 $\bar{\lambda}_1$ 和 $\bar{\lambda}_2$ 验证 $\bar{x}$ 为最优解?

(3) 推导并求解拉格朗日对偶问题. 强对偶条件是否成立?

12. (等式约束最小二乘法) 考虑等式约束最小二乘问题

$$\min_{x} \quad \|Ax - b\|_2^2$$
$$\text{s.t.} \quad Gx = h,$$

其中 $A \in \mathbb{R}^{m \times n}$, $\mathrm{rank} A = n$, $G \in \mathbb{R}^{l \times n}$, $\mathrm{rank} G = l$. 给出 KKT 条件, 并求原问题的最优解 $\bar{x}$ 和对偶最优解 $\bar{\nu}$ 的表达式.

3.2 鞍点定理与 KKT 条件

本节我们在强对偶条件成立的前提下, 讨论优化问题 (不仅是凸优化) 的最优解所满足的条件, 并举例说明如何利用这些条件协助求解问题.

定义 3.4 考察问题 (P) 的拉格朗日函数 $L(x, \lambda, \nu)$, 若存在 $(\bar{x}, \bar{\lambda}, \bar{\nu}) \in \mathcal{D} \times \mathbb{R}^m_+ \times \mathbb{R}^l$ 使得

$$L(\bar{x}, \lambda, \nu) \leqslant L(\bar{x}, \bar{\lambda}, \bar{\nu}) \leqslant L(x, \bar{\lambda}, \bar{\nu}), \quad \forall x \in \mathcal{D}, \ \lambda \in \mathbb{R}^m_+, \ \nu \in \mathbb{R}^l, \tag{3.2.1}$$

则称 $(\bar{x}, \bar{\lambda}, \bar{\nu})$ 为 L 的鞍点.

定理 3.3 (鞍点定理) $(\bar{x}, \bar{\lambda}, \bar{\nu}) \in \mathcal{D} \times \mathbb{R}^m_+ \times \mathbb{R}^p$ 是问题 (P) 的拉格朗日函数 $L(x, \lambda, \nu)$ 的鞍点当且仅当问题 (P) 满足强对偶条件, 且 $\bar{x}$ 为原问题 (P) 的最优解、$(\bar{\lambda}, \bar{\nu})$ 为对偶问题 (D) 的最优解.

在 $(\bar{x}, \bar{\lambda}, \bar{\nu})$ 为 L 的鞍点的条件下, 我们还有

$$\bar{\lambda}_i g_i(\bar{x}) = 0, \quad i = 1, 2, \cdots, m. \tag{3.2.2}$$

该条件称为互补性条件.

证明 首先, 假设 $(\bar{x}, \bar{\lambda}, \bar{\nu})$ 是 L 的鞍点. 我们依次证明以下结论.

(1) $\bar{x}$ 为问题 (P) 的可行解, 即 $g_i(\bar{x}) \leqslant 0$, $i = 1, 2, \cdots, m$; $h_j(\bar{x}) = 0$, $j = 1, 2, \cdots, l$.

反之, 若有 k 使得 $g_k(\bar{x}) > 0$, 则固定其他项并令 $\lambda_k \to +\infty$ 时,

$$L(\bar{x}, \lambda, \nu) = \left[f(\bar{x}) + \sum_{i \neq k} \lambda_i g_i(\bar{x}) + \sum_{j=1}^p \nu_j h_j(\bar{x}) \right] + \lambda_k g_k(\bar{x}) \to +\infty,$$

这与 (3.2.1) 的左侧不等式矛盾!

类似, 若有 k 使得 $h_k(\bar{x}) \neq 0$, 则可以用同样的思路导出类似矛盾.

(2) 互补性条件成立.

由 (1) 及题目条件 $\bar{\lambda} \geqslant 0$, 对任意的 $i = 1, 2, \cdots, m$ 都有

$$\bar{\lambda}_i g_i(\bar{x}) \leqslant 0.$$

若有 k 使得 $\bar{\lambda}_k g_k(\bar{x}) < 0$, 取 λ 使得

$$\lambda_i = \begin{cases} 0, & i = k, \\ \bar{\lambda}_i, & i \neq k, \end{cases}$$

则

$$L(\bar{x}, \lambda, \bar{\nu}) - L(\bar{x}, \bar{\lambda}, \bar{\nu}) = -\bar{\lambda}_k g_k(\bar{x}) > 0,$$

这与 (3.2.1) 的左侧不等式矛盾! 故对任意 $i = 1, 2, \cdots, m$ 都有 $\bar{\lambda}_i g_i(\bar{x}) = 0$.

(3) 只需证: (3.2.1) 的右侧不等式意味着

$$L(\bar{x}, \bar{\lambda}, \bar{\nu}) = \min_{x \in \mathcal{D}} L(x, \bar{\lambda}, \bar{\nu}) = q(\bar{\lambda}, \bar{\nu}).$$

另一方面, 由 (1)、(2) 结论知 $L(\bar{x}, \bar{\lambda}, \bar{\nu}) = f(\bar{x})$, 这样, 以下恒成立的不等式

$$f(\bar{x}) \geqslant \bar{p} \geqslant \bar{d} \geqslant q(\bar{\lambda}, \bar{\nu})$$

中所有项都相等, 就是说, $\bar{x}$ 为原问题 (P) 的最优解, $(\bar{\lambda}, \bar{\nu})$ 为对偶问题 (D) 的最优解, 且强对偶条件成立.

反之, 假设问题 (P) 满足强对偶条件, 且 $\bar{x}$ 为原问题 (P) 的最优解、$(\bar{\lambda}, \bar{\nu})$ 为对偶问题 (D) 的最优解, 则有

$$
\begin{aligned}
f(\bar{x}) &= q(\bar{\lambda}, \bar{\nu}) \\
&= \inf_{x \in \mathcal{D}} \left(f(x) + \sum_{i=1}^{m} \bar{\lambda}_i g_i(x) + \sum_{j=1}^{l} \bar{\nu}_j h_j(x) \right) \\
&\leqslant f(\bar{x}) + \sum_{i=1}^{m} \bar{\lambda}_i g_i(\bar{x}) + \sum_{j=1}^{l} \bar{\nu}_j h_j(\bar{x}) \\
&\leqslant f(\bar{x}).
\end{aligned}
\tag{3.2.3}
$$

由此得上述表达式中的两个不等式均取等号. 第一个不等式取等号意味着 $\bar{x}$ 是函数 $L(\cdot, \bar{\lambda}, \bar{\nu})$ 在定义域 $\mathcal{D}$ 上的最小值点, 即 (3.2.1) 的右侧不等式成立. 注意到 $g(\bar{x}) \leqslant 0$, $h(\bar{x}) = 0$, 对任意的 $\lambda \in \mathbb{R}_+^m$, $\nu \in \mathbb{R}^l$, 都有

$$
\begin{aligned}
L(\bar{x}, \lambda, \nu) &= f(\bar{x}) + \sum_{i=1}^{m} \lambda_i g_i(\bar{x}) + \sum_{j=1}^{l} \nu_j h_j(\bar{x}) \\
&\leqslant f(\bar{x}) \\
&= f(\bar{x}) + \sum_{i=1}^{m} \bar{\lambda}_i g_i(\bar{x}) + \sum_{j=1}^{l} \bar{\nu}_j h_j(\bar{x}) \\
&= L(\bar{x}, \bar{\lambda}, \bar{\nu}).
\end{aligned}
\tag{3.2.4}
$$

故 $(\bar{x}, \bar{\lambda}, \bar{\nu})$ 是 L 的鞍点. □

互补性条件也常常写成向量乘积的形式 $\bar{\lambda}^{\mathrm{T}} g(\bar{x}) = 0$, 注意到 $\bar{\lambda} \geqslant 0$ 及 $g(\bar{x}) \leqslant 0$, 该式与 (3.2.2) 等价.

鞍点定理可以帮助我们建立各种有效的求解方法. 首先, 若已知强对偶条件成立, $(\bar{\lambda}, \bar{\nu})$ 为对偶问题 (D) 的最优解, 则原问题的最优解 $\bar{x}$ 就是函数 $L(\cdot, \bar{\lambda}, \bar{\nu})$ 的最小值点, 从而可以将原来的约束最优化问题转化为无约束最优化问题.

例 3.7 接例 3.6, 最大熵问题

$$\min_{x \in \mathbb{R}^n} \quad \sum_{i=1}^{n} x_i \ln x_i$$
$$\text{s.t.} \quad Ax \leqslant b,$$
$$\mathbf{1}^{\mathrm{T}} x = 1$$

的对偶问题为

$$\max_{\lambda, \nu} \quad -b^{\mathrm{T}} \lambda - \nu - e^{-\nu-1} \sum_{i=1}^{n} e^{-a_i^{\mathrm{T}} \lambda}$$
$$\text{s.t.} \quad \lambda \geqslant 0,$$

其中 a_i 为矩阵 A 的第 i 列. 如果对偶问题的解 $(\bar{\lambda}, \bar{\nu})$ 存在, 则利用 "$\bar{x}$ 是函数 $L(\cdot, \bar{\lambda}, \bar{\nu})$ 的最小值点" 可得原问题的最优解为

$$\bar{x}_i = e^{-1-\bar{\nu}-a_i^{\mathrm{T}} \bar{\lambda}}, \quad i = 1, \cdots, n.$$

在鞍点定理的各条件成立的基础上, 若进一步假设问题的目标函数、约束函数都在 $\bar{x}$ 点可微, 则有

$$\nabla f(\bar{x}) + \sum_{i=1}^{m} \bar{\lambda}_i \nabla g_i(\bar{x}) + \sum_{j=1}^{l} \bar{\nu}_j \nabla h_j(\bar{x}) = 0. \tag{3.2.5}$$

将 $\bar{x}, \bar{\lambda}, \bar{\nu}$ 满足的条件合并起来, 我们得到

$$
\begin{aligned}
\text{不等式约束条件:} \quad & g_i(\bar{x}) \leqslant 0, \quad i = 1, 2, \cdots, m. \\
\text{等式约束条件:} \quad & h_j(\bar{x}) = 0, \quad j = 1, 2, \cdots, l. \\
\text{对偶可行条件:} \quad & \bar{\lambda}_i \geqslant 0, \quad i = 1, 2, \cdots, m. \\
\text{互补性条件:} \quad & \bar{\lambda}_i g_i(\bar{x}) = 0, \quad i = 1, 2, \cdots, m. \\
\text{微分条件:} \quad & \nabla f(\bar{x}) + \sum_{i=1}^{m} \bar{\lambda}_i \nabla g_i(\bar{x}) + \sum_{j=1}^{l} \bar{\nu}_j \nabla h_j(\bar{x}) = 0.
\end{aligned}
\tag{3.2.6}
$$

上述五个条件综合称为 Karush-Kuhn-Tucker 条件, 简称 KKT 条件.

对凸优化问题 P_C, 我们可以舍弃可微性的要求, 转而假设

$$\mathrm{ri\ dom}\, f \cap \left(\bigcap_{i=1}^{m} \mathrm{ri\ dom}\, g_i\right) \neq \varnothing,$$

则由定理 2.51, 有

$$0 \in \partial f(\bar{x}) + \sum_{i=1}^{m} \bar{\lambda}_i \partial g_i(\bar{x}) + A^{\mathrm{T}}\bar{\nu}.$$

从而得到凸优化问题的 KKT 条件:

$$
\begin{aligned}
g_i(\bar{x}) &\leqslant 0, \quad i = 1, 2, \cdots, m, \\
A\bar{x} &= b, \\
\bar{\lambda}_i &\geqslant 0, \quad i = 1, 2, \cdots, m, \\
\bar{\lambda}_i g_i(\bar{x}) &= 0, \quad i = 1, 2, \cdots, m, \\
0 &\in \partial f(\bar{x}) + \sum_{i=1}^{m} \bar{\lambda}_i \partial g_i(\bar{x}) + A^{\mathrm{T}}\bar{\nu}.
\end{aligned}
\tag{3.2.7}
$$

这里注意, 对于凸优化问题而言, KKT 条件不仅是最优解的必要条件, 也是充分条件.

定理 3.4 对凸优化问题 (P_C), 若有 $(\bar{x}, \bar{\lambda}, \bar{\nu}) \in \mathcal{D} \times \mathbb{R}_+^m \times \mathbb{R}^p$ 使得条件 (3.2.7) 成立, 则 $\bar{x}$ 为原问题 (P) 的最优解、$(\bar{\lambda}, \bar{\nu})$ 为对偶问题 (D) 的最优解, 且强对偶条件成立.

证明 首先 (3.2.7) 的前两个条件说明 $\bar{x}$ 为可行解, $\bar{\lambda} \geqslant 0$ 说明函数 $L(x, \bar{\lambda}, \bar{\nu})$ 是关于 x 的凸函数, 最后一个条件说明 $\bar{x}$ 是函数 $L(x, \bar{\lambda}, \bar{\nu})$ 的最小值点. 由此得

$$
\begin{aligned}
q(\bar{\lambda}, \bar{\nu}) &= L(\bar{x}, \bar{\lambda}, \bar{\nu}) \\
&= f(\bar{x}) + \sum_{i=1}^{m} \bar{\lambda}_i g_i(\bar{x}) + \sum_{j=1}^{l} \bar{\nu}_j h_j(\bar{x}) \\
&= f(\bar{x}).
\end{aligned}
\tag{3.2.8}
$$

结论得证. □

例 3.8 以下 LCQP 问题 $(P \in \mathbb{S}_{++}^n)$

$$
\begin{aligned}
\min_{x \in \mathbb{R}^n} \quad & \frac{1}{2} x^{\mathrm{T}} P x + q^{\mathrm{T}} x + r \\
\mathrm{s.t.} \quad & Ax = b
\end{aligned}
$$

的 KKT 条件为

$$A\bar{x} = b, \qquad P\bar{x} + q + A^{\mathrm{T}}\bar{\nu} = 0,$$

即

$$\begin{pmatrix} P & A^{\mathrm{T}} \\ A & O \end{pmatrix} \begin{pmatrix} \bar{x} \\ \bar{\nu} \end{pmatrix} = \begin{pmatrix} -q \\ b \end{pmatrix}.$$

解此方程即可得到原问题与对偶问题的最优解.

例 3.9 支持向量机模型中的最佳分离超平面问题表示为

$$\min_{w \in \mathbb{R}^n, b \in \mathbb{R}} \quad \frac{1}{2}\|w\|^2 \tag{3.2.9}$$
$$\text{s.t.} \quad y_i(w^{\mathrm{T}}\mathsf{x}_i + b) \geqslant 1, \quad i = 1, 2, \cdots, m,$$

其中 $(\mathsf{x}_i, y_i) \in \mathbb{R}^n \times \{\pm 1\}$, $i = 1, 2, \cdots, m$ 为已知样本, $(w, b) \in \mathbb{R}^n \times \mathbb{R}$ 为优化变量. 该问题为二次优化问题. 其对偶问题为

$$\max_{\lambda} \quad \sum_{i=1}^{m} \lambda_i - \frac{1}{2} \left\| \sum_{i=1}^{m} \lambda_i y_i \mathsf{x}_i \right\|^2$$
$$\text{s.t.} \quad \sum_{i=1}^{m} \lambda_i y_i = 0, \quad \lambda \geqslant 0.$$

设问题 (3.2.9) 的最优解为 $(\bar{w}, \bar{b})$, 对偶问题的解为 $\bar{\lambda}$. 则以下条件成立

$$\bar{\lambda}_i[1 - y_i(\bar{w}^{\mathrm{T}}\mathsf{x}_i + \bar{b})] = 0, \quad \forall i,$$
$$\bar{w} = \sum_{i=1}^{m} \bar{\lambda}_i y_i \mathsf{x}_i, \tag{3.2.10}$$
$$\bar{b} = y_i - \bar{w}^{\mathrm{T}}\mathsf{x}_i, \quad \forall \text{ 满足 } \bar{\lambda}_i > 0 \text{ 的 } i.$$

上述判别式称为支持向量机, 使 $\bar{\lambda}_i > 0$ 的 x_i 称为支持向量.

证明 问题 (3.2.9) 的拉格朗日函数为

$$L(w, b; \lambda) = \frac{1}{2}\|w\|^2 + \sum_{i=1}^{m} \lambda_i[1 - y_i(w^{\mathrm{T}}\mathsf{x}_i + b)],$$

求 L 关于 w, b 的偏梯度、偏导数得

$$\nabla_w L = w - \sum_{i=1}^{m} \lambda_i y_i \mathsf{x}_i, \quad \frac{\partial L}{\partial b} = -\sum_{i=1}^{m} \lambda_i y_i.$$

于是拉格朗日对偶函数为

$$
q(\lambda) = \begin{cases} \displaystyle\sum_{i=1}^{m} \lambda_i - \frac{1}{2} \left\| \sum_{i=1}^{m} \lambda_i y_i \mathsf{x}_i \right\|^2, & \displaystyle\sum_{i=1}^{m} \lambda_i y_i = 0, \\[3mm] -\infty, & \displaystyle\sum_{i=1}^{m} \lambda_i y_i \neq 0. \end{cases}
$$

故对偶问题为所求. 继续列出该问题的 KKT 条件得

$$
y_i(\bar{w}^{\mathrm{T}}\mathsf{x}_i + \bar{b}) \geqslant 1, \quad i = 1, 2, \cdots, m,
$$
$$
\bar{\lambda} \geqslant 0,
$$
$$
\bar{\lambda}_i \left[1 - y_i \left(\bar{w}^{\mathrm{T}}\mathsf{x}_i + \bar{b} \right) \right] = 0, \quad i = 1, 2, \cdots, m,
$$
$$
\bar{w} - \sum_{i=1}^{m} \bar{\lambda}_i y_i \mathsf{x}_i = 0, \quad \sum_{i=1}^{m} \bar{\lambda}_i y_i = 0.
$$

于是 (3.2.10) 成立. □

例 3.10　问题

$$
\begin{aligned} \min_{x \in \mathbb{R}^n} \quad & -\sum_{i=1}^{n} \ln(\alpha_i + x_i) \\ \text{s.t.} \quad & x \geqslant 0, \\ & \mathbf{1}^{\mathrm{T}} x = 1 \end{aligned} \tag{3.2.11}
$$

(其中 $\alpha_i > 0, i = 1, \cdots, n$) 的解满足 $\bar{x}_i = \max\left\{ 0, \dfrac{1}{\bar{\nu}} - \alpha_i \right\}$, 其中 $\bar{\nu}$ 满足

$$
\sum_{i=1}^{n} \max\left\{ 0, \frac{1}{\bar{\nu}} - \alpha_i \right\} = 1. \tag{3.2.12}
$$

证明　该问题的拉格朗日函数为

$$
\begin{aligned} L(x, \lambda, \nu) &= -\sum_{i=1}^{n} \ln(\alpha_i + x_i) + \lambda^{\mathrm{T}}(-x) + \nu(\mathbf{1}^{\mathrm{T}} x - 1) \\ &= -\sum_{i=1}^{n} \ln(\alpha_i + x_i) - \sum_{i=1}^{n} \lambda_i x_i + \nu \sum_{i=1}^{n} x_i - \nu \end{aligned}
$$

$$= \sum_{i=1}^{n} [-\ln(\alpha_i + x_i) - \lambda_i x_i + \nu x_i] - \nu.$$

KKT 条件为

$$\bar{x} \geqslant 0, \quad \text{①}$$

$$\mathbf{1}^{\mathrm{T}} \bar{x} = 1, \quad \text{②}$$

$$\bar{\lambda} \geqslant 0, \quad \text{③}$$

$$\bar{\lambda}_i \bar{x}_i = 0, \quad i = 1, \cdots, n, \quad \text{④}$$

$$-\frac{1}{\alpha_i + \bar{x}_i} - \bar{\lambda}_i + \bar{\nu} = 0, \quad i = 1, \cdots, n. \quad \text{⑤}$$

将⑤整理为

$$\bar{\lambda}_i = \bar{\nu} - \frac{1}{\alpha_i + \bar{x}_i}, \quad i = 1, \cdots, n,$$

然后代入③得

$$\bar{\nu} - \frac{1}{\alpha_i + \bar{x}_i} \geqslant 0, \quad i = 1, \cdots, n, \tag{3.2.13}$$

代入④则得

$$\bar{x}_i \left(\bar{\nu} - \frac{1}{\alpha_i + \bar{x}_i} \right) = 0, \quad i = 1, \cdots, n. \tag{3.2.14}$$

根据 (3.2.13) 对上式分情况讨论:

(1) 若 $\bar{\nu} > \dfrac{1}{\alpha_i + \bar{x}_i}$, 由 (3.2.14) 得 $\bar{x}_i = 0$. 此时有 $\bar{\nu} > \dfrac{1}{\alpha_i}$, 即 $\dfrac{1}{\bar{\nu}} < \alpha_i$.

(2) 若 $\bar{\nu} = \dfrac{1}{\alpha_i + \bar{x}_i}$, 即 $\bar{x}_i = \dfrac{1}{\bar{\nu}} - \alpha_i$, 由①, 此时有 $\dfrac{1}{\bar{\nu}} \geqslant \alpha_i$.

以上两种情况可综合写为

$$\bar{x}_i = \max \left\{ \frac{1}{\bar{\nu}} - \alpha_i, 0 \right\},$$

代入②有

$$\sum_{i=1}^{n} \max \left\{ \frac{1}{\bar{\nu}} - \alpha_i, 0 \right\} = 1. \qquad \square$$

例 3.11　对半正定规划问题

$$
\begin{aligned}
\min_{X \in \mathbb{S}^n} \quad & \langle C, X \rangle \\
\text{s.t.} \quad & \langle A_i, X \rangle = b_i, \quad i = 1, \cdots, m, \\
& X \succeq 0
\end{aligned}
\tag{3.2.15}
$$

$(C, A_k \in \mathbb{S}^n, b_k \in \mathbb{R})$, 假设以下推广的 Slater 条件成立:

$$
\{ X \in \mathbb{S}^n_{++} \mid \langle A_k, X \rangle = b_k, \ k = 1, \cdots, m \} \neq \varnothing.
$$

若 $\overline{X} \in \mathbb{S}^n$ 为问题 (3.2.15) 的最优解, 则存在 $\bar{\nu} \in \mathbb{R}^m$ 及 $\overline{Y} \in \mathbb{S}^n$ 使得对应的 KKT 条件为

$$
C + \sum_{i=1}^{m} \bar{\nu}_i A_i = \overline{Y},
$$

$$
\langle A_i, \overline{X} \rangle = b_i, \quad i = 1, \cdots, m,
$$

$$
\overline{X} \succeq 0, \quad \overline{Y} \succeq 0, \quad \langle \overline{X}, \overline{Y} \rangle = 0.
$$

证明　将问题改写为

$$
\begin{aligned}
\min_{X} \quad & f(X) := \langle C, X \rangle + \delta_{\mathbb{S}^n_+}(X) \\
\text{s.t.} \quad & \langle A_i, X \rangle = b_i, \quad i = 1, 2, \cdots, m
\end{aligned}
$$

的形式. 则问题的定义域 $\mathcal{D} = \mathbb{S}^n_+$, 相对内点集 $\mathrm{ri}\,\mathcal{D} = \mathbb{S}^n_{++}$. f 在 $X \in \mathbb{S}^n_+$ 的次微分为

$$
\partial f(X) = C + \{ Z \in -\mathbb{S}^n_+ \mid \langle X, Z \rangle = 0 \} = C - \{ Y \in \mathbb{S}^n_+ \mid \langle X, Y \rangle = 0 \}.
$$

于是问题的 KKT 条件为

$$
\overline{X} \succeq 0,
$$

$$
\langle A_i, \overline{X} \rangle = b_i, \quad i = 1, \cdots, m,
$$

$$
0 \in C - \{ Y \in \mathbb{S}^n_+ \mid \langle \overline{X}, Y \rangle = 0 \} + \sum_{i=1}^{m} \bar{\nu}_i A_i.
$$

令 $\overline{Y} = C + \sum_{i=1}^{m} \bar{\nu}_i A_i$, 则由次微分条件得 $\overline{Y} \succeq 0$, $\langle \overline{X}, \overline{Y} \rangle = 0$. $\qquad\square$

练习

1. 导出问题 ($X \in \mathbb{S}_{++}^n$ 为变量, $y \in \mathbb{R}^n, s \in \mathbb{R}^n$ 为给定的满足 $s^{\mathrm{T}} y = 1$ 的常量)

$$
\begin{aligned}
&\min_{X} \quad \mathrm{tr} X - \ln \det X \\
&\text{s.t.} \quad Xs = y
\end{aligned}
$$

的 KKT 条件, 并验证最优解为

$$
\overline{X} = I + yy^{\mathrm{T}} - \frac{1}{s^{\mathrm{T}} s} ss^{\mathrm{T}}.
$$

(提示: $\mathrm{tr} X$ 的梯度为 I, $\ln \det X$ 的梯度为 X^{-1}, $\nabla(\lambda^{\mathrm{T}} Xs) = \frac{1}{2}(\lambda s^{\mathrm{T}} + s\lambda^{\mathrm{T}})$.)

2. (扰动问题的最优值) 设 $f, g_1, \cdots, g_m : \mathbb{R}^n \to \mathbb{R}$ 是凸函数. 证明函数

$$
\bar{p}(u, v) = \inf\{f(x) |\ \exists x \in \mathcal{D},\ g_i(x) \leqslant u_i,\ i = 1, \cdots, m,\ Ax - b = v\}
$$

是凸函数 (该函数被称为是扰动问题的最优值函数).

第 4 章　最优化计算

我们解一般的最优化问题. 首先考虑无约束最优化问题, 若目标函数为凸二次函数 $f(x) = \frac{1}{2}x^{\mathrm{T}}Ax + q^{\mathrm{T}}x + c$, 其中矩阵 A 正定, 则我们可用直接法求解, 即解线性方程组 $Ax + q = 0$. 然而对于一般的目标函数 $f(x)$, 直接法难以适用, 故设计迭代法. 迭代法的主要思想是从一个初始点出发, 通过科学的方法构造新的迭代点, 使其逐渐趋近最优解, 见 4.1 节. 迭代法的每步有两个要素: 下降方向和步长因子. 下降方向有负梯度方向 (4.2 节)、次梯度方向 (4.3 节)、牛顿方向 (4.5 节)等. 步长因子有固定步长 (4.2 节) 和线性搜索步长 (4.4 节). 最后, 对于约束最优化问题, 我们介绍拉格朗日乘子法, 将其转化成一系列无约束最优化问题进行求解,见 4.6 节.

4.1　无约束优化算法的一般步骤

考察无约束最优化问题:
$$\min_{x \in \mathbb{R}^n} f(x), \tag{4.1.1}$$

其中 $f : \mathbb{R}^n \to \mathbb{R}$ 连续可微. 如何辨别无约束最优化问题 (4.1.1) 的最优解呢? 下面的定理给出了若点 x^* 是无约束最优化问题 (4.1.1) 的局部最优解的必要条件.

定理 4.1 (无约束最优化问题解的一阶必要条件)　设 $f : \mathbb{R}^n \to \mathbb{R}$ 连续可微,x^* 是无约束最优化问题 (4.1.1) 的一个局部最优解, 则 x^* 满足

$$\nabla f(x^*) = 0.$$

证明　任给 $p \in \mathbb{R}^n$, 由局部最优解的定义, 对任意允分小的数 $t > 0$, 有

$$f(x^*) \leqslant f(x^* + tp) = f(x^*) + t\nabla f(x^*)^{\mathrm{T}}p + o(t).$$

上述不等式的两端同时减去 $f(x^*)$ 后除以 t, 并令 $t \to 0^+$ 可得

$$\nabla f(x^*)^{\mathrm{T}}p \geqslant 0, \quad \forall p \in \mathbb{R}^n.$$

特别令 $p = -\nabla f(x^*)$ 得

$$-\|\nabla f(x^*)\|^2 = -\nabla f(x^*)^{\mathrm{T}}\nabla f(x^*) \geqslant 0.$$

从而, $\nabla f(x^*) = 0$. □

如果 $f(x) = (1/2)x^{\mathrm{T}}Ax + q^{\mathrm{T}}x + c$ 是凸二次函数, 有简单便捷的方法直接求解方程组 $\nabla f(x) = 0$, 则建议用直接法求解. 但是, 对于一般的函数 f 没有相应的直接法, 我们将使用迭代法产生的函数值具有某种下降性的迭代点列来逼近问题 (4.1.1) 的解或稳定点, 其中稳定点指满足梯度为零的点. 为此, 我们先引入下降方向的概念.

定义 4.1 设 $x, d \in \mathbb{R}^n$. 若存在数 $\bar{\alpha} > 0$, 使得

$$f(x + \alpha d) < f(x), \quad \forall \alpha \in (0, \bar{\alpha}),$$

则称 d 是函数 f 在点 x 处的一个下降方向. 若存在数 $\bar{\alpha} > 0$, 使得

$$f(x + \alpha d) > f(x), \quad \forall \alpha \in (0, \bar{\alpha}),$$

则称 d 是函数 f 在点 x 处的一个上升方向.

下降方向 d 从几何上可解释为: 当点从 x 出发, 沿方向 d 移动时, 函数 f 的值的变化呈单调递减的趋势. 若令

$$\phi(\alpha) = f(x + \alpha d),$$

则方向 d 是 f 在 x 处的下降方向等价于一元函数 ϕ 在 $\alpha = 0$ 的某个右邻域内单调递减.

由一元函数微分学知识可知, 若 $\phi'(0) < 0$, 则 ϕ 在原点的某个右邻域内单调递减. 因此, 我们有如下定理.

定理 4.2 设 f 连续可微且 $\nabla f(x) \neq 0$.

(1) 若向量 d 满足 $\nabla f(x)^{\mathrm{T}}d < 0$, 则它是 f 在 x 处的一个下降方向;

(2) 若矩阵 $H \in \mathbb{S}^n_{++}$, 则向量 $d = -H\nabla f(x)$ 是 f 在 x 处的一个下降方向. 特别地, 向量 $d = -\nabla f(x)$ 是 f 在 x 处的一个下降方向.

证明 显然, 结论 (2) 是结论 (1) 的一种特殊情形, 故只需证明结论 (1). 设 $\nabla f(x)^{\mathrm{T}}d < 0$. 利用泰勒展开, 不难得到: 当 $\alpha > 0$ 充分小时,

$$f(x + \alpha d) = f(x) + \alpha\nabla f(x)^{\mathrm{T}}d + o(\alpha) < f(x),$$

即 d 是 f 在 x 处的一个下降方向. □

在实际应用中, 定义 4.1 没有给出寻找下降方向的方法, 且用来判断下降方向也较为困难. 当 f 可微时, 定理 4.2 中, (1) 给出判断下降方向的一个简便的方法, (2) 则给出了选取下降方向的一类方法.

求解无约束最优化问题 (4.1.1) 的下降算法的基本思想是从某个初始点 x^0 出发, 按照使目标函数值下降的原则构造点列 $\{x^k\}$, 即点列 $\{x^k\}$ 满足条件 $f(x^{k+1})$ $< f(x^k)$ $(\forall k = 0, 1, \cdots)$. 算法的最终目标是使得点列 $\{x^k\}$ 中的某个点或某个极限点是问题 (4.1.1) 的解或满足 $\nabla f(x) = 0$. 具体地, 我们给出求解无约束最优化问题 (4.1.1) 下降算法的步骤如下.

算法 4.1 (求解无约束最优化问题的下降算法)

步 1　给定初始点 $x^0 \in \mathbb{R}^n$, 精度 $\varepsilon > 0$. 令 $k := 0$.

步 2　若 $\left\| \nabla f(x^k) \right\| \leqslant \varepsilon$, 则终止算法, 得解 x^k. 否则, 转步 3.

步 3　确定下降方向 d^k, 使得

$$\nabla f(x^k)^{\mathrm{T}} d^k < 0.$$

步 4　确定步长 $\alpha_k > 0$, 使得

$$f\left(x^k + \alpha_k d^k\right) < f(x^k).$$

步 5　令 $x^{k+1} = x^k + \alpha_k d^k, k := k + 1$. 转步 2.

注 4.1　算法 4.1 的步 2 中的不等式 $\left\| \nabla f(x^k) \right\| \leqslant \varepsilon$ 称为算法的终止准则, 其中精度 ε 根据实际问题的需要确定. 但在进行理论分析时, 我们均设 $\varepsilon = 0$.

注 4.2　算法 4.1 的步 4 中的数 α_k 称为步长. 选定一个好的步长 α_k 即可得到一个更好的点 x_{k+1}. 确定步长的方法有很多. 我们将在下一节中介绍确定步长 α_k 的几种常用的线性搜索算法.

📝 练习

1. 给定函数 $f : \mathbb{R}^2 \to \mathbb{R}, f(x) = (x_1 - x_2)^2 + x_2^4$. 证明: $d = -(1, 1)^{\mathrm{T}}$ 是 f 在点 $x = (0, 1)^{\mathrm{T}}$ 处的一个下降方向.

2. 计算罗森布罗克 (Rosenbrock) 函数

$$f(x) = 100 \left(x_2 - x_1^2\right)^2 + \left(1 - x_1\right)^2$$

的梯度和黑塞矩阵. 证明 $x^* = (1, 1)^{\mathrm{T}}$ 是函数的局部极小值点且函数在该点的黑塞矩阵对称正定.

3. 证明: 函数

$$f(x) = 8x_1 + 12x_2 + x_1^2 - 2x_2^2$$

有唯一的稳定点但该点既不是函数的极大值点也不是函数的极小值点.

4. 设 $f : \mathbb{R}^n \to \mathbb{R}$ 是连续可微的凸函数. 证明: $d \in \mathbb{R}^n$ 是 f 在 x 处的下降方向的充要条件是

$$\nabla f(x)^{\mathrm{T}} d < 0.$$

5. 证明: 若凸二次函数 f 有下界, 则必可达到其下确界, 即无约束最优化问题 $\min f(x)$ 有解; 并构造一个非二次凸函数 f 有下界但无约束最优化问题 $\min f(x)$ 无解.

6. 证明: 若凸函数 f 的极小值点存在, 则极小值点集合是凸集.

4.2 梯度下降法

对于光滑函数 $f(x)$, 在迭代点 x^k 处, 我们需要选择一个较为合理的 d^k 作为下降方向. 注意到 $\phi(\alpha) = f(x^k + \alpha d^k)$ 在 $\alpha = 0$ 处有泰勒展开

$$\phi(\alpha) = f(x^k) + \alpha \nabla f(x^k)^{\mathrm{T}} d^k + o(\alpha).$$

根据柯西不等式, 当 α 足够小时, 下降方向 d^k 取为 $-\nabla f(x^k)$ 的方向会使得函数下降最快. 因此梯度法就是选取 $d^k = -\nabla f(x^k)$ 的算法, 它的迭代格式为

$$x^{k+1} = x^k - \alpha_k \nabla f(x^k), \tag{4.2.1}$$

其中步长 α_k 的选取可依赖于 4.4 节的线性搜索算法, 也可直接选取 α_k 为固定值.

为了直观地理解梯度法的迭代过程, 我们以二次函数为例来展示该过程.

例 4.1(梯度下降法) 设凸函数 $f(x,y) = x^2 + 7y^2$, 初始点 (x^0, y^0) 取 $(10, 2)$, 固定步长 $\alpha_k = 0.12$. 使用梯度下降法 (4.2.1) 进行 10 次迭代, 结果如图 4.1 所示.

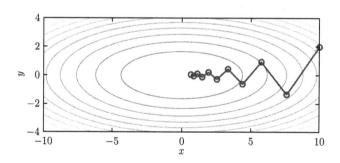

图 4.1 梯度法的前 10 次迭代

更一般地, 对正定二次函数梯度下降法有如下收敛定理.

定理 4.3 令 A 为对称正定矩阵, 考虑二次函数

$$f(x) = \frac{1}{2} x^{\mathrm{T}} A x - b^{\mathrm{T}} x,$$

其最优值点为 x^*. 若使用梯度下降法 (4.2.1) 并选取 α_k 为精确线性搜索步长, 即

$$\alpha_k = \frac{\|\nabla f(x^k)\|^2}{\nabla f(x^k)^{\mathrm{T}} A \nabla f(x^k)},$$

则梯度下降法产生的迭代点列 $\{x^k\}$ 是 Q-线性收敛的, 即

$$\|x^{k+1} - x^*\|_A^2 \leqslant \left(\frac{\kappa - 1}{\kappa + 1}\right)^2 \|x^k - x^*\|_A^2,$$

其中 κ 为正定矩阵 A 的最大特征值与最小特征值之比, 即 A 的条件数, $\|x\|_A \overset{\text{def}}{=} \sqrt{x^{\text{T}} A x}$ 为正定矩阵 A 的诱导范数.

定理 4.3 指出使用精确线性搜索的梯度法在正定二次问题上有 Q-线性收敛速度. 线性收敛速度的常数和矩阵 A 的条件数 κ 有关. 从等高线角度来看, 若条件数 κ 接近于 1, 则梯度法收敛较快. 条件数 κ 越大则 $f(x)$ 的等高线越扁平, 图 4.1 中迭代路径折返频率会随之变高, 梯度法收敛也就越慢.

下面, 我们介绍一类特殊的可微函数——梯度利普希茨 (Lipschitz) 连续的函数. 该类函数在很多优化算法收敛性证明中起着关键作用.

定义 4.2 (梯度利普希茨连续)　给定可微函数 f, 若存在 $L > 0$, 对任意的 $x, y \in \text{dom} f$ 有

$$\|\nabla f(x) - \nabla f(y)\| \leqslant L\|x - y\|,$$

则称 f 是梯度利普希茨连续的, 相应的利普希茨常数为 L. 有时也简记为梯度 L-利普希茨连续或 L-光滑.

当 $f(x)$ 为梯度利普希茨连续的凸函数时, 梯度法 (4.2.1) 有如下的收敛性质.

定理 4.4 (梯度法在凸函数上的收敛性)　设函数 $f(x)$ 为凸的梯度 L-利普希茨连续函数, $f_* = f(x^*) = \inf_x f(x)$ 存在且可达. 如果步长 α_k 取为常数 α 且满足 $0 < \alpha < \dfrac{1}{L}$, 那么由迭代 (4.2.1) 得到的点列 $\{x^k\}$ 的函数值收敛到最优值, 且在函数值的意义下收敛速度为 $\mathcal{O}\left(\dfrac{1}{k}\right)$ (即存在常数 $c > 0$, 使得 $\|f(x^k) - f(x^*)\| \leqslant c/k$).

证明　因为函数 f 是利普希茨可微函数, 对任意的 x, 根据利普希茨函数的二次上界定理 (定理 2.28),

$$f(x - \alpha \nabla f(x)) \leqslant f(x) - \alpha\left(1 - \frac{L\alpha}{2}\right)\|\nabla f(x)\|^2. \tag{4.2.2}$$

现在记 $\tilde{x} = x - \alpha \nabla f(x)$ 并限制 $0 < \alpha < \dfrac{1}{L}$, 我们有

$$f(\tilde{x}) \leqslant f(x) - \frac{\alpha}{2}\|\nabla f(x)\|^2$$

$$\leqslant f_* + \nabla f(x)^{\mathrm{T}}(x - x^*) - \frac{\alpha}{2}\|\nabla f(x)\|^2$$

$$= f_* + \frac{1}{2\alpha}\left(\|x - x^*\|^2 - \|x - x^* - \alpha\nabla f(x)\|^2\right)$$

$$= f_* + \frac{1}{2\alpha}\left(\|x - x^*\|^2 - \|\tilde{x} - x^*\|^2\right),$$

其中第一个不等式是由于 (4.2.2) 式, 第二个不等式为 f 的凸性 (定理 2.44). 在上式中取 $x = x^{i-1}, \tilde{x} = x^i$ 并将不等式对 $i = 1, 2, \cdots, k$ 求和得到

$$\sum_{i=1}^k (f(x^i) - f_*) \leqslant \frac{1}{2\alpha}\sum_{i=1}^k\left(\left\|x^{i-1} - x^*\right\|^2 - \left\|x^i - x^*\right\|^2\right)$$

$$= \frac{1}{2\alpha}\left(\left\|x^0 - x^*\right\|^2 - \left\|x^k - x^*\right\|^2\right)$$

$$\leqslant \frac{1}{2\alpha}\left\|x^0 - x^*\right\|^2.$$

根据 (4.2.2) 式得知 $f(x^i)$ 是非增的, 所以

$$f(x^k) - f_* \leqslant \frac{1}{k}\sum_{i=1}^k\left(f(x^i) - f_*\right) \leqslant \frac{1}{2k\alpha}\left\|x^0 - x^*\right\|^2.$$

令 $k \to +\infty$, 则 $f(x^k) \to f_*$ 且收敛速度为 $\mathcal{O}\left(\dfrac{1}{k}\right)$. $\qquad\square$

如果函数 f 还是 m-强凸函数, 则梯度法的收敛速度会进一步提升为 Q-线性收敛. 在给出收敛性证明之前, 我们需要以下的引理来揭示凸的梯度 L-利普希茨连续函数的另一个重要性质.

引理 4.1 设函数 $f(x)$ 是 $\mathbb{R}^n$ 上的凸可微函数, 则以下结论等价:

(1) f 的梯度为 L-利普希茨连续的.

(2) 函数 $g(x) \stackrel{\text{def}}{=\!=} \dfrac{L}{2}x^{\mathrm{T}}x - f(x)$ 是凸函数.

(3) $\nabla f(x)$ 有余强制性, 即对任意的 $x, y \in \mathbb{R}^n$, 有

$$(\nabla f(x) - \nabla f(y))^{\mathrm{T}}(x - y) \geqslant \frac{1}{L}\|\nabla f(x) - \nabla f(y)\|^2. \tag{4.2.3}$$

证明 (1) $\Longrightarrow$ (2), 即证 $\nabla g(x)$ 的单调性. 对任意 $x, y \in \mathbb{R}^n$,

$$(\nabla g(x) - \nabla g(y))^{\mathrm{T}}(x - y) = L\|x - y\|^2 - (\nabla f(x) - \nabla f(y))^{\mathrm{T}}(x - y)$$

$$\geqslant L\|x - y\|^2 - \|x - y\|\|\nabla f(x) - \nabla f(y)\| \geqslant 0.$$

因此 $g(x)$ 为凸函数.

(2) $\Longrightarrow$ (3), 构造辅助函数

$$f_x(z) = f(z) - \nabla f(x)^{\mathrm{T}} z,$$

$$f_y(z) = f(z) - \nabla f(y)^{\mathrm{T}} z,$$

容易验证 f_x 和 f_y 均为凸函数. 根据已知条件, $g_x(z) = \dfrac{L}{2} z^{\mathrm{T}} z - f_x(z)$ 关于 z 是凸函数. 根据凸函数的性质, 我们有

$$g_x(z_2) \geqslant g_x(z_1) + \nabla g_x(z_1)^{\mathrm{T}} (z_2 - z_1), \quad \forall z_1, z_2 \in \mathbb{R}^n.$$

整理可推出 $f_x(z)$ 有二次上界, 且对应的系数也为 L. 注意到 $\nabla f_x(x) = 0$, 这说明 x 是 $f_x(z)$ 的最小值点. 再由

$$f_x(y) - f_x(x) = f(y) - f(x) - \nabla f(x)^{\mathrm{T}} (y - x)$$

$$\geqslant \frac{1}{2L} \|\nabla f_x(y)\|^2 = \frac{1}{2L} \|\nabla f(y) - \nabla f(x)\|^2.$$

同理, 对 $f_y(z)$ 进行类似的分析可得

$$f(x) - f(y) - \nabla f(y)^{\mathrm{T}} (x - y) \geqslant \frac{1}{2L} \|\nabla f(y) - \nabla f(x)\|^2.$$

将以上两式不等号左右分别相加, 可得余强制性 (4.2.3).

(3) $\Longrightarrow$ (1), 由余强制性和柯西不等式,

$$\frac{1}{L} \|\nabla f(x) - \nabla f(y)\|^2 \leqslant (\nabla f(x) - \nabla f(y))^{\mathrm{T}} (x - y)$$

$$\leqslant \|\nabla f(x) - \nabla f(y)\| \|x - y\|,$$

整理后即可得到 $f(x)$ 是梯度 L-利普希茨连续的. $\square$

引理 4.1 说明在 f 为凸函数的条件下, 梯度 L-利普希茨连续、二次上界、余强制性三者是等价的, 知道其中一个性质就可推出剩下两个. 接下来给出梯度法在强凸函数上的收敛性.

定理 4.5 (梯度法在强凸函数上的收敛性) 设函数 $f(x)$ 为 m-强凸的梯度 L-利普希茨连续函数, $f_* = f(x^*) = \inf\limits_x f(x)$ 存在且可达. 如果步长 α 满足 $0 < \alpha < \dfrac{2}{m+L}$, 那么由梯度下降法 (4.2.1) 迭代得到的点列 $\{x^k\}$ 收敛到 x^*, 且为 Q-线性收敛.

证明 首先根据 f 强凸且 ∇f 利普希茨连续, 可得

$$g(x) = f(x) - \frac{m}{2}x^{\mathrm{T}}x$$

为凸函数且 $\dfrac{L-m}{2}x^{\mathrm{T}}x - g(x)$ 为凸函数. 由引理 4.1 可得 $g(x)$ 是梯度 $(L-m)$-利普希茨连续的. 再次利用引理 4.1 可得关于 $g(x)$ 的余强制性

$$(\nabla g(x) - \nabla g(y))^{\mathrm{T}}(x - y) \geqslant \frac{1}{L-m}\|\nabla g(x) - \nabla g(y)\|^2. \tag{4.2.4}$$

将其代入 $g(x)$ 的表达式, 可得

$$(\nabla f(x) - \nabla f(y))^{\mathrm{T}}(x - y)$$
$$\geqslant \frac{mL}{m+L}\|x-y\|^2 + \frac{1}{m+L}\|\nabla f(x) - \nabla f(y)\|^2. \tag{4.2.5}$$

然后估计在固定步长下梯度法的收敛速度. 设步长 $\alpha \in \left(0, \dfrac{2}{m+L}\right)$, 则

$$\begin{aligned}
\left\|x^{k+1} - x^*\right\|^2 &= \left\|x^k - \alpha\nabla f(x^k) - x^*\right\|^2 \\
&= \left\|x^k - x^*\right\|^2 - 2\alpha\nabla f(x^k)^{\mathrm{T}}\left(x^k - x^*\right) + \alpha^2\left\|\nabla f(x^k)\right\|^2 \\
&\leqslant \left(1 - \alpha\frac{2mL}{m+L}\right)\left\|x^k - x^*\right\|^2 + \alpha\left(\alpha - \frac{2}{m+L}\right)\left\|\nabla f(x^k)\right\|^2 \\
&\leqslant \left(1 - \alpha\frac{2mL}{m+L}\right)\left\|x^k - x^*\right\|^2,
\end{aligned}$$

其中第一个不等式是对 x^k, x^* 应用 (4.2.5) 式并注意到 $\nabla f(x^*) = 0$. 因此,

$$\left\|x^{k+1} - x^*\right\| \leqslant c\left\|x^k - x^*\right\|, \quad c = \sqrt{1 - \alpha\frac{2mL}{m+L}} < 1,$$

即在强凸函数的条件下, 梯度法是 Q-线性收敛的. $\qquad\square$

若将定理 4.5 适用于定理 4.3 中的正定二次函数, 试比较二者所得结果的异同.

📝 练习

1. 取初始点 $x^0 = (2,1)^{\mathrm{T}}$. 采用精确线性搜索的最速下降法求解下面的最优化问题:

$$\min f(x) = \frac{1}{2}x_1^2 + x_2^2.$$

2. 设 $\{x^k\}$ 是采用精确线性搜索的最速下降算法求解严格凸二次函数极小值问题:

$$\min f(x) = \frac{1}{2}x^{\mathrm{T}}Qx + q^{\mathrm{T}}x \tag{4.2.6}$$

产生的点列, 则 $x^{k+1} = x^k + \alpha_k d^k$ 是问题的解的充要条件是: d^k 是 Q 的一个特征向量, 相应的特征值为 α_k^{-1}.

3. 设 $\{x^k\}$ 是采用精确线性搜索的最速下降算法求解严格凸二次函数极小值问题 (4.2.6) 产生的点列. 证明: 对任何 $k \geqslant 0$, 下面的不等式成立:

$$f(x^{k+1}) \leqslant \left[1 - \kappa(Q)^{-1}\right] f(x^k),$$

其中 $\kappa(Q)$ 表示 Q 的条件数. 而且, 若 $q \neq 0$, 则上面的不等式严格成立.

4. 设矩阵 $Q \in \mathbb{R}^{n \times n}$ 对称正定, $\lambda_{\min}$ 和 $\lambda_{\max}$ 分别表示 Q 的最小和最大特征值. 证明下面的 Kantorovich 不等式:

$$\frac{\|x\|^4}{\|x\|_Q^2 \|x\|_{Q^{-1}}^2} \geqslant \frac{4\lambda_{\min}\lambda_{\max}}{(\lambda_{\min} + \lambda_{\max})^2}.$$

5. 设 $\{x^k\}$ 是采用精确线性搜索的最速下降算法求解严格凸二次函数极小值问题 (4.2.6) 产生的点列, x^* 是问题的解.

(1) 证明 $\{x^k\}$ 具有如下收敛速度估计:

$$\left\|x^{k+1} - x^*\right\|_Q \leqslant \frac{\kappa - 1}{\kappa + 1} \left\|x^k - x^*\right\|_Q,$$

其中, κ 是 Q 的条件数, 即最大特征值与最小特征值之比.

(2) 证明采用 Euclidean 范数时, $\{x^k\}$ 具有如下收敛速度估计:

$$\left\|x^{k+1} - x^*\right\| \leqslant \frac{\kappa - 1}{\kappa + 1} \kappa^{1/2} \left\|x^k - x^*\right\|.$$

6. 证明下面的结论.

(1) 设 $\{x^k\}$ 是采用精确线性搜索的最速下降法求解严格凸二次函数极小值问题 (4.2.6) 产生的点列, 则对任何 $k \geqslant 0$,

$$\left\|\nabla f(x^{k+1})\right\|^2 \leqslant \frac{(\kappa - 1)^2}{4\kappa} \left\|\nabla f(x^k)\right\|^2,$$

其中, κ 是矩阵 Q 的条件数.

(2) 设 $f: \mathbb{R}^n \to \mathbb{R}$ 二次连续可微且强凸, 则有

$$\limsup_{k \to \infty} \frac{\left\| \nabla f(x^{k+1}) \right\|^2}{\left\| \nabla f(x^k) \right\|^2} \leqslant \frac{(\kappa - 1)^2}{4\kappa},$$

其中, κ 是矩阵 $\nabla^2 f(x^*)$ 的条件数, x^* 是 f 的最小值点.

4.3 次梯度算法

上一节讨论了梯度下降法, 使用该方法的前提是目标函数 $f(x)$ 是一阶可微的. 在实际应用中经常会遇到不可微的函数, 对于这类函数我们无法在每个点处求出梯度, 但往往它们的最优值都是在不可微点处取到的. 为了能处理这种情形, 这一节介绍次梯度算法.

4.3.1 次梯度算法结构

现在我们在问题 (4.1.1) 中假设 $f(x)$ 为凸函数, 但不一定可微. 对凸函数可以在定义域的内点处定义次梯度 $g \in \partial f(x)$. 类比梯度法的构造, 我们有如下次梯度算法的迭代格式:

$$x^{k+1} = x^k - \alpha_k g^k, \quad g^k \in \partial f(x^k), \tag{4.3.1}$$

其中 $\alpha_k > 0$ 为步长. 它通常有如下四种选择:
(1) 固定步长 $\alpha_k = \alpha$.
(2) 固定 $\left\| x^{k+1} - x^k \right\|$, 即 $\alpha_k \left\| g^k \right\|$ 为常数.
(3) 消失步长 $\alpha_k \to 0$ 且 $\sum_{k=0}^{\infty} \alpha_k = +\infty$.
(4) 选取 α_k 使其满足某种线性搜索准则.

次梯度算法 (4.3.1) 的构造虽然是受梯度法 (4.2.1) 的启发, 但在很多方面次梯度算法有其独特性质. 首先, 我们知道次微分 $\partial f(x)$ 是一个集合, 在次梯度算法的构造中只要求从这个集合中选出一个次梯度即可, 但在实际中不同的次梯度取法可能会产生截然不同的效果. 其次, 对于梯度法, 判断一阶最优性条件只需要验证 $\left\| \nabla f(x^*) \right\|$ 是否充分小即可, 但对于次梯度算法, 其一阶最优性条件是 $0 \in \partial f(x^*)$, 而这个条件在实际应用中往往是不易直接验证的, 这导致我们不能以此作为次梯度算法的停机条件. 此外, 步长选取在次梯度法中的影响非常大, 下一小节将讨论在不同步长取法下次梯度算法的收敛性质.

4.3.2 收敛性分析

本小节讨论次梯度算法的收敛性. 首先列出 $f(x)$ 所要满足的基本假设.

假设 4.1　对无约束最优化问题 (4.1.1), 目标函数 $f(x)$ 满足:

(1) f 为凸函数;

(2) f 至少存在一个有限的极小值点 x^*, 且 $f(x^*) > -\infty$;

(3) f 为利普希茨连续的, 即

$$|f(x) - f(y)| \leqslant G\|x - y\|, \quad \forall x, y \in \mathbb{R}^n,$$

其中 $G > 0$ 为利普希茨常数.

对于次梯度算法, 假设 $f(x)$ 本身是利普希茨连续的, 这等价于 $f(x)$ 的次梯度有界. 实际上有如下引理.

引理 4.2　设 $f(x)$ 为凸函数, 则 $f(x)$ 是 G-利普希茨连续的当且仅当 $f(x)$ 的次梯度是有界的, 即

$$\|g\| \leqslant G, \quad \forall g \in \partial f(x), \quad x \in \mathbb{R}^n.$$

证明　先证充分性. 假设对任意次梯度 g 都有 $\|g\| \leqslant G$. 选取 $g_y \in \partial f(y), g_x \in \partial f(x)$, 由次梯度的定义不难得出

$$g_x^{\mathrm{T}}(x - y) \geqslant f(x) - f(y) \geqslant g_y^{\mathrm{T}}(x - y).$$

再由柯西不等式,

$$g_x^{\mathrm{T}}(x - y) \leqslant \|g_x\| \, \|x - y\| \leqslant G\|x - y\|,$$

$$g_y^{\mathrm{T}}(x - y) \geqslant -\|g_y\| \, \|x - y\| \geqslant -G\|x - y\|.$$

结合上面两个不等式最终有

$$|f(x) - f(y)| \leqslant G\|x - y\|.$$

再证必要性. 设 $f(x)$ 是 G-利普希茨连续的, 反设存在 x 和 $g \in \partial f(x)$ 使得 $\|g\| > G$, 取 $y = x + \dfrac{g}{\|g\|}$, 则根据次梯度的定义,

$$
\begin{aligned}
f(y) &\geqslant f(x) + g^{\mathrm{T}}(y - x) \\
&= f(x) + \|g\| \\
&> f(x) + G,
\end{aligned}
$$

这与 $f(x)$ 是 G-利普希茨连续的矛盾, 因此必要性成立.　　　　　□

1. 不同步长下的收敛性

对于次梯度算法, 一个重要的观察就是它并不是一个下降方法, 即无法保证 $f(x^{k+1}) < f(x^k)$, 这给收敛性的证明带来了困难. 不过我们可以分析 $f(x)$ 历史迭代的最优点所满足的性质, 实际上有如下定理.

定理 4.6 在假设 4.1 的条件下, 设 $\{\alpha_k > 0\}$ 为任意步长序列, $\{x^k\}$ 是由算法 (4.3.1) 产生的迭代序列, 则对任意的 $k \geqslant 0$, 有

$$2\left(\sum_{i=0}^{k} \alpha_i\right)\left(\hat{f}^k - f_*\right) \leqslant \left\|x^0 - x^*\right\|^2 + \sum_{i=0}^{k} \alpha_i^2 G^2, \tag{4.3.2}$$

其中 x^* 是 $f(x)$ 的一个全局极小值点, $f_* = f(x^*)$, $\hat{f}^k$ 为前 k 次迭代 $f(x)$ 的最小值, 即

$$\hat{f}^k = \min_{0 \leqslant i \leqslant k} f(x^i).$$

证明 该证明的关键是估计迭代点 x^k 与最小值点 x^* 之间的距离满足的关系. 根据迭代格式 (4.3.1),

$$\begin{aligned}
\left\|x^{i+1} - x^*\right\|^2 &= \left\|x^i - \alpha_i g^i - x^*\right\|^2 \\
&= \left\|x^i - x^*\right\|^2 - 2\alpha_i \left\langle g^i, x^i - x^* \right\rangle + \alpha_i^2 \left\|g^i\right\|^2 \\
&\leqslant \left\|x^i - x^*\right\|^2 - 2\alpha_i \left(f(x^i) - f_*\right) + \alpha_i^2 G^2. \tag{4.3.3}
\end{aligned}$$

这里最后一个不等式是根据次梯度的定义和 $\left\|g^i\right\| \leqslant G$. 将 (4.3.3) 式移项, 等价于

$$2\alpha_i \left(f(x^i) - f_*\right) \leqslant \left\|x^i - x^*\right\|^2 - \left\|x^{i+1} - x^*\right\|^2 + \alpha_i^2 G^2. \tag{4.3.4}$$

对 (4.3.4) 式两边关于 i 求和 (从 0 到 k), 有

$$\begin{aligned}
2\sum_{i=0}^{k} \alpha_i \left(f(x^i) - f_*\right) &\leqslant \left\|x^0 - x^*\right\|^2 - \left\|x^{k+1} - x^*\right\|^2 + G^2 \sum_{i=0}^{k} \alpha_i^2 \\
&\leqslant \left\|x^0 - x^*\right\|^2 + G^2 \sum_{i=0}^{k} \alpha_i^2.
\end{aligned}$$

根据 $\hat{f}^k$ 的定义容易得出

$$\sum_{i=0}^{k} \alpha_i \left(f(x^i) - f_*\right) \geqslant \left(\sum_{i=0}^{k} \alpha_i\right)\left(\hat{f}^k - f_*\right).$$

结合以上两式可得到结论 (4.3.2).   □

定理 4.6 揭示了次梯度算法的一些关键性质: 次梯度算法的收敛性非常依赖于步长的选取.

推论 4.1 在假设 4.1 的条件下, 次梯度算法的收敛性满足 ($\hat{f}^k$ 的定义和定理 4.6 中的定义相同):

(1) 取 $\alpha_i = t$ 为固定步长, 则

$$\hat{f}^k - f_* \leqslant \frac{\|x^0 - x^*\|^2}{2(k+1)t} + \frac{G^2 t}{2}.$$

(2) 取 α_i 使得 $\|x^{i+1} - x^i\|$ 固定, 即 $\alpha_i \|g^i\| = s$ 为常数, 则

$$\hat{f}^k - f_* \leqslant \frac{G\|x^0 - x^*\|^2}{2(k+1)s} + \frac{Gs}{2}.$$

(3) 取 α_i 为消失步长, 即 $\alpha_i \to 0$ 且 $\sum_{i=0}^{\infty} \alpha_i = +\infty$, $\sum_{i=0}^{k} \alpha_i^2 < +\infty$, 则

$$\hat{f}^k - f_* \leqslant \frac{\|x^0 - x^*\|^2 + G^2 \sum_{i=0}^{k} \alpha_i^2}{2 \sum_{i=0}^{k} \alpha_i}.$$

进一步可得 $\hat{f}^k$ 收敛到 f_*.

从推论 4.1 可以看到, 无论是固定步长还是固定 $\|x^{k+1} - x^k\|$, 次梯度算法均没有收敛性, 只能收敛到一个次优的解, 这和梯度法的结论有很大的不同. 只有当 α_k 取消失步长时 $\hat{f}^k$ 才具有收敛性. 一个常用的取法是 $\alpha_k = \dfrac{1}{k+1}$, 这样不但可以保证其为消失步长, 还可以保证 $\sum_{i=0}^{\infty} \alpha_i^2$ 有界.

2. 收敛速度和步长的关系

在推论 4.1 中, 通过适当选取步长 α_i 可以获得对应次梯度算法的收敛速度. 在这里假设 $\|x^0 - x^*\| \leqslant R$, 即初值和最优解之间的距离有上界. 假设总迭代步数 k 是给定的, 根据推论 4.1 的第一个结论,

$$\hat{f}^k - f_* \leqslant \frac{\|x^0 - x^*\|^2}{2(k+1)t} + \frac{G^2 t}{2} \leqslant \frac{R^2}{2kt} + \frac{G^2 t}{2}.$$

在固定步长下, 由平均值不等式得知当 t 满足

$$\frac{R^2}{2(k+1)t} = \frac{G^2 t}{2}, \quad \text{即 } t = \frac{R}{G\sqrt{k+1}}$$

时, 我们有估计

$$\hat{f}^k - f_* \leqslant \frac{GR}{\sqrt{k+1}}.$$

以上分析表明要使目标函数值达到 ε 的精度, 即 $f^k - f_* \leqslant \varepsilon$, 必须取迭代步数 $k = \mathcal{O}\left(\frac{1}{\varepsilon^2}\right)$ 且固定步长 α_k 要满足 $t = \mathcal{O}\left(\frac{1}{\sqrt{k}}\right)$. 注意这里的固定步长依赖于最大迭代步数, 这和之前构造梯度法的步长是不太一样的. 从上面的取法中还可以看出对于满足假设 4.1 的函数 f, 最大迭代步数可以作为判定迭代点是否最优的一个终止准则.

类似地, 根据推论 4.1 的第二个结论以及平均值不等式, 在固定 $\|x^{i+1} - x^i\|$ 的条件下可以取 $s = \frac{R}{\sqrt{k+1}}$, 同样会得到估计

$$\hat{f}^k - f_* \leqslant \frac{GR}{\sqrt{k+1}}.$$

如果我们知道 $f(x)$ 的更多信息, 则可以利用这些信息来选取步长. 例如在某些应用中可预先知道 f_* 的值 (但不知道最小值点), 根据 (4.3.3) 式, 当

$$\alpha_i = \frac{f(x^i) - f_*}{\|g^i\|^2}$$

时, 不等式右侧达到极小, 这等价于

$$\frac{(f(x^i) - f_*)^2}{\|g^i\|^2} \leqslant \|x^i - x^*\|^2 - \|x^{i+1} - x^*\|^2.$$

递归地利用上式并结合 $\|x^0 - x^*\| \leqslant R$ 和 $\|g^i\| \leqslant G$, 可以得到

$$\hat{f}^k - f_* \leqslant \frac{GR}{\sqrt{k+1}}.$$

注意, 此时步长的选取已经和最大迭代数无关, 它仅仅依赖于当前点处的函数值与最优值的差和次梯度模长.

📝 **练习**

1. **考虑非光滑函数**

$$f(x) = \max_{1 \leqslant i \leqslant K} x_i + \frac{1}{2}\|x\|^2,$$

其中 $x \in \mathbb{R}^n, K \in [1, n]$ 为一个给定的正整数.

(1) 求出 $f(x)$ 的最小值点 x^* 和对应的函数值 f_*.

(2) 证明 $f(x)$ 在区域 $\{x \mid \|x\| \leqslant R \overset{\text{def}}{=} 1/\sqrt{K}\}$ 上是 G-利普希茨连续的, 其中 $G = 1 + \dfrac{1}{\sqrt{K}}$.

(3) 设初值 $x^0 = 0$, 考虑使用次梯度算法对 $\min f(x)$ 进行求解, 步长 α_k 可任意选取, 证明: 存在一种次梯度的取法, 在 $k < K$ 次迭代后,

$$\hat{f}^k - f_* \geqslant \frac{GR}{2(1 + \sqrt{K})},$$

其中 $\hat{f}^k$ 的定义和定理 4.6 相同; 并根据此例推出次梯度算法的收敛速度 $\mathcal{O}\left(\dfrac{GR}{\sqrt{K}}\right)$ 是不能改进的.

4.4 线 性 搜 索

本节介绍确定算法 4.1 中步长 α_k 的几种常用的线性搜索方法. 设 f 在 x^k 处的一个下降方向 d^k 满足 $\nabla f(x^k)^{\mathrm{T}} d^k < 0$. 现在的目标是解如下一维最优化问题:

$$\min_{\alpha > 0} f(x^k + \alpha d^k) \triangleq \phi(\alpha). \tag{4.4.1}$$

理想的情况是求得 (4.4.1) 的全局最优解, 即精确线性搜索方法.

由一维最优化问题最优解的必要条件易知, 精确线性搜索确定的步长 α_k 满足

$$\phi'(\alpha_k) = \nabla f(x^k + \alpha_k d^k)^{\mathrm{T}} d^k = 0.$$

例如, 考虑二次函数极小化问题

$$\min f(x) = \frac{1}{2} x^{\mathrm{T}} Q x + q^{\mathrm{T}} x,$$

其中 $Q \in \mathbb{R}^{n \times n}$ 对称正定. 利用条件 $\nabla f(x^k + \alpha_k d^k)^{\mathrm{T}} d^k = 0$, 容易得到精确线性搜索步长 α_k 的表达式:

$$\alpha_k = -\frac{\nabla f(x^k)^{\mathrm{T}} d^k}{d^{k\mathrm{T}} Q d^k}. \tag{4.4.2}$$

式 (4.4.2) 给出了凸二次函数精确线性搜索的步长公式. 对于一般非线性函数极小化问题, 往往难以得到精确线性搜索步长的解析表达式. 此时可采用数值方法确定步长.

4.4.1 精确线性搜索

黄金分割法是确定精确线性搜索步长的一种算法, 仅用到一元函数 $\phi(\alpha)$ 的函数值, 无需导数信息. 该算法适用于求一元单峰函数的极小值点问题. 设 $\phi(\alpha)$ 在区间 $[a,b]$ 上有极小值点 $\bar{\alpha}$, 且 ϕ 在 $[a,\bar{\alpha}]$ 上单调递减, 在 $[\bar{\alpha},b]$ 单调递增. 此时三点 $a < \bar{\alpha} < b$ 的函数值 $\phi(a)$, $\phi(\bar{\alpha})$, $\phi(b)$ 呈现高-低-高的形态. 反过来, 若已知单峰函数 ϕ 在 $a < c < b$ 三点处的函数值有高-低-高的形态, 则 ϕ 必在 $[a,b]$ 上有极小值.

黄金分割法是一种区间算法, 其基本思想是构造闭区间序列 $\{[a_k,b_k]\}$ 满足 $\bar{\alpha} \in [a_{k+1},b_{k+1}] \subset [a_k,b_k]$ 且区间的长度 $b_k - a_k$ 按比例缩小, 即 $b_{k+1} - a_{k+1} = \lambda(b_k - a_k)$, $\lambda \in (0,1)$. 从而, $b_k - a_k \to 0$. 由此可得 $a_k \to \bar{\alpha}, b_k \to \bar{\alpha}$. 该算法的实现过程如下.

在区间 $[a_k,b_k]$ 上对称地取两点 $u_k < v_k$, 即

$$\frac{v_k - a_k}{b_k - a_k} = \frac{b_k - u_k}{b_k - a_k} = \lambda, \tag{4.4.3}$$

或等价地

$$u_k = b_k - \lambda(b_k - a_k), \quad v_k = a_k + \lambda(b_k - a_k).$$

假设 ϕ 是 $[a,b]$ 上的单峰函数. 比较函数值 $\phi(u_k)$ 与 $\phi(v_k)$ 的大小, 有下列三种情形.

情形 1 $\phi(u_k) < \phi(v_k)$. 此时必有 $\bar{\alpha} \in [a_k,v_k]$. 由于 $\phi(\alpha)$ 是单峰函数, $\phi(\alpha)$ 在 $[v_k,b_k]$ 上单调递增, 无极值点. 故令 $[a_{k+1},b_{k+1}] = [a_k,v_k]$.

情形 2 $\phi(u_k) > \phi(v_k)$. 此时必有 $\bar{\alpha} \in [u_k,b_k]$. 由于 $\phi(\alpha)$ 是单峰函数, $\phi(\alpha)$ 在 $[a_k,u_k]$ 上单调递减, 无极值点. 故令 $[a_{k+1},b_{k+1}] = [u_k,b_k]$.

情形 3 $\phi(u_k) = \phi(v_k)$. 此时有 $\bar{\alpha} \in [u_k,v_k] \subset [a_k,b_k]$. 故可取 $[a_{k+1},b_{k+1}] = [u_k,v_k]$ 以提高算法的收敛速度.

在情形 1, 有 $u_k \in [a_{k+1},b_{k+1}]$. 为了减少求函数值 $\phi(u_k)$ 的次数, 我们希望点 u_k 作为区间 $[a_{k+1},b_{k+1}]$ 的一个分点, 即 $u_k = u_{k+1}$ 或 $u_k = v_{k+1}$. 我们考虑 $u_k = v_{k+1}$. 由 u_k,v_k 和 v_{k+1} 的定义, 得

$$b_k - \lambda(b_k - a_k) = u_k = v_{k+1} = a_{k+1} + \lambda(b_{k+1} - a_{k+1}) = a_k + \lambda^2(b_k - a_k).$$

由此可得

$$\lambda^2 + \lambda - 1 = 0.$$

此方程的正数根为 $\lambda = (\sqrt{5} - 1)/2 \approx 0.618$. 若 $u_k = u_{k+1}$, 则有

$$b_k - \lambda (b_k - a_k) = u_k = u_{k+1} = b_{k+1} - \lambda (b_{k+1} - a_{k+1})$$
$$= v_k - \lambda^2 (b_k - a_k) = a_k + \lambda (b_k - a_k) - \lambda^2 (b_k - a_k),$$

即

$$\left(1 - 2\lambda + \lambda^2\right)(b_k - a_k) = 0.$$

由此得 $\lambda = 1$. 注意到 λ 表示区间长度缩小因子, 必有 $\lambda < 1$. 因此, $u_k = u_{k+1}$ 不能实现.

同样地, 在情形 2, 有 $v_k \in [a_{k+1}, b_{k+1}]$. 我们希望点 v_k 仍作为区间 $[a_{k+1}, b_{k+1}]$ 的一个分点, 即有 $b_{k+1} - v_{k+1} = \lambda (b_{k+1} - a_{k+1}) = \lambda (b_k - u_k)$. 由此及 (4.4.3) 亦得 $\lambda = \dfrac{1}{\lambda - 1}$, 即 $\lambda = (\sqrt{5} - 1)/2 \approx 0.618$.

对于情形 3, 需重新选取两个分点 u_{k+1} 和 v_{k+1}.

综合上面的讨论, 我们将黄金分割法的步骤总结如下.

算法 4.2 (黄金分割法)

步 0　给定一元函数 $\phi(\cdot)$, 单峰区间 $[a_0, b_0]$, 精度 $\varepsilon > 0$. 令 $\lambda = 0.618$. 取 $u_0 = b_0 - \lambda (b_0 - a_0), v_0 = a_0 + \lambda (b_0 - a_0)$, 计算 $\phi_k^u = \phi(u_k)$ 和 $\phi_k^v = \phi(v_k)$. 令 $k := 0$.

步 1　若 $b_k - a_k \leqslant \varepsilon$, 则得 $\bar{\alpha} = (a_k + b_k)/2$. 停止计算.

步 2　若 $\phi_k^u = \phi_k^v$, 则令 $a_{k+1} = u_k, b_{k+1} = v_k, u_{k+1} = b_{k+1} - \lambda(b_{k+1} - a_{k+1}), v_{k+1} = a_{k+1} + \lambda(b_{k+1} - a_{k+1}), \phi_{k+1}^u = \phi(u_{k+1}), \phi_{k+1}^v = \phi(v_{k+1}), k := k+1$. 转步 1.

步 3　若 $\phi_k^u < \phi_k^v$, 则令 $a_{k+1} = a_k, b_{k+1} = v_k, v_{k+1} = u_k, \phi_{k+1}^v = \phi_k^u$. 计算 $u_{k+1} = b_{k+1} - \lambda(b_{k+1} - a_{k+1}), \phi_{k+1}^u = \phi(u_{k+1})$. 令 $k := k+1$. 转步 1.

步 4　若 $\phi_k^u > \phi_k^v$, 则令 $a_{k+1} = u_k, b_{k+1} = b_k, u_{k+1} = v_k, \phi_{k+1}^u = \phi_k^v$. 计算 $v_{k+1} = a_{k+1} + \lambda(b_{k+1} - a_{k+1}), \phi_{k+1}^v = \phi(v_{k+1})$. 令 $k := k+1$. 转步 1.

注: 步 3 中省了 1 次求函数值 $\phi(v_{k+1})$, 步 4 中省了 1 次求函数值 $\phi(u_{k+1})$.

例 4.2　用黄金分割法求函数

$$\phi(\alpha) = \alpha^2 - 5\ln(1 + \alpha) + 3$$

在 $[0, 3]$ 中的极小值, 其中 $\epsilon = 0.01$.

解　令 $[a_0, b_0] = [0, 3]$. 计算结果如表 4.1 所示.

表 4.1 黄金分割法的计算结果

k	$[a_k, b_k]$	u_k	v_k	$\phi(u_k)$	$\phi(v_k)$	$\phi_k^u > \phi_k^v$?	$|b_k - a_k|$
0	[0.000, 3.000]	1.146	1.854	0.495	1.194	<	1.9e0
1	[0.000, 1.854]	0.708	1.146	0.824	0.495	>	1.1e0
2	[0.708, 1.854]	1.146	1.416	0.495	0.595	<	7.1e-1
3	[0.708, 1.416]	0.979	1.146	0.546	0.495	>	4.4e-1
⋮	⋮	⋮	⋮	⋮	⋮	⋮	⋮
11	[1.155, 1.170]	1.161	1.165	0.495	0.495	<	9.3e-3
12	[1.155, 1.165]						

最后返回 $\bar{\alpha} = 1.160$.

4.4.2 非精确线性搜索

精确线性搜索要求步长 $\alpha_k \in (0, +\infty)$ 取到一元函数 $\phi(\alpha) = f(x^k + \alpha d^k)$ 的最小值点, 注意到算法 4.1 的每一步迭代均需求一个步长 α_k. 一方面, 求一元函数 $\phi(\alpha)$ 在 $(0, +\infty)$ 内的最小值解的计算量通常很大. 另一方面, 即使 α_k 是最小值解, 新迭代点 $x^k + \alpha_k d^k$ 往往不是无约束最优化问题的最优解. 因此过度追求 α_k 的精确性意义不大. 非精确线性搜索通过适当降低精确性, 提高计算效率. 非精确线性搜索寻找适当的步长 α_k 使得函数 ϕ 在点 α_k 处的值 $\phi(\alpha_k)$ 较 $\phi(0)$, 即 $f(x^k + \alpha_k d^k)$ 较 $f(x^k)$, 有一定的下降量. 同时步长 α_k 尽可能长. 下面介绍几种常用的非精确线性搜索.

Armijo 型线性搜索: 给定 $\sigma_1 \in (0, 1/2)$, 取 $\alpha_k > 0$ 使得

$$f(x^k + \alpha_k d^k) \leqslant f(x^k) + \sigma_1 \alpha_k \nabla f(x^k)^{\mathrm{T}} d^k. \tag{4.4.4}$$

利用函数 $\phi(\alpha) = f(x^k + \alpha d^k)$, 上式可等价地写为

$$\phi(\alpha_k) \leqslant \phi(0) + \sigma_1 \alpha_k \phi'(0).$$

由于 d^k 是 f 在 x^k 处的下降方向且满足 $\phi'(0) = \nabla f(x^k)^{\mathrm{T}} d^k < 0$, 容易证明: 不等式 (4.4.4) 对充分小的正数 α_k 均成立. 而在计算上, 希望步长 α_k 尽可能大. 通常, 可采用如下回退法. 给定 $\beta > 0, \rho \in (0, 1)$. 取步长 α_k 为集合 $\{\beta\rho^i | i = 0, 1, \cdots\}$ 中使得不等式 (4.4.4) 成立的最大者. Armijo 型线性搜索可通过下面的算法实现.

算法 4.3 (Armijo 型线性搜索)

步 0 若 $\alpha_k = 1$ 满足 (4.4.4), 则取 $\alpha_k = 1$. 否则转下一步.

步 1 给定常数 $\beta > 0, \rho \in (0, 1)$. 令 $\alpha_k = \beta$.

步 2 若 α_k 满足 (4.4.4), 则终止计算, 得步长 α_k. 否则, 转步 3.

步 3 令 $\alpha_k := \rho\alpha_k$.

注 4.3 (1) Armijo 型线性搜索式 (4.4.4) 中的参数 σ_1 可取为 $(0,1)$ 中的任何实数. 但在后面我们将看到, 当 $\sigma_1 \in (0, 1/2)$ 时, 可保证牛顿法的超线性收敛性.

(2) 单位步长 $\alpha_k = 1$ 是很重要的步长. 在后面我们将会看到, 它在算法的收敛速度分析中起到十分重要的作用.

例 4.3　给定无约束最优化问题

$$\min f(x) = \frac{1}{2}x_1^2 + 2x_2^2 - 2x_1 x_2,$$

取初始点 $x^0 = (1,1)^{\mathrm{T}}$. 验证 $d^0 = (-1,-1)^{\mathrm{T}}$ 是 f 在 x^0 处的下降方向, 并用 Armijo 型线性搜索确定步长 $\alpha_0 = 0.5^i$ $(i = 0, 1, 2, \cdots)$ 使

$$f(x^0 + \alpha_0 d^0) \leqslant f(x^0) + 0.8\alpha_0 \nabla f(x^0)^{\mathrm{T}} d^0.$$

解　直接计算可知 $\nabla f(x) = (x_1 - 2x_2, -2x_1 + 4x_2)^{\mathrm{T}}$, 故 $\nabla f(x^0) = (-1, 2)^{\mathrm{T}}$. 因为 $\nabla f(x^0)^{\mathrm{T}} d^0 = -1 < 0$, 所以 d^0 是 f 在 x^0 处的下降方向.

由 $f(x^0 + \alpha d^0) = \frac{1}{2}(1 - \alpha)^2$ 和 $f(x^0) = \frac{1}{2}$, 要使 Armijo 型线性搜索的条件成立, 要求 $\frac{1}{2}(1 - a)^2 \leqslant \frac{1}{2} - 0.8\alpha$, 即 $\alpha \leqslant 0.4$. 又因为 $\alpha_0 = 0.5^i$ $(i = 0, 1, 2, \cdots)$, 得 $i = 2, \alpha = 0.25$.

Wolfe-Powell 型线性搜索: 给定常数 σ_1, σ_2, 满足 $0 < \sigma_1 < 1/2, \sigma_1 < \sigma_2 < 1$. 取 $\alpha_k > 0$ 使得

$$\begin{cases} f(x^k + \alpha_k d^k) \leqslant f(x^k) + \sigma_1 \alpha_k \nabla f(x^k)^{\mathrm{T}} d^k, \\ \nabla f(x^k + \alpha_k d^k)^{\mathrm{T}} d^k \geqslant \sigma_2 \nabla f(x^k)^{\mathrm{T}} d^k. \end{cases} \tag{4.4.5}$$

利用函数 $\phi(\alpha) = f(x^k + \alpha d^k)$, 上式可等价地写为

$$\begin{cases} \phi(\alpha_k) \leqslant \phi(0) + \sigma_1 \alpha_k \phi'(0), \\ \phi'(\alpha_k) \geqslant \sigma_2 \phi'(0). \end{cases}$$

可以证明, 若 d^k 是 f 在 x^k 处的一个下降方向且 $\nabla f(x^k)^{\mathrm{T}} d^k < 0$. 再设 f 在射线 $\{x^k + \alpha d^k \mid \alpha > 0\}$ 上有下界. 则存在区间 $[a, b]$, 使得 $[a, b]$ 中的任何点都满足 Wolfe-Powell 型线性搜索条件 (4.4.5).

比较条件 (4.4.4) 和 (4.4.5) 不难看出: Armijo 型线性搜索的条件是 Wolfe-Powell 型线性搜索中的第一个条件. Wolfe-Powell 型线性搜索 (4.4.5) 中的第二个条件的作用在于限制过小的步长. Wolfe-Powell 型线性搜索可通过下面的过程实

现. 首先, 按 Armijo 型搜索确定初始点 $\alpha_k^{(0)} = \beta\rho^i$ (i 是某个正的或负的整数) 使得 $\alpha_k^{(0)}$ 满足 (4.4.5) 中的第一个不等式. 此时, $\rho^{-1}\alpha_k^{(0)} \triangleq \beta_k^{(0)}$ 不满足 (4.4.5) 中的第一个不等式. 若 $\alpha_k^{(0)}$ 满足 (4.4.5) 中的第二个不等式, 则令 $\alpha_k = \alpha_k^{(0)}$. 否则, 取 $\rho_1 \in (0,1)$. 令 $\alpha_k^{(1)}$ 为集合 $\{\alpha_k^{(0)} + \rho_1^i(\beta_k^{(0)} - \alpha_k^{(0)}), i = 0, 1, \cdots\}$ 中使得式 (4.4.5) 中第一个不等式成立的最大者. 若 $\alpha_k^{(1)}$ 满足式 (4.4.5) 中的第二个不等式, 则令 $\alpha_k = \alpha_k^{(1)}$. 否则, 令 $\beta_k^{(1)} = \rho_1^{-1}\alpha_k^{(1)}$. 重复此过程, 直至得到某个 $\alpha_k^{(i_k)}$ 同时满足式 (4.4.5) 中的两个不等式. 上面的过程可总结为如下算法.

算法 4.4 (Wolfe-Powell 型线性搜索)

步 0 若 $\alpha_k = 1$ 满足 (4.4.5), 则取 $\alpha_k = 1$. 否则转下一步.

步 1 给定常数 $\beta > 0, \rho, \rho_1 \in (0,1)$. 令 $\alpha_k^{(0)}$ 是集合 $\{\beta\rho^i \mid i = 0, \pm1, \pm2, \cdots\}$ 中使得 (4.4.5) 中第一个不等式成立的最大者. 令 $i := 0$.

步 2 若 $\alpha_k^{(i)}$ 满足 (4.4.5) 中的第二个不等式, 则终止计算, 并得步长 $\alpha_k = \alpha_k^{(i)}$. 否则, 令 $\beta_k^{(i)} = \rho^{-1}\alpha_k^{(i)}$. 转步 3.

步 3 令 $\alpha_k^{(i+1)}$ 是集合 $\{\alpha_k^{(i)} + \rho_1^j(\beta_k^{(i)} - \alpha_k^{(i)}), j = 0, 1, \cdots\}$ 中使得 (4.4.5) 中第一个不等式成立的最大者. 令 $i := i + 1$. 转步 2.

📝 **练习**

1. 设函数 $f(x) = |x|, x \in \mathbb{R}, \{x^k\}$ 由下式定义:

$$x^{k+1} = \begin{cases} \frac{1}{2}\left(x^k + 1\right), & x^k > 1, \\ \frac{1}{2}x^k, & x^k \leqslant 1. \end{cases}$$

证明: 由上述计算格式定义的算法为计算函数 $f(x)$ 极小值问题的一个下降算法.

2. 设 $f : \mathbb{R}^n \to \mathbb{R}$ 是凸二次函数, x^* 是其任意极小值点.

(1) 证明:

$$f(x) = f(x^*) + \frac{1}{2}\nabla f(x)^{\mathrm{T}}(x - x^*), \quad \forall x \in \mathbb{R}^n;$$

(2) 设 $\{x^k\}$ 是采用精确线性搜索的下降算法产生的点列. 证明: 对任何 k, 若 x^k 不是二次函数的极小值点, 则

$$f(x^{k+1}) = f(x^k) + \frac{1}{2}\alpha_k\nabla f(x^k)^{\mathrm{T}}d^k = f(x^k) - \frac{1}{2}\frac{\left[f(x^k)^{\mathrm{T}}d^k\right]^2}{\left[d^{k\mathrm{T}}\nabla^2 f(x^k)d^k\right]^2}.$$

3. 设函数 $f(x) = (x_1 + x_2^2)^2$. 令 $x = (1,0)^{\mathrm{T}}, d = (-1,1)^{\mathrm{T}}$. 证明 d 是函数

$f(x)$ 在点 x 处的一个下降方向. 试用黄金分割法求解

$$\min_{\alpha>0} f(x+\alpha d).$$

4. 用黄金分割法求解 $\min \phi(\alpha)=\alpha^2-2\alpha$. 取初始区间 $[a,b]=[-2,5]$.

5. 设 $f(x)=2x_1^2+\dfrac{1}{2}x_2^2-2x_1x_2+1$, 取 $x^0=(1,1)^{\mathrm{T}}$.

(1) 证明 $d^0=(-1,-1)^{\mathrm{T}}$ 是 f 在 x^0 处的下降方向.

(2) 用 Armijo 型线性搜索确定步长 $\alpha_0=0.5^i$ $(i=0,1,2,\cdots)$ 使

$$f(x^0+\alpha_0 d^0) \leqslant f(x^0)+0.9\alpha_0 \nabla f(x^0)^{\mathrm{T}} d^0.$$

6. 设函数 $f:\mathbb{R}^n\to\mathbb{R}$ 连续可微. 再设由下降算法产生的点列 $\{x^k\}$ 有界且相应的函数值序列 $\{f(x^k)\}$ 单调递减并满足

$$\liminf_{k\to\infty}\|\nabla f(x^k)\|=0.$$

(1) 若 f 是凸函数, 证明: $\{x^k\}$ 的任何极限点都是无约束最优化问题 $\min f(x)$ 的全局最小值点.

(2) 若 f 是强凸函数, 证明: $\{x^k\}$ 收敛于无约束最优化问题 $\min f(x)$ 的唯一最小值点.

4.5   牛   顿   法

设 f 二次连续可微且对任意 $x\in\mathbb{R}^n$, $\nabla^2 f(x)$ 正定. 由定理 4.2 知, 方向 $d^k=-\nabla^2 f(x^k)^{-1}\nabla f(x^k)$ 是函数 f 在 x^k 处的下降方向. 该方向称为**牛顿方向**. 它是 f 在 x^k 处的二次近似式

$$f(x^k)+\nabla f(x^k)^{\mathrm{T}}s+\frac{1}{2}s^{\mathrm{T}}\nabla^2 f(x^k)s \approx f(x^k+s)$$

的最小值点. 或等价地, d^k 是下面关于 d 的线性方程组的解:

$$\nabla^2 f(x^k)d+\nabla f(x^k)=0.$$

此外, 牛顿方向也可看成是在范数 $\|\cdot\|_{\nabla^2 f(x^k)}$ 下的最速下降方向, 即

$$d^k=-\nabla^2 f(x^k)^{-1}\nabla f(x^k)$$

是极小化问题

$$\min_{d\in R^n,d\neq 0}\frac{\nabla f(x^k)^{\mathrm{T}}d}{\|d\|_{G_k}}$$

的解, 其中 $G_k = \nabla^2 f(x^k)$.

在求解无约束最优化问题的下降算法的基础上, 我们构造求解无约束最优化问题 (4.1.1) 的牛顿法如下.

算法 4.5 (牛顿法)

步 1 给定初始点 $x^0 \in \mathbb{R}^n$, 精度 $\varepsilon > 0$. 令 $k := 0$.

步 2 若 $\left\| \nabla f(x^k) \right\| \leqslant \varepsilon$, 则算法终止, 得问题的解 x^k. 否则, 解线性方程组

$$\nabla^2 f(x^k) d + \nabla f(x^k) = 0 \tag{4.5.1}$$

得解 d^k.

步 3 由线性搜索确定步长 α_k.

步 4 令 $x^{k+1} = x^k + \alpha_k d^k$, $k := k + 1$. 转步 2.

对于严格凸二次函数极小值问题, 牛顿法非常高效.

定理 4.7 设

$$f(x) = \frac{1}{2} x^{\mathrm{T}} Q x + q^{\mathrm{T}} x,$$

其中 $Q \in \mathbb{R}^{n \times n}$ 对称正定. 则从任意初始点 x^0 出发, 采用精确线性搜索的牛顿法最多经一次迭代即可达到 f 的最小值点.

证明 经计算易得

$$\nabla f(x) = Qx + q, \quad \nabla^2 f(x) = Q.$$

因此, 牛顿方向 d^0 由下式给出:

$$d^0 = -\nabla^2 f(x^0)^{-1} \nabla f(x^0) = -Q^{-1} \nabla f(x^0).$$

若 $d^0 = 0$, 则 $\nabla f(x^0) = 0$. 由于 f 是凸函数, 此时 x^0 是问题的最优解. 若 $d^0 \neq 0$, 利用 (4.4.2), 精确线性搜索产生的步长 α_0 由下式给出:

$$\alpha_0 = -\frac{\nabla f(x^0)^{\mathrm{T}} d^0}{d^{(0)\mathrm{T}} Q d^0} = \frac{\nabla f(x^0)^{\mathrm{T}} Q^{-1} \nabla f(x^0)}{\nabla f(x^0)^{\mathrm{T}} Q^{-1} \nabla f(x^0)} = 1.$$

由此可得

$$x^1 = x^0 + d^0 = x^0 - Q^{-1} \nabla f(x^0)$$

$$= x^0 - Q^{-1} \left(Q x^0 + q \right) = -Q^{-1} q.$$

由于 $\nabla f(x^1) = 0, f$ 是凸函数, 故 x^1 是 f 的最小值点. $\qquad \square$

比较定理 4.7 和定理 4.3 可知, 牛顿法的收敛理论优于梯度下降法, 但牛顿法的每步迭代需解方程组 (4.5.1), 计算量大于梯度下降法. 牛顿法的全局收敛性由如下定理给出.

定理 4.8　*设 f 二次连续可微且存在常数 $M \geqslant m > 0$ 使得*

$$m\|d\|^2 \leqslant d^{\mathrm{T}}\nabla^2 f(x)d \leqslant M\|d\|^2, \quad \forall d \in \mathbb{R}^n, \ \forall x \in \Omega, \tag{4.5.2}$$

其中, 水平集

$$\Omega = \left\{ x \mid f(x) \leqslant f(x^0) \right\}.$$

设 $\{x^k\}$ 由牛顿算法 4.5 产生, 其中步长 α_k 由精确线性搜索, 或 Armijo 型线性搜索, 或 Wolfe-Powell 型线性搜索确定, 则 $\{x^k\}$ 收敛于 f 在 Ω 中的唯一全局最小值点.

证明　由定理的条件知 f 在 Ω 上是强凸函数, 其全局最小值点存在且唯一, 它是 $\nabla f(x) = 0$ 的唯一解. 而且水平集 Ω 是一个有界闭凸集. 又由 $\{f(x^k)\}$ 的单调下降性, 显然有 $\{x^k\} \subset \Omega$. 利用公式 (4.5.1) 和 (4.5.2) 不难证明, $\nabla f(x^k)^{\mathrm{T}} d^k \leqslant -m\|d^k\|^2$ 且存在常数 $C > 0$, 使得 $\|\nabla f(x^k)\| \leqslant C \|d^k\|$.

下面证明在步长 α_k 由精确线性搜索, 或 Armijo 型线性搜索, 或 Wolfe-Powell 型线性搜索确定的情形下, 都有 $\lim\limits_{k \to \infty} \|d^k\| = 0$, 从而

$$\lim_{k \to \infty} \|\nabla f(x^k)\| = 0,$$

即 $\{x^k\}$ 的任何极限点都是稳定点. 但 f 的稳定点是问题的全局最小值点. 由最小值点的唯一性知 $\{x^k\}$ 收敛于 f 在 Ω 上的唯一全局最小值点.

(1) 设步长 α_k 由精确线性搜索确定. 由定理条件容易得到, ∇f 在 Ω 上全局利普希茨连续, 设对应的利普希茨常数为 L. 由中值定理得, 对任何 $\alpha > 0$ 均有

$$\begin{aligned}
f(x^k + \alpha d^k) &= f(x^k) + \alpha \nabla f(x^k + t_k \alpha d^k)^{\mathrm{T}} d^k \\
&= f(x^k) + \alpha \nabla f(x^k)^{\mathrm{T}} d^k \\
&\quad + \alpha \left[\nabla f\left(x^k + t_k \alpha d^k\right) - \nabla f(x^k) \right]^{\mathrm{T}} d^k \\
&\leqslant f(x^k) + \alpha \nabla f(x^k)^{\mathrm{T}} d^k \\
&\quad + \alpha \|\nabla f(x^k + t_k \alpha d^k) - \nabla f(x^k)\| \cdot \|d^k\| \\
&\leqslant f(x^k) + \alpha \nabla f(x^k)^{\mathrm{T}} d^k + L\alpha^2 \left\|d^k\right\|^2 \\
&\leqslant f(x^k) + (-m\alpha + L\alpha^2) \left\|d^k\right\|^2,
\end{aligned} \tag{4.5.3}$$

其中 $t_k \in (0,1)$. 特别地, 上式对 $\bar{\alpha}_k = m/(2L)$ 成立, 即有

$$f(x^k + \bar{\alpha}_k d^k) - f(x^k) \leqslant -\frac{m^2}{4L}\|d^k\|^2.$$

由精确线性搜索条件, 步长 α_k 满足

$$f(x^{k+1}) = f(x^k + \alpha_k d^k) \leqslant f(x^k + \bar{\alpha}_k d^k).$$

因此

$$\frac{m^2}{4L}\|d^k\|^2 \leqslant f(x^k) - f(x^k + \bar{\alpha}_k d^k) \leqslant f(x^k) - f(x^{k+1}).$$

对上式两边关于 k 求和并取极限, 且因 $f(x)$ 在 $x \in \mathbb{R}^n$ 中有下界, 可得

$$\sum_{k=0}^{\infty} \frac{m^2}{4L}\|d^k\|^2 < f(x^0) - \lim_{k\to\infty} f(x^k) < +\infty. \tag{4.5.4}$$

于是 $\lim\limits_{k\to\infty} \|d^k\| = 0$.

(2) 设步长 α_k 由 Armijo 型线性搜索, 或 Wolfe-Powell 型线性搜索确定. 由 Armijo 型线性搜索条件 (4.4.4), 可得

$$\sigma_1 m \alpha_k \|d^k\|^2 \leqslant -\sigma_1 \alpha_k \nabla f(x^k)^{\mathrm{T}} d^k \leqslant f(x^k) - f(x^k + \alpha_k d^k).$$

由上式不难证明

$$\sum_{k=0}^{\infty} \sigma_1 m \alpha_k \|d^k\|^2 < +\infty,$$

即 $\lim\limits_{k\to\infty} \alpha_k \|d^k\|^2 = 0$. 若 $\liminf_{k\to\infty} \alpha_k > 0$, 则显然 $\lim\limits_{k\to\infty} \|d^k\| = 0$.

下面假设 $\liminf_{k\to\infty} \alpha_k = 0$. 于是存在无穷指标集 J 使得 $\alpha_{k_j} < \min\{1, \beta\}$, $\forall j \in J$ 且 $\lim\limits_{j\to\infty} \alpha_{k_j} = 0$. 由 Armijo 型线性搜索准则知, $\rho^{-1}\alpha_{k_j}$ 不满足式 (4.4.4), 即有

$$f(x^k + \rho^{-1}\alpha_{k_j}d^k) > f(x^k) + \sigma_1 \rho^{-1}\alpha_{k_j} \nabla f(x^k)^{\mathrm{T}} d^k.$$

由式 (4.5.3), 可得

$$f(x^k + \rho^{-1}\alpha_{k_j}d^k) \leqslant f(x^k) + \rho^{-1}\alpha_{k_j} \nabla f(x^k)^{\mathrm{T}} d^k + L\rho^{-2}\alpha_{k_j}^2 \left\|d^k\right\|^2.$$

结合前面两式, 可以知道

$$(1 - \sigma_1)m \left\|d^k\right\|^2 \leqslant -(1-\sigma_1)\nabla f(x^k)^{\mathrm{T}} d^k < L\rho^{-1}\alpha_{k_j} \left\|d^k\right\|^2,$$

即有 $\alpha_{k_j} > \rho(1-\sigma_1)m/L > 0$, 这与 $\lim\limits_{j\to\infty} \alpha_{k_j} = 0$ 矛盾.

若采用 Wolfe-Powell 型线性搜索, 可类似地证明步长 α_k 不会无限接近 0.　□

下面定理给出牛顿法的二次收敛性.

定理 4.9　设定理 4.8 的条件成立. 序列 $\{x^k\}$ 由采用 Armijo 型线性搜索或 Wolfe-Powell 型线性搜索的算法 4.5 产生, 则

(1) 当 k 充分大时, $\alpha_k = 1$;

(2) 序列 $\{x^k\}$ 超线性收敛于 x^*;

(3) 若 $\nabla^2 f$ 在 x^* 处利普希茨连续, 即存在常数 $\bar{L} > 0$ 以及 x^* 的邻域 $U(x^*)$ 使得

$$\left\|\nabla^2 f(x) - \nabla^2 f(x^*)\right\| \leqslant \bar{L}\left\|x - x^*\right\|, \quad \forall x \in U(x^*),$$

则 $\{x^k\}$ 二次收敛于 x^*.

证明　由定理 4.8, 当 $k \to \infty$ 时, 序列 $x^k \to x^*$. 根据条件 (4.5.2), 容易证明, 对所有 $k \geqslant 0$ 和 $d \in \mathbb{R}^n$, 都有

$$\left\|\nabla^2 f(x^k)d\right\| \geqslant m\|d\|. \tag{4.5.5}$$

因此, 对所有充分大的 k, 均有

$$\left\|d^k\right\| \leqslant m^{-1}\left\|\nabla^2 f(x^k)d^k\right\| = m^{-1}\left\|\nabla f(x^k)\right\| = O\left(\left\|x^k - x^*\right\|\right).$$

上式特别包含了 $\lim\limits_{k\to\infty} d^k = 0$. 另外, 我们有

$$-\nabla f(x^k)^{\mathrm{T}}d^k = d^{k\mathrm{T}}\nabla^2 f(x^k)d^k \geqslant m\left\|d^k\right\|^2.$$

(1) 利用泰勒展开, 有

$$f(x^k + d^k) - f(x^k) - \sigma_1\nabla f(x^k)^{\mathrm{T}}d^k$$

$$= \left[f(x^k + d^k) - f(x^k) - \frac{1}{2}\nabla f(x^k)^{\mathrm{T}}d^k\right] + \left(\frac{1}{2} - \sigma_1\right)\nabla f(x^k)^{\mathrm{T}}d^k$$

$$= \left(\frac{1}{2} - \sigma_1\right)\nabla f(x^k)^{\mathrm{T}}d^k + \frac{1}{2}d^{k\mathrm{T}}\left[\nabla^2 f(x^k)d^k + \nabla f(x^k)\right] + o(\|d^k\|^2)$$

$$= \left(\frac{1}{2} - \sigma_1\right)\nabla f(x^k)^{\mathrm{T}}d^k + o(\|d^k\|^2) \leqslant \left(\sigma_1 - \frac{1}{2}\right)m\left\|d^k\right\|^2 + o(\|d^k\|^2).$$

因此, 当 k 充分大时, $f\left(x^k + d^k\right) - f(x^k) - \sigma_1\nabla f(x^k)^{\mathrm{T}}d^k \leqslant 0$, 即当 k 充分大时, $\alpha_k = 1$ 满足 Armijo 型线性搜索的条件以及 Wolfe-Powell 型线性搜索中的第一个不等式. 再利用中值定理, 得

$$\nabla f(x^k + d^k)^{\mathrm{T}}d^k - \sigma_2\nabla f(x^k)^{\mathrm{T}}d^k$$

$$= \left[\nabla f(x^k + d^k) - \nabla f(x^k)\right]^{\mathrm{T}} d^k + (1 - \sigma_2) \nabla f(x^k)^{\mathrm{T}} d^k$$

$$= d^{k\mathrm{T}} \nabla^2 f(x^k) d^k + (1 - \sigma_2) \nabla f(x^k)^{\mathrm{T}} d^k + o(\|d^k\|^2)$$

$$= -\sigma_2 \nabla f(x^k)^{\mathrm{T}} d^k + d^{k\mathrm{T}} \left[\nabla f(x^k) + \nabla^2 f(x^k) d^k\right] + o(\|d^k\|^2)$$

$$\geqslant m\sigma_2 \|d^k\|^2 + o(\|d^k\|^2).$$

因此, 当 k 充分大时, $\nabla f\left(x^k + d^k\right)^{\mathrm{T}} d^k - \sigma_2 \nabla f(x^k)^{\mathrm{T}} d^k \geqslant 0$, 即当 k 充分大时, $\alpha_k = 1$ 满足 Wolfe-Powell 型线性搜索中的第二个不等式.

(2) 由 (1) 的推导可得, 当 k 充分大时,

$$m \|x^{k+1} - x^*\| = m \|x^k + d^k - x^*\| \leqslant \|\nabla^2 f(x^k) \left(x^k + d^k - x^*\right)\|$$

$$= \|\nabla^2 f(x^k) \left(x^k - x^*\right) - \nabla f(x^k) + \nabla^2 f(x^k) d^k + \nabla f(x^k)\|$$

$$= \|\nabla f(x^k) - \nabla f(x^*) - \nabla^2 f(x^k) \left(x^k - x^*\right)\|$$

$$= o \left(\|x^k - x^*\|\right),$$

其中, 第一个不等式由式 (4.5.5) 得到. 上面的不等式说明 $\{x^k\}$ 超线性收敛.

(3) 若 $\nabla^2 f$ 在 x^* 处利普希茨连续, 则由中值定理可得

$$\|\nabla f(x^k) - \nabla f(x^*) - \nabla^2 f(x^k) \left(x^k - x^*\right)\|$$

$$= \left\|\int_0^1 \left(\nabla^2 f\left(x^k + t d^k\right) - \nabla^2 f(x^k)\right) \left(x^k - x^*\right) dt\right\|$$

$$\leqslant \int_0^1 \|\nabla^2 f\left(x^k + t d^k\right) - \nabla^2 f(x^k)\| \|x^k - x^*\| dt$$

$$\leqslant \bar{L} \|x^k - x^*\|^2.$$

于是, 在 (2) 的证明过程中的 $o\left(\|x^k - x^*\|\right)$ 可由 $O\left(\|x^k - x^*\|^2\right)$ 替换, 故 $\{x^k\}$ 二次收敛. $\square$

牛顿法的主要优点之一是其二次收敛性.

例 4.4 用牛顿法求解无约束最优化问题

$$\min \quad f(x) = \frac{1}{2} x_1^2 + 3 x_2^2 + 4 x_3^2 - 2 x_1 x_2 - 3 x_1 + 5 x_2 - 3,$$

初始点取为 $(2, -1, -1)^{\mathrm{T}}$.

解　由题设, $\nabla f(x) = \begin{pmatrix} x_1 - 2x_2 - 3 \\ -2x_1 + 6x_2 + 5 \\ 8x_3 \end{pmatrix}, \nabla^2 f(x) = \begin{pmatrix} 1 & -2 & 0 \\ -2 & 6 & 0 \\ 0 & 0 & 8 \end{pmatrix}.$ 在 x^0

处有 $\nabla f(x^0) = (1, -5, -8)^{\mathrm{T}}$.

牛顿法的方向 d^0 满足 $\nabla^2 f(x^0)d^0 + \nabla f(x^0) = 0$, 即

$$\begin{pmatrix} 1 & -2 & 0 \\ -2 & 6 & 0 \\ 0 & 0 & 8 \end{pmatrix} \begin{pmatrix} d_1^0 \\ d_2^0 \\ d_3^0 \end{pmatrix} + \begin{pmatrix} 1 \\ -5 \\ -8 \end{pmatrix} = \begin{pmatrix} 0 \\ 0 \\ 0 \end{pmatrix}.$$

解之得 $d^0 = \left(2, \dfrac{3}{2}, 1\right)^{\mathrm{T}}$, 即 $x^1 = x^0 + d^0 = \left(4, \dfrac{1}{2}, 0\right)^{\mathrm{T}}$. 因为 $\nabla f(x^1) = (0, 0, 0)^{\mathrm{T}}$

且 $\nabla^2 f(x)$ 正半定, 所以 $x^1 = \left(4, \dfrac{1}{2}, 0\right)^{\mathrm{T}}$ 是该无约束最优化问题的解.　　　□

📝 练习

1. 用牛顿法求解无约束最优化问题

$$\min \quad f(x) = \frac{1}{2}x_1^2 + 3x_2^2 + \frac{1}{2}x_3^2 - 2x_1x_2 - 3x_1 + 5x_2 + 7,$$

初始点取为 $x^0 = (1, 1, 1)^{\mathrm{T}}$.

2. 设 $f : \mathbb{R}^n \to \mathbb{R}$ 二次连续可微. 考察求解无约束最优化问题 $\min f(x)$ 的如下迭代格式:

$$x^{k+1} = x^k + \alpha_k d^k, \quad k = 0, 1, \cdots.$$

设 $\{x^{(k)}\} \to x^*$ 且 $\nabla f(x^*) = 0, \nabla^2 f(x^*)$ 正定. 令

$$\delta_k = \frac{\left| \nabla f(x^{(k)})^{\mathrm{T}} d^{(k)} + d^{(k)\mathrm{T}} \nabla^2 f(x^{(k)}) d^{(k)} \right|}{\left\| d^{(k)} \right\|^2}.$$

证明: 若 $\lim\limits_{k \to \infty} \delta_k = 0$, 则当 k 充分大时, $\alpha_k = 1$ 满足 Armijo 型线性搜索条件和 Wolfe-Powell 型线性搜索条件.

3. 用经典牛顿法求函数

$$f(x) = x_1^2 + 2x_2^2 - \ln(x_1x_2 - 1)$$

的极小值点. 初值分别取为: (1) $x^0 = (1, 1.5)^{\mathrm{T}}$; (2) $x^0 = (1.5, 1)^{\mathrm{T}}$. 试求出 x^2.

4. 构造一个二次连续可微函数 $f: \mathbb{R}^n \to \mathbb{R}, n \geqslant 1$, 使得用经典牛顿法求解 $\min f(x)$ 时产生的点列 $\{x^k\}$ 二次收敛于问题的解 x^*, 且 $\nabla^2 f(x^*)$ 半正定但不正定.

5. 设函数 $f(x) = \|x\|^\beta$, 其中 $\beta > 0$ 为给定的常数. 考虑使用经典牛顿法对 $f(x)$ 进行极小化, 初值 $x^0 \neq 0$. 证明:

(1) 若 $\beta > 1$ 且 $\beta \neq 2$, 则 x^k 收敛到 0 的速度为 Q-线性的;

(2) 若 $0 < \beta < 1$, 则牛顿法发散.

6. 设函数 $f: \mathbb{R}^n \to \mathbb{R}$ 二次连续可微且 $\nabla^2 f(x)$ 对所有 $x \in \mathbb{R}^n$ 正定. 证明牛顿方向是极小化问题

$$\min_{d \in \mathbb{R}^n, d \neq 0} \frac{\nabla f(x^k)^{\mathrm{T}} d}{\|d\|_{G_k}}$$

的解, 其中 $G_k = \nabla^2 f(x^k)$.

7. 设函数 $f: \mathbb{R}^n \to \mathbb{R}$ 二次连续可微且对所有 $x \in \mathbb{R}^n, \nabla^2 f(x)$ 正定. 给定正数序列 $\{\eta_k\} \to 0$. 考察求解无约束最优化问题 $\min f(x)$ 的如下迭代算法: 给定 $x^0 \in \mathbb{R}^n$,

$$x^{k+1} = x^k + d^k, \quad k = 0, 1, \cdots,$$

其中 d^k 满足

$$\left\| \nabla^2 f(x^k) d^k + \nabla f(x^k) \right\| \leqslant \eta_k, \quad k = 0, 1, \cdots.$$

证明: 该算法 (称为非精确牛顿算法) 具有局部超线性收敛速度. 若进一步假设 $\nabla^2 f$ 利普希茨连续, 且存在常数 $M > 0$, 使得当 k 充分大时,

$$\eta_k \leqslant M \left\| \nabla f(x^k) \right\|,$$

证明 $\{x^k\}$ 具有二次收敛速度.

4.6 拉格朗日乘子法

拉格朗日乘子法是解约束最优化问题的有效方法之一. 该方法将约束最优化问题转化为一系列无约束最优化问题进行求解, 相当实用. 考察约束最优化问题:

$$\begin{aligned}
\min \quad & f(x) \\
\text{s.t.} \quad & g_i(x) \leqslant 0, \quad i \in I = \{1, 2, \cdots, m_1\}, \\
& h_j(x) = 0, \quad j \in E = \{m_1 + 1, m_1 + 2, \cdots, m\},
\end{aligned} \qquad (4.6.1)$$

其中函数 $f, g_i(i \in I), h_j(j \in E)$ 连续可微. 记

$$g_I(x) = (g_1(x), \cdots, g_{m_1}(x))^{\mathrm{T}}, \quad h_E(x) = (h_{m_1+1}(x), \cdots, h_m(x))^{\mathrm{T}},$$

则上面的约束最优化问题可等价地写成

$$\begin{aligned} \min \quad & f(x) \\ \text{s.t.} \quad & g_I(x) \leqslant 0, \\ & h_E(x) = 0. \end{aligned}$$

问题 (4.6.1) 的可行域为

$$D = \{x \mid g_I(x) \leqslant 0, h_E(x) = 0\}.$$

定义 4.3　设 $x \in D$, 若向量组 $\{\nabla h_j(x), \nabla g_i(x), i \in I(x), j \in E\}$ 线性无关, 则称在 x 处线性无关约束品性成立, 或简称在 x 处 LICQ (linear independence constraint qualification) 成立.

下面的定理通常称为约束最优化问题 (4.6.1) 的一阶最优性条件——KKT 条件.

定理 4.10　设 x^* 是问题 (4.6.1) 的局部最优解, 并设在 x^* 处 LICQ 成立, 或函数 $g_i, h_j(i \in I, j \in E)$ 都是线性函数, 则存在拉格朗日乘子向量 $\lambda^* \in \mathbb{R}^{m_1}, \nu^* \in \mathbb{R}^{m-m_1}$ 使得下面的条件成立:

$$\begin{cases} \nabla_x L(x^*, \lambda^*, \nu^*) = 0, \\ h_j(x^*) = 0, \quad j \in E, \\ \lambda_i^* \geqslant 0, g_i(x^*) \leqslant 0, \lambda_i^* g_i(x^*) = 0, \quad i \in I, \end{cases} \tag{4.6.2}$$

其中拉格朗日乘子的概念见定义 3.1.

记 $z^* = (x^*, \lambda^*, \nu^*)$, $\bar{S}(z^*)$ 是满足如下条件的 $d \in \mathbb{R}^n$ 构成的集合:

$$\begin{cases} d^{\mathrm{T}} \nabla h_j(x^*) = 0, \quad \forall j \in E, \\ d^{\mathrm{T}} \nabla g_i(x^*) = 0, \quad \forall i \in I(x^*) \text{ 且} \lambda_i^* > 0, \\ d^{\mathrm{T}} \nabla g_i(x^*) \leqslant 0, \quad \forall i \in I(x^*) \text{ 且} \lambda_i^* = 0. \end{cases}$$

下面的定理给出了 x^* 是约束最优化问题 (4.6.1) 的局部最优解的二阶必要条件.

定理 4.11　设 $f, g_i, h_j(i \in \mathcal{I}, j \in E)$ 二次连续可微, x^* 是问题 (4.6.1) 的一个局部最优解且在该点处 LICQ 成立. 设 $\lambda^* \in \mathbb{R}^{m_1}, \nu^* \in \mathbb{R}^{m-m_1}$ 满足 (4.6.2), 则

$$w^{\mathrm{T}} \nabla_x^2 L(z^*) w \geqslant 0, \quad \forall w \in \bar{S}(z^*),$$

其中 $z^* = (x^*, \lambda^*, \nu^*)$.

约束最优化问题的二阶充分条件如下.

定理 4.12 设 $x^* \in D, \lambda^* \in \mathbb{R}^{m_1}, \nu^* \in \mathbb{R}^{m-m_1}$ 满足 (4.6.2). 若

$$w^{\mathrm{T}} \nabla_x^2 L(z^*) w > 0, \quad \forall 0 \neq w \in \bar{S}(z^*),$$

其中 $z^* = (x^*, \lambda^*, \nu^*)$, 则 x^* 是问题 (4.6.1) 的一个严格局部最优解.

定理 4.10—定理 4.12 的证明可以参看文献 [102].

4.6.1 等式约束最优化问题

我们先考虑只有等式约束的情形:

$$\begin{aligned}
\min \quad & f(x) \\
\text{s.t.} \quad & h_i(x) = 0, \quad i \in E = \{m_1+1, m_1+2, \cdots, m\}.
\end{aligned} \tag{4.6.3}$$

设 x^* 是问题 (4.6.3) 的最优解, ν^* 是相应的拉格朗日乘子. 对定义函数 $\tilde{L}_\mu(x)$ 如下:

$$\tilde{L}_\mu(x) = L(x, \nu^*) + \frac{1}{2}\mu P(x),$$

其中

$$L(x, \nu) = f(x) + \sum_{i \in E} \nu_i h_i(x)$$

是问题 (4.6.3) 的拉格朗日函数 (见定义 3.1),

$$P(x) := \|h_E(x)\|^2 = \sum_{i \in E} h_i(x)^2$$

称为约束违反度函数.

设 $x(\mu)$ 是无约束最优化问题

$$\min \tilde{L}_\mu(x), \quad x \in \mathbb{R}^n$$

的解, 则有

$$0 = \nabla \tilde{L}_\mu(x(\mu)) = \nabla_x L(x(\mu), \nu^*) + \mu \sum_{i \in E} h_i(x(\mu)) \nabla h_i(x(\mu)).$$

若 $x(\mu)$ 近似可行, 即 $h_i(x(\mu)) \approx 0$ $(i \in E)$, 则有 $\nabla_x L(x(\mu), \nu^*) \approx 0$. 因此, $x(\mu)$ 是问题 (4.6.3) 的一个近似 KKT 点. 但由于函数 $\tilde{L}_\mu$ 中含有未知量 ν^*, 因此, 实

际计算 $\tilde{L}_\mu$ 是不可行的. 为此, 我们可采取逐次逼近的形式. 令

$$L_\mu(x,\nu) = L(x,\nu) + \frac{1}{2}\mu P(x) = f(x) + \sum_{i \in E} \nu_i h_i(x) + \frac{1}{2}\mu \sum_{i \in E} h_i^2(x). \qquad (4.6.4)$$

称上式定义的 L_μ 为问题 (4.6.3) 的增广拉格朗日函数. 显然, 若 $\nu \approx \nu^*$, 则 $L_\mu(x, \nu) \approx \tilde{L}_\mu(x)$. 增广拉格朗日函数 L_μ 是在拉格朗日函数的基础上, 对非可行点加以惩罚产生的.

　　利用增广拉格朗日函数 L_μ, 可建立罚函数法, 我们称相应的算法为乘子法. 乘子法实现过程如下: 设在第 k 次迭代的罚参数 μ_k 已给定, 并设已有了对乘子向量 ν^* 的估计 ν^k. 求解关于变量 x 的无约束最优化问题 $\min L_{\mu_k}(x, \nu^k)$ 得解 x^k. 在此基础上, 对乘子向量 ν^* 进一步估计得 ν^{k+1}. 下面的定理给出了这种思想的合理性.

　　定理 4.13　设 x^k 是无约束最优化问题

$$\min L_{\mu_k}(x, \nu^k), \quad x \in \mathbb{R}^n \qquad (4.6.5)$$

的解, 则 x^k 也是约束最优化问题

$$\begin{aligned} \min \quad & f(x) \\ \text{s.t.} \quad & h_i(x) = h_i(x^k), \quad i \in E \end{aligned} \qquad (4.6.6)$$

的解.

　　证明　由于 x^k 是无约束最优化问题 (4.6.5) 的解, 故有

$$L_{\mu_k}(x, \nu^k) \geqslant L_{\mu_k}(x^k, \nu^k), \quad \forall x \in \mathbb{R}^n,$$

即

$$f(x) + \sum_{i \in E} \nu_i^k h_i(x) + \frac{1}{2}\mu_k \sum_{i \in E} h_i^2(x) \geqslant f(x^k) + \sum_{i \in E} \nu_i^k h_i(x^k) + \frac{1}{2}\mu_k \sum_{i \in E} h_i^2(x^k).$$

从而,

$$f(x) - f(x^k) \geqslant \sum_{i \in E} \nu_i^k \left(h_i(x^k) - h_i(x) \right) + \frac{1}{2}\mu_k \sum_{i \in E} \left(h_i^2(x^k) - h_i^2(x) \right), \quad \forall x \in \mathbb{R}^n.$$

上式特别对满足 $h_i(x) = h_i(x^k)(i \in E)$ 的所有 x 成立, 即 x^k 也是问题 (4.6.6) 的解.　　　　　　　　　　　　　　　　　　　　　　　　　　　□

上面的定理说明, 若 x^k 近似可行, 即 $P(x^k)$ 充分小时, x^k 是等式约束最优化问题 (4.6.3) 的一个近似解.

下面导出乘子 ν^k 的迭代公式. 注意到 x^k 是无约束最优化问题 (4.6.5) 的解. 我们有

$$
\begin{aligned}
0 &= \nabla_x L_{\mu_k}(x^k, \nu^k) \\
&= \nabla f(x^k) + \sum_{i \in E} \nu_i^k \nabla h_i(x^k) + \mu_k \sum_{i \in E} h_i(x^k) \nabla h_i(x^k) \\
&= \nabla f(x^k) + \sum_{i \in E} \left[\nu_i^k + \mu_k h_i(x^k) \right] \nabla h_i(x^k).
\end{aligned}
$$

另外, 由 KKT 条件, 若 x^* 是问题 (4.6.3) 的解, 且 ν^* 是相应的拉格朗日乘子, 则有

$$
\nabla f(x^*) + \sum_{i \in E} \nu_i^* \nabla h_i(x^*) = 0.
$$

比较上面两式, 我们可取如下乘子迭代格式:

$$
\nu_i^{k+1} = \nu_i^k + \mu_k h_i(x^k), \quad i \in E.
$$

基于上述讨论, 我们得到如下求解等式约束最优化问题 (4.6.3) 的乘子法.

算法 4.6 (等式约束最优化问题的乘子法)

步 0 取初始点 $x^0 \in \mathbb{R}^n$, 初始乘子 $\nu_i^{(0)}(i \in E)$. 给定罚参数序列 $\{\mu_k\}$, 精度 $\varepsilon > 0$. 令 $k := 0$.

步 1 构造增广拉格朗日函数

$$
L_{\mu_k}(x, \nu^k) = L(x, \nu^k) + \frac{1}{2} \mu_k P(x),
$$

其中

$$
L(x, \nu^k) = f(x) + \sum_{i \in E} \nu_i^k h_i(x), \quad P(x) = \|h_E(x)\|^2 = \sum_{i \in E} h_i^2(x).
$$

步 2 以 x^{k-1} 作为初始点 ($k = 1$ 时, 初始点任意), 求解无约束最优化问题

$$
\min L_{\mu_k}(x, \nu^k), \quad x \in \mathbb{R}^n
$$

得解 x^k.

步 3 若

$$
\|h_E(x^k)\| = P(x^k)^{1/2} \leqslant \varepsilon,
$$

则得解 x^k.

步 4　进行乘子迭代:

$$\nu_i^{k+1} = \nu_i^k + \mu_k h_i(x^k), \quad i \in E.$$

令 $k := k+1$. 转步 1.

拉格朗日乘子法交替更新原始变量 x 和对偶变量 ν, 是非常实用的算法.

例 4.5　用拉格朗日乘子法求解约束最优化问题

$$\min \quad f(x) = x_1^2 + 3x_2^2$$
$$\text{s.t.} \quad x_1 + x_2 - 1 = 0,$$

取初始的乘子 $\nu^0 = 0$, 罚函数 $\mu_k = 1$.

解　该问题的增广拉格朗日函数为

$$L_\mu(x, \nu) = x_1^2 + 3x_2^2 + \nu(x_1 + x_2 - 1) + \frac{\mu}{2}(x_1 + x_2 - 1)^2.$$

由

$$\nabla_x L_\mu(x, \nu) = \begin{pmatrix} 2x_1 + \nu + \mu(x_1 + x_2 - 1) \\ 6x_2 + \nu + \mu(x_1 + x_2 - 1) \end{pmatrix} = 0$$

解得 $\min_x L_1(x, \nu^k)$ 的解为 $x^k = \left(\dfrac{3 - 3\nu^k}{10}, \dfrac{1 - \nu^k}{10} \right)^{\mathrm{T}}$.

乘子的迭代格式为 $\nu^{k+1} = \nu^k + \mu_k(x_1^k + x_2^k - 1) = \dfrac{3}{5}(\nu^k - 1)$. 由递归法可得

$$\nu^{k+1} = \left(\frac{3}{5}\right)^{k+1} \nu^0 - \frac{3}{5} - \left(\frac{3}{5}\right)^2 - \cdots - \left(\frac{3}{5}\right)^{k+1} = \frac{\dfrac{3}{5}\left(\left(\dfrac{3}{5}\right)^{k+1} - 1\right)}{\dfrac{2}{5}}.$$

当 $k \to \infty$ 时, 由 $\nu^k \to \nu^* = -\dfrac{3}{2}$, $x^k \to x^* = \left(\dfrac{3}{4}, \dfrac{1}{4}\right)^{\mathrm{T}}$.

下面的定理从理论上证明, 若在问题 (4.6.3) 的解 x^* 处, 拉格朗日乘子 ν 的精确值 ν^* 已知, 则对所有充分大的 $\mu > 0$, x^* 也是无约束最优化问题

$$\min L_\mu(x, \nu^*) = f(x) + \sum_{j \in E} \nu_j^* h_j(x) + \frac{1}{2}\mu \sum_{j \in E} h_j^2(x), \quad x \in \mathbb{R}^n \tag{4.6.7}$$

的解.

定理 4.14 设 x^* 是问题 (4.6.3) 的一个局部最优解且 LICQ 在 x^* 处成立, 即 $\nabla h_j(x^*), j \in E$ 线性无关. 再设在 x^* 处二阶充分条件成立. 则存在 $\bar{\mu} > 0$, 使得对所有 $\mu \geqslant \bar{\mu}, x^*$ 是无约束最优化问题

$$\min L_\mu(x, \nu^*) = f(x) + \sum_{i \in E} \nu_i^* h_i(x) + \frac{1}{2}\mu \sum_{i \in E} h_i^2(x) \qquad (4.6.8)$$

的严格局部最优解, 其中 ν^* 为解 x^* 处的拉格朗日乘子.

证明 我们证明 x^* 满足问题 (4.6.8) 解的二阶充分条件, 即

$$\nabla_x L_\mu(x^*, \nu^*) = 0,$$

且 $\nabla_x^2 L_\mu(x^*, \nu^*)$ 正定. 从而, 由约束最优化问题的二阶充分条件知 x^* 是问题 (4.6.8) 的一个严格局部最优解.

由 KKT 条件知, 对任何 $\mu > 0$,

$$\begin{aligned}
\nabla_x L_\mu(x^*, \nu^*) &= \nabla f(x^*) + \sum_{j \in E} \nu_j^* \nabla h_j(x^*) + \mu \sum_{j \in E} h_j(x^*) \nabla h_j(x^*) \\
&= \nabla f(x^*) + \sum_{j \in E} \nu_j^* \nabla h_j(x^*) \\
&= \nabla_x L(x^*, \nu^*) = 0.
\end{aligned}$$

下面证明: 当 $\mu > 0$ 充分大时, 矩阵 $\nabla_x^2 L_\mu(x^*, \nu^*)$ 正定. 注意到 x^* 满足 $h_j(x^*) = 0$ $(\forall j \in E)$, 直接计算得

$$\nabla_x^2 L_\mu(x^*, \nu^*) = \nabla_x^2 L(x^*, \nu^*) + \mu \sum_{j \in E} \nabla h_j(x^*) \nabla h_j(x^*)^{\mathrm{T}} \triangleq \nabla_x^2 L(x^*, \nu^*) + \mu A^{\mathrm{T}} A,$$

其中, $A = h_E'(x^*)$. 由 LICQ 知, 矩阵 A 行满秩. 对任意 $p \in \mathbb{R}^n$ 作如下正交分解:

$$p = u + A^{\mathrm{T}} v, \quad v \in \mathbb{R}^{m-m_1}, \quad u \in \mathrm{Null}(A),$$

其中, $\mathrm{Null}(A)$ 表示矩阵 A 的零空间, 即满足 $Aw = 0$ 的全体 $w \in \mathbb{R}^n$ 构成的集合. 由此可得

$$\begin{aligned}
p^{\mathrm{T}} \nabla_x^2 L_\mu(x^*, \nu^*) p &= \left(u + A^{\mathrm{T}} v\right)^{\mathrm{T}} \nabla_x^2 L(x^*, \nu^*) \left(u + A^{\mathrm{T}} v\right) \\
&\quad + \mu \left(u + A^{\mathrm{T}} v\right)^{\mathrm{T}} A^{\mathrm{T}} A \left(u + A^{\mathrm{T}} v\right) \\
&= u^{\mathrm{T}} \nabla_x^2 L(x^*, \nu^*) u + 2u^{\mathrm{T}} \nabla_x^2 L(x^*, \nu^*) A^{\mathrm{T}} v
\end{aligned}$$

$$+ v^{\mathrm{T}} A \nabla_x^2 L(x^*, \nu^*) A^{\mathrm{T}} v + \mu v^{\mathrm{T}} \left(A A^{\mathrm{T}} \right) \left(A A^{\mathrm{T}} \right) v. \qquad (4.6.9)$$

由约束最优化问题最优解的二阶充分条件知: 存在常数 $a > 0$ 使得

$$u^{\mathrm{T}} \nabla_x^2 L(x^*, \nu^*) u \geqslant a \|u\|^2.$$

由于 A 行满秩, 矩阵 $A A^{\mathrm{T}}$ 对称正定. 令 $b > 0$ 表示 $A A^{\mathrm{T}}$ 的最小特征值. 记

$$c = \left\| \nabla_x^2 L(x^*, \nu^*) A^{\mathrm{T}} \right\|, \quad d = \left\| A \nabla_x^2 L(x^*, \nu^*) A^{\mathrm{T}} \right\|.$$

由 (4.6.9), 我们有

$$p^{\mathrm{T}} \nabla_x^2 L_\mu(x^*, \nu^*) p \geqslant a \|u\|^2 - 2c \|u\| \|v\| - d \|v\|^2 + b^2 \mu \|v\|^2$$

$$= a \left(\|u\| - \frac{c}{a} \|v\| \right)^2 + \left(b^2 \mu - d - \frac{c^2}{a} \right) \|v\|^2.$$

取 $\bar{\mu}$ 为满足不等式 $\bar{\mu} > \dfrac{d}{b^2} + \dfrac{c^2}{ab^2}$ 的任意常数, 则当 $\mu \geqslant \bar{\mu}$ 时,

$$p^{\mathrm{T}} \nabla_x^2 L_\mu(x^*, \nu^*) p \geqslant 0.$$

而且, 上式中等号成立的充要条件是 $u = 0, v = 0$, 或等价地 $p = 0$. 从而, $\nabla_x^2 L_\mu(x^*, \nu^*)$ 正定. □

4.6.2　一般形式优化问题

我们先考察不等式约束最优化问题的乘子法. 对于不等式约束最优化问题

$$\begin{aligned} \min \quad & f(x) \\ \text{s.t.} \quad & g_i(x) \leqslant 0, \quad i \in I = \{1, 2, \cdots, m_1\}. \end{aligned} \qquad (4.6.10)$$

引入松弛变量 $z_i (i \in I)$, 上面的问题等价于如下等式约束最优化问题:

$$\begin{aligned} \min \quad & f(x) \\ \text{s.t.} \quad & \bar{g}_i(x, z) \triangleq g_i(x) + z_i^2 = 0, \quad i \in I. \end{aligned} \qquad (4.6.11)$$

因此, 可利用算法 4.6 求解问题 (4.6.11). 该问题的增广拉格朗日函数为

$$\begin{aligned} \bar{L}_\mu(x, z, \nu) &= f(x) + \sum_{i \in I} \nu_i \bar{g}_i(x, z) + \frac{1}{2} \mu \sum_{i \in I} \bar{g}_i^2(x, z) \\ &= f(x) + \sum_{i \in I} \nu_i \left[g_i(x) + z_i^2 \right] + \frac{1}{2} \mu \sum_{i \in I} \left[g_i(x) + z_i^2 \right]^2. \end{aligned}$$

利用算法 4.6 求解问题 (4.6.11) 时, 乘子迭代格式为

$$\nu^{k+1} = \nu^k + \mu_k \left[g_I(x^k) + z_k^2 \right], \tag{4.6.12}$$

其中, $z_k^2 = \left(\left(z_1^k \right)^2, \left(z_2^k \right)^2, \cdots, \left(z_{m_1}^k \right)^2 \right)^{\mathrm{T}}$, (x^k, z_k) 是下面的无约束最优化问题

$$\min \bar{L}_{\mu_k}(x, z, \nu^k), \quad (x, z) \in \mathbb{R}^{n+m_1}$$

的解. 上面问题的维数 $n + m_1 > n$. 为了降低问题的维数, 我们对问题作如下简化.

先对 z 求极小:

$$\min_z \bar{L}_\mu(x, z, \nu), \quad z \in \mathbb{R}^{m_1}. \tag{4.6.13}$$

令该问题的解为 $z = z(x)$. 然后再对 x 求极小:

$$\min_x \bar{L}_\mu(x, z(x), \nu) \triangleq L_\mu(x, \nu), \quad x \in \mathbb{R}^n. \tag{4.6.14}$$

对给定的 x, ν 和 μ, 关于 z 的无约束最优化问题 (4.6.13) 的解满足

$$\nabla_z \bar{L}_\mu(x, z, \nu) = 0,$$

即

$$z_i \left[\nu_i + \mu \left(g_i(x) + z_i^2 \right) \right] = 0, \quad i \in I.$$

由此得

$$z_i^2 = \max \left\{ 0, -\mu^{-1} \nu_i - g_i(x) \right\} = -\mu^{-1} \min \left\{ 0, \nu_i + \mu g_i(x) \right\}, \quad i \in I, \tag{4.6.15}$$

即问题 (4.6.13) 的解 $z = z(x)$ 由 (4.6.15) 给出. 从而,

$$\bar{g}_i[x, z(x)] = g_i(x) + z_i^2(x) = g_i(x) - \mu^{-1} \min \left\{ 0, \nu_i + \mu g_i(x) \right\}$$

$$= -\mu^{-1} \left(\min \left\{ -\mu g_i(x), \nu_i \right\} \right) = \mu^{-1} \left(\max \left\{ \mu g_i(x) + \nu_i, 0 \right\} - \nu_i \right). \tag{4.6.16}$$

将此式代入 (4.6.14) 得

$$L_\mu(x, \nu) = f(x) + \sum_{i \in I} \nu_i \bar{g}_i[x, z(x)] + \frac{1}{2} \mu \sum_{i \in I} \bar{g}_i^2[x, z(x)]$$

$$= f(x) + \mu^{-1} \sum_{i \in I} \nu_i \left(\max \left\{ \mu g_i(x) + \nu_i, 0 \right\} - \nu_i \right)$$

$$+ \frac{1}{2}\mu^{-1} \sum_{i \in I} \left(\max\left\{\mu g_i(x) + \nu_i, 0\right\} - \nu_i\right)^2$$

$$= f(x) + \frac{1}{2}\mu^{-1} \sum_{i \in I} \left(\max^2\left\{\mu g_i(x) + \nu_i, 0\right\} - \nu_i^2\right).$$

将 (4.6.16) 代入 (4.6.12) 可得乘子迭代格式如下:

$$\nu_i^{k+1} = \max\left\{\nu_i^k + \mu_k g_i(x^k), 0\right\}, \quad i \in I. \tag{4.6.17}$$

上面的讨论实际上给出了求解不等式约束最优化问题 (4.6.10) 的乘子法. 该算法的增广拉格朗日函数为

$$L_\mu(x, \nu) = f(x) + \frac{1}{2}\mu^{-1} \sum_{i \in I} \left(\max^2\left\{\mu g_i(x) + \nu_i, 0\right\} - \nu_i^2\right).$$

乘子迭代格式由 (4.6.17) 给出. 算法的终止准则为 $\left\|\bar{g}_I\left(x^k, z(x^k)\right)\right\| \leqslant \varepsilon$. 利用 (4.6.16), 该终止准则可等价地写成

$$\left\|\min\left\{g_I(x^k), -\mu_k^{-1}\nu_I^k\right\}\right\| \leqslant \varepsilon. \tag{4.6.18}$$

综合求解等式约束最优化问题 (4.6.3) 与不等式约束最优化问题 (4.6.10) 的乘子法, 我们可构造求解一般约束最优化问题 (4.6.1) 的乘子法. 问题 (4.6.1) 的增广拉格朗日函数为

$$L_\mu(x, \nu) = f(x) + \frac{1}{2}\mu^{-1} \sum_{i \in I} \left(\max^2\left\{\mu g_i(x) + \nu_i, 0\right\} - \nu_i^2\right)$$

$$+ \sum_{j \in E} \nu_j h_j(x) + \frac{1}{2}\mu \sum_{j \in E} h_j^2(x). \tag{4.6.19}$$

相应的乘子迭代格式为

$$\nu_j^+ = \begin{cases} \nu_j + \mu h_j(x), & j \in E, \\ \max\left\{\nu_j + \mu g_j(x), 0\right\}, & j \in I, \end{cases} \tag{4.6.20}$$

其中, x, μ, ν 表示当前迭代点的值, ν^+ 表示下一次迭代的乘子向量. 类似于算法 4.6, 求解一般约束最优化问题 (4.6.1) 的乘子法如下.

算法 4.7 (乘子法)

步 0 取初始点 $x^0 \in \mathbb{R}^n$、初始乘子向量 ν^0. 给定罚参数序列 $\{\mu_k\}$, 精度 $\varepsilon > 0$. 令 $k := 0$.

步 1 由 (4.6.19) 构造增广拉格朗日函数 $L_\mu(x, \nu)$.

步 2 以 x^{k-1} 作为初始点 ($k = 1$ 时, 初始点任意), 求解无约束最优化问题

$$\min L_{\mu_k}(x, \nu^k), \quad x \in \mathbb{R}^n$$

得解 x^k.

步 3 若

$$\left\| h_E(x^k) \right\| + \left\| \min \left\{ g_I(x^k), \mu_k^{-1} \nu_I^k \right\} \right\| \leqslant \varepsilon,$$

则得解 x^k.

步 4 在 (4.6.20) 中取 $x = x^k, \nu = \nu^k$ 得 ν^{k+1}. 令 $k := k + 1$. 转步 1.

例 4.6 用拉格朗日乘子法求解不等式约束最优化问题:

$$\begin{aligned} \min \quad & f(x) = (x_1 - 1)^2 + 2x_2^2 \\ \text{s.t.} \quad & x_1 + x_2 \geqslant 2, \end{aligned}$$

取 $\nu^0 = 0, \mu_k = 1$.

解 问题的增广拉格朗日函数为

$$L_\mu(x, \nu)$$

$$= (x_1 - 1)^2 + 2x_2^2 + \frac{1}{2\mu} \left[\max^2 \{ \mu(2 - x_1 - x_2) + \nu, 0 \} - \nu^2 \right]$$

$$= \begin{cases} (x_1 - 1)^2 + 2x_2^2 + \dfrac{\mu}{2}(x_1 + x_2 - 2)^2 - \nu(x_1 + x_2 - 2), & x_1 + x_2 < 2 + \dfrac{\nu}{\mu}, \\[3mm] (x_1 - 1)^2 + 2x_2^2 - \dfrac{\nu^2}{2\mu}, & x_1 + x_2 \geqslant 2 + \dfrac{\nu}{\mu}. \end{cases}$$

直接计算得

$$\frac{\partial L_\mu(x, \nu)}{\partial x_1} = \begin{cases} 2(x_1 - 1) + \mu(x_1 + x_2 - 2) - \nu, & x_1 + x_2 < 2 + \dfrac{\nu}{\mu}, \\[3mm] 2(x_1 - 1), & x_1 + x_2 \geqslant 2 + \dfrac{\nu}{\mu}, \end{cases}$$

且

$$\frac{\partial L_\mu(x, \nu)}{\partial x_2} = \begin{cases} 4x_2 + \mu(x_1 + x_2 - 2) - \nu, & x_1 + x_2 < 2 + \dfrac{\nu}{\mu}, \\[3mm] 4x_2, & x_1 + x_2 \geqslant 2 + \dfrac{\nu}{\mu}. \end{cases}$$

由 $\nabla_x L_\mu(x, \nu^k) = 0$ 得无约束最优化问题

$$\min_x L_{\mu_k}\left(x, \nu^k\right), \quad x \in \mathbb{R}^n$$

的极小值点

$$x^k = \left(\frac{5\mu_k + 2\nu^k + 4}{3\mu_k + 4}, \frac{\mu_k + \nu^k}{3\mu_k + 4}\right)^{\mathrm{T}},$$

其乘子满足

$$\nu^{k+1} = \max\left\{\nu^k - \mu_k\left(x_1^k + x_2^k - 2\right), 0\right\} = \max\left\{\frac{4\nu^k + 4\mu_k}{3\mu_k + 4}, 0\right\}.$$

将 $\mu_k = 1$ 代入得 $\nu^{k+1} = \dfrac{4\nu^k + 4}{7}$. 故当 $k \to \infty$ 时 $\nu^k \to \dfrac{4}{3}, x^k \to \left(\dfrac{5}{3}, \dfrac{1}{3}\right)^{\mathrm{T}}$.

拉格朗日乘子法产生的点列收敛于约束最优化问题的解.

📝 练习

1. 求约束最优化问题

$$\begin{aligned} \min \quad & x_1^2 + x_2^2 - 4x_1 - 6x_2 \\ \text{s.t.} \quad & (x_1 - 2)^2 - x_2 \geqslant 0, \\ & 2x_1 - x_2 - 1 = 0 \end{aligned}$$

的 KKT 点, 并判断所求得的 KKT 点是否是问题的局部最优解.

2. 用乘子法求解下面的约束最优化问题

$$\begin{aligned} \min \quad & f(x) = x_1^2 - 3x_2 - x_2^2 \\ \text{s.t.} \quad & h(x) = x_2 = 0, \end{aligned}$$

取 $\nu_0 = -1, \mu_k = 6$. 该问题的最优解为 $x^* = (0,0)^{\mathrm{T}}$, 相应的拉格朗日乘子为 $\nu^* = -3$.

3. 用乘子法求解下面的约束最优化问题:

$$\begin{aligned} \min \quad & f(x) = x_1^2 + x_2^2 \\ \text{s.t.} \quad & g(x) = x_1 - 1 \geqslant 0, \end{aligned}$$

取 $\mu_k = 4, \nu_0 = 0$.

4. 用乘子法求解下面的约束最优化问题

$$\begin{aligned} \min \quad & f(x) = (x_1 - 2)^2 + (x_2 - 3)^2 \\ \text{s.t.} \quad & h_1(x) = x_2 - x_1 + 2 \leqslant 0, \\ & h_2(x) = 2x_1 - x_2 - 1 = 0, \end{aligned}$$

取 $\nu^0 = (0,0)^{\mathrm{T}}, \mu_k = 4$.

5. 设 $f, h_j (j \in E)$ 二次连续可微, (x^*, ν^*) 是等式约束最优化问题 $\min f(x)$ 的一个 KKT 点. 假设 $\nabla h_j(x^*) (j \in E)$ 线性无关, 且 $\nabla_x^2 L(x^*, \nu^*)$ 正定. 考察如下迭代格式:

$$\begin{cases} x^{k+1} = x^k - \alpha \nabla_x L(x^k, \nu^k), \\ \nu^{k+1} = \nu^k - \alpha h(x^k), \end{cases} \quad k = 0, 1, 2, \cdots.$$

证明: 存在 $\bar{\alpha} > 0$ 使得上面的迭代格式产生的点列 (x^k, ν^k) 局部收敛于 (x^*, ν^*).

6. 设函数 $f, h_j (j \in E)$ 二次连续可微, x^* 是等式约束最优化问题 (4.6.3) 的一个局部最优解, ν^* 是相应的拉格朗日乘子. $L_\mu(x, \nu)$ 由 (4.6.4) 定义. 证明: 若二阶充分条件成立, 则存在常数 $\bar{\mu} > 0, \gamma > 0, \delta > 0$ 使得

$$L_\mu(x, \nu^*) \geqslant L_\mu(x^*, \nu^*) + \gamma \|x - x^*\|^2, \quad \forall \mu \geqslant \bar{\mu}, \, \forall x : \|x - x^*\| \leqslant \delta,$$

并且

$$f(x) \geqslant f(x^*) + \gamma \|x - x^*\|^2, \quad \forall x : h(x) = 0, \, \|x - x^*\| \leqslant \delta.$$

7. 设函数 $f, h_j (j \in E)$ 都是连续函数, $\{\nu^k\}$ 是有界序列, $\{\mu_k\}$ 是单调递增的正数序列且 $\{\mu_k\} \to +\infty$, x^k 是无约束最优化问题

$$\min L_{\mu_k}(x) \triangleq f(x) + (\nu^k)^{\mathrm{T}} h_{\mathcal{E}}(x) + \frac{1}{2} \mu_k \|h_{\mathcal{E}}(x)\|^2$$

的全局最优解. 证明: $\{x^k\}$ 的任何极限点都是等式约束最优化问题 (4.6.3) 的全局最优解.

8. 设 $f : \mathbb{R}^n \to \mathbb{R}$ 连续可微, $A \in \mathbb{R}^{m \times n}$ 满秩, $b \in \mathbb{R}^m$. 设 $\{x^k\}$ 是用乘子法求解如下线性等式约束最优化问题

$$\begin{aligned} \min \quad & f(x) \\ \text{s.t.} \quad & Ax = b \end{aligned}$$

产生的点列, 其中罚参数 $\mu_k > 0$.

(1) 证明: x^k 是问题的一个可行点的充要条件是, 它是问题的一个 KKT 点, 而且 ν^k 是相应的拉格朗日乘子.

(2) 若 $\{x^k\}$ 有界且下面的条件之一成立:

(a) 罚参数序列 $\{\mu_k\} \to \infty$;

(b) $\{x^{k+1} - x^k\} \to 0$, 且存在 $\bar\mu > 0$ 使得 $\mu_k \geqslant \bar\mu$. 则 $\{\nu^k\}$ 有界, 而且 (x^k, ν^k) 的任何极限点都是问题的 KKT 点.

9. 设函数 $f, h_j(j \in E)$ 都是连续函数, $\{\nu^k\}$ 是有界序列, $\{\mu_k\}$ 是单调递增的正数序列且 $\{\mu_k\} \to +\infty$. 设 x^* 是等式约束最优化问题 (4.6.3) 的一个孤立极小值点. 证明: 存在 $\{x^k\} \to x^*$, 且对每个 k, x^k 是无约束最优化问题

$$\min L_{\mu_k}(x) \triangleq f(x) + (\nu^k)^{\mathrm{T}} h_E(x) + \frac{1}{2}\mu_k \|h_E(x)\|^2$$

的局部极小值点.

第 5 章　机器学习中的邻近算法

在数学领域中, 优化问题可以被理解为寻找一个函数的最小值点; 而在计算领域, 这通常涉及设计一个迭代过程, 使得某个变量能够逐步逼近并最终收敛到这个最小值点. 邻近算法作为一阶算法对于解决困难的优化问题特别有用, 尤其是涉及非光滑或复合目标函数的问题[8,103]. 邻近算法是指其基本迭代步骤中涉及某个函数的邻近算子的算法, 其评估需要解决一个通常比原始问题更容易的特定优化问题[26,71]. 许多熟悉的算法都可以以这种形式表达, 而这种 "邻近视角" 实际上为机器学习中的许多算法提供了一套广泛的准则.

本章, 首先, 我们介绍邻近算子和莫罗包络 (Moreau envelop) 的定义, 揭示邻近算子与投影算子的关系, 刻画邻近算子的性质, 以及推导出若干常用的凸函数和非凸函数的邻近算子表达式. 其次, 我们介绍若干常用的邻近算法如迭代阈值收缩算法 (iterative shrinkage thresholding algorithm, ISTA)、加速的迭代阈值收缩算法 (fast ISTA, FISTA) 和交替方向乘子法 (alternating direction method of multipliers, ADMM), 并将它们应用到机器学习的 LASSO 问题和支持向量机中.

5.1　邻　近　算　子

凸函数邻近算子 (proximal operator) 的定义最早由莫罗 (Moreau) 于 1962 年引入[65], 其作为凸集投影的推广广泛应用到非线性优化问题中. 邻近算子是邻近算法的关键部分. 相对于梯度法求解无约束光滑优化问题, 邻近算法可以用于求解带约束非光滑大规模分布式优化问题[3,70]. 在机器学习或图像处理领域的许多模型通常由误差项和正则项两部分构成, 其中误差项通常为光滑函数, 而正则项描述了模型解的先验, 比如稀疏性, 因而往往是非光滑的甚至是非凸的[71,83]. 例如, 在受脉冲噪声干扰的图像恢复问题中, 脉冲噪声表现为随机分布的图像像素点异常地变为最大或最小灰度值, 导致其在图像中呈现稀疏性.

常用的需要计算邻近算子的函数通常都是一些能刻画模型解的先验信息的, 其中用得最多的是一类能诱导向量稀疏性的函数. 这样的函数往往是在 0 处取得最小值 0 并且在 0 处不可微[78]. 一个很自然的刻画信号稀疏的量是 ℓ_0 范数. 一个向量 $x \in \mathbb{R}^n$ 的 ℓ_0 范数定义为该向量中非零分量的个数. 然而, ℓ_0 范数正则化作为组合优化问题是 NP 难的[66]. 文献中常用的稀疏性函数有 ℓ_p 范

数, 比如 $p = 0$ [12], $p = 1$ [9], $p \in \left\{\dfrac{1}{2}, \dfrac{2}{3}\right\}$ [18], $0 < p < 1$ [20,76]; MCP [95]; Log-sum [17,72]; SCAD [32]; Capped ℓ_1 函数 (Cap) $\min\{|x|, a\}$, $a > 0$ [97]; PiE 函数 $1 - e^{-|x|/\sigma}$, $\sigma > 0$[55]; Transformed ℓ_1 范数 (TL1) $\dfrac{(a+1)|x|}{a + |x|}$ [96]; 反正切函数 $\arctan(\sigma|x|)$ [41]; $\|\cdot\|_1 - a\|\cdot\|_2$, $a > 0$ [57]; $\|\cdot\|_1/\|\cdot\|_2$ [82]; 广义误差函数[99] 等. 上述这些稀疏性函数也可以应用于组稀疏、低秩矩阵填充和多核学习等优化问题中 [43,44,61,73].

在本章中, 记 $\Gamma(\mathbb{R}^n)$ 表示正常的下半连续函数的集合, $\Gamma_0(\mathbb{R}^n)$ 表示 $\Gamma(\mathbb{R}^n)$ 中凸函数的集合.

5.1.1　投影算子与隐式梯度下降法

本小节介绍两个与邻近算子密切相关的概念: 投影算子与隐式梯度下降法. 从而为下一小节引出邻近算子做铺垫.

为了引出投影算子, 我们需要回顾一下示性函数的定义. 设集合 $\mathcal{C} \subseteq \mathbb{R}^n$ 为闭集, 其上的示性函数 $\delta_{\mathcal{C}}(x)$ 定义为

$$\delta_{\mathcal{C}}(x) := \begin{cases} 0, & x \in \mathcal{C}, \\ +\infty, & x \notin \mathcal{C}. \end{cases}$$

一个点 $x \in \mathbb{R}^n$ 在 $\mathcal{C}$ 的投影 $\mathrm{proj}_{\mathcal{C}}(x)$ 定义为

$$\mathrm{proj}_{\mathcal{C}}(x) := \mathrm{argmin}\{\|u - x\|_2 |\ u \in \mathcal{C}\}$$
$$= \mathrm{argmin}\left\{\frac{1}{2}\|u - x\|_2^2 + \delta_{\mathcal{C}}(u) \bigg|\ u \in \mathbb{R}^n\right\}.$$

定义点 $x \in \mathbb{R}^n$ 到集合 $\mathcal{C}$ 的距离为 $d_{\mathcal{C}}(x)$, 可得

$$\frac{1}{2}d_{\mathcal{C}}^2(x) = \min\left\{\frac{1}{2}\|u - x\|_2^2 \bigg|\ u \in \mathcal{C}\right\}$$
$$= \min\left\{\frac{1}{2}\|u - x\|_2^2 + \delta_{\mathcal{C}}(u) \bigg|\ u \in \mathbb{R}^n\right\}.$$

于是有 x 到集合 $\mathcal{C}$ 的投影和距离满足如下关系:

$$\frac{1}{2}d_{\mathcal{C}}^2(x) = \frac{1}{2}\|p - x\|_2^2 + \delta_{\mathcal{C}}(p), \quad p \in \mathrm{proj}_{\mathcal{C}}(x).$$

接下来, 我们介绍隐式梯度下降法. 令 $f \in \Gamma_0(\mathbb{R}^n)$ 是一个光滑函数. 考虑如下最小值优化问题:

$$\min\{f(x)|\ x \in \mathbb{R}^n\}.$$

设 $\lambda > 0$ 是步长, 则上述极小值优化问题的梯度下降法迭代格式为

$$x^{k+1} = x^k - \lambda\nabla f(x^k),$$

相应的隐式梯度下降法的迭代格式为

$$x^{k+1} = x^k - \lambda\nabla f(x^{k+1}). \tag{5.1.1}$$

因此, 根据一阶最优性条件, (5.1.1) 中的 x^{k+1} 视为如下最优化问题的解, 即

$$x^{k+1} = \mathrm{argmin}\left\{ \frac{1}{2\lambda}\|u - x^k\|_2^2 + f(u) \,\bigg|\, u \in \mathbb{R}^n \right\}.$$

5.1.2 邻近算子与莫罗包络

本小节主要介绍邻近算子和莫罗包络的定义及其性质[6,8].

定义 5.1 [65] 对带参数 $\lambda > 0$ 的函数 $f \in \Gamma(\mathbb{R}^n)$ 在 $x \in \mathbb{R}^n$ 处的邻近算子 $\mathrm{prox}_{\lambda f}(x)$ 定义为

$$\mathrm{prox}_{\lambda f}(x) := \mathrm{argmin}\left\{ \frac{1}{2\lambda}\|u - x\|_2^2 + f(u) \,\bigg|\, u \in \mathbb{R}^n \right\}. \tag{5.1.2}$$

相应地, 莫罗包络 $\mathrm{env}_\lambda f(x)$ 定义为

$$\mathrm{env}_\lambda f(x) := \min\left\{ \frac{1}{2\lambda}\|u - x\|_2^2 + f(u) \,\bigg|\, u \in \mathbb{R}^n \right\}.$$

注意对任意的点 $x \in \mathbb{R}^n$, 若函数 $f \in \Gamma(\mathbb{R}^n)$ 有下界, 则 $\mathrm{prox}_{\lambda f}(x)$ 是一个集合且 $\mathrm{env}_\lambda f(x) \leqslant f(x)$ 是 f 的一个下界函数. 由 $\mathrm{prox}_{\lambda f}$ 定义, 可得带参数 λ 的函数 $f \in \Gamma_0(\mathbb{R}^n)$ 在 x 处的莫罗包络为

$$\mathrm{env}_\lambda f(x) = \frac{1}{2\lambda}\|\mathrm{prox}_{\lambda f}(x) - x\|_2^2 + f(\mathrm{prox}_{\lambda f}(x)).$$

因此, $f \in \Gamma_0(\mathbb{R}^n)$ 的最小值问题的隐式梯度下降法 (5.1.1) 可以写成如下邻近算法:

$$x^{k+1} = \mathrm{prox}_{\lambda f}(x^k), \quad k = 0, 1, 2, \cdots. \tag{5.1.3}$$

此外, 我们还可以得到 $x - \mathrm{prox}_{\lambda f}(x) \in \lambda\partial f(\mathrm{prox}_{\lambda f}(x))$.

以下性质表明邻近算子是投影算子的推广.

性质 5.1 设集合 $\mathcal{C} \subseteq \mathbb{R}^n$ 为闭集, 则

$$\mathrm{proj}_{\mathcal{C}}(x) = \mathrm{prox}_{\delta_{\mathcal{C}}}(x) \quad \text{且} \quad \frac{1}{2}d_{\mathcal{C}}^2(x) = \mathrm{env}_1\delta_{\mathcal{C}}(x).$$

根据性质 5.1, 可以直接得到示性函数 $\delta_{[0,1]}(x)$ 的邻近算子和莫罗包络.

例 5.1 取 $\mathcal{C} = [0,1]$, 那么

$$
\text{prox}_{\delta_{\mathcal{C}}}(x) = \begin{cases} 0, & x < 0, \\ x, & 0 \leqslant x \leqslant 1, \\ 1, & x > 1, \end{cases} \quad \text{且} \quad \text{env}_1 \delta_{\mathcal{C}}(x) = \begin{cases} \dfrac{1}{2}x^2, & x < 0, \\ 0, & 0 \leqslant x \leqslant 1, \\ \dfrac{1}{2}(1-x)^2, & x > 1. \end{cases}
$$

下面讨论邻近算子 (5.1.2) 的性质. 不失一般性, 我们在 (5.1.2) 中选取 $\lambda = 1$.

定理 5.1 (唯一性)　若 $f \in \Gamma_0(\mathbb{R}^n)$, 则对于任意的 $x \in \mathbb{R}^n$ 有 $\text{prox}_f(x)$ 是单点集.

证明　对于任意给定的 $x \in \mathbb{R}^n$, 由已知条件 f 是凸函数, 可知 $\dfrac{1}{2}\|u - x\|_2^2 + f(u)$ 关于 u 是闭的严格凸函数, 其最小值点是唯一的. $\qquad\square$

注 5.1　若 $\text{prox}_f(x)$ 是单点集 $\{u\}$, 我们有时候也直接记 $\text{prox}_f(x) = u$.

定理 5.2 (可分性)　若 $f \in \Gamma(\mathbb{R}^n)$ 是可分的即存在单变量函数 $f_i \in \Gamma(\mathbb{R})$ 使得 $f(x) = \sum_{i=1}^n f_i(x_i)$, $x = (x_1, x_2, \cdots, x_n)^{\mathrm{T}} \in \mathbb{R}^n$, 则

$$
\text{prox}_f(x) = \prod_{i=1}^n \text{prox}_{f_i}(x_i).
$$

特别地, 若 $f \in \Gamma_0(\mathbb{R}^n)$ 是可分函数, 则

$$
\text{prox}_f(x) = (\,\text{prox}_{f_i}(x_i) : i = 1, 2, \cdots, n).
$$

证明　根据邻近算子的定义 (5.1.2) 式可知

$$
\begin{aligned}
\text{prox}_f(x) &= \underset{u_i \in \mathbb{R}, i=1,2,\cdots,n}{\text{argmin}} \sum_{i=1}^n \frac{1}{2}|u_i - x_i|^2 + f_i(u_i) \\
&= \prod_{i=1}^n \underset{u_i \in \mathbb{R}}{\text{argmin}} \frac{1}{2}|u_i - x_i|^2 + f_i(u_i) \\
&= \prod_{i=1}^n \text{prox}_{f_i}(x_i),
\end{aligned}
$$

得证. $\qquad\square$

定理 5.3 (对称性)　若 $f \in \Gamma(\mathbb{R}^n)$ 满足 $f(-x) = f(x)$, 则对任意 $x \in \mathbb{R}^n$ 有 $\text{prox}_f(x) = -\text{prox}_f(-x)$.

证明 由 $f(-x) = f(x)$ 以及 $\|\cdot\|_2$ 的对称性, 可得

$$\frac{1}{2}\|u - x\|_2^2 + f(u) = \frac{1}{2}\|-u - (-x)\|_2^2 + f(u) = \frac{1}{2}\|-u - (-x)\|_2^2 + f(-u).$$

根据邻近算子的定义 (5.1.2) 式可知结论成立. □

由定理 5.2 可知若函数 $f \in \Gamma(\mathbb{R}^n)$ 是可分的, 只需计算一维情形的邻近算子即可. 为此, 我们给出一维函数的邻近算子的一些常用的性质.

定理 5.4 (收缩性) 若 $f \in \Gamma(\mathbb{R})$ 是偶函数且在 $[0, +\infty)$ 上单调递增, 则

(i) $\mathrm{prox}_f(0) = \{0\}$;

(ii) 当 $x > 0$ 时, $\mathrm{prox}_f(x) \subseteq [0, x]$;

(iii) 当 $x < 0$ 时, $\mathrm{prox}_f(x) \subseteq [x, 0]$.

证明 为了方便讨论, 记 $J_x(u) := \frac{1}{2}(u - x)^2 + f(u)$, $u \in \mathbb{R}$. 根据邻近算子的定义 (5.1.2) 式可知 $\mathrm{prox}_f(x)$ 是 $J_x(u)$ 的极小值点的集合.

(i) 当 $x = 0$ 时, 由于 f 在 $[0, +\infty)$ 上单调递增, 则 $J_0(u) = \frac{1}{2}u^2 + f(u)$ 在 $[0, +\infty)$ 上严格单调递增, 有唯一的最小值点为 0. 又因为 f 是偶函数, 可得 0 是 $J_0(u)$ 在 $\mathbb{R}$ 上的唯一最小值点.

(ii) 当 $x > 0$ 时, 由于 f 是偶函数, 则对任意 $u > 0$ 有 $J_x(u) < J_x(-u) = \frac{1}{2}(x + u)^2 + f(u)$. 因此, $J_x(u)$ 的最小值点必在 $[0, +\infty)$. 又因为 f 在 $[0, +\infty)$ 上单调递增, 则 $J_x(u)$ 在 $[x, +\infty)$ 上是严格单调递增的, 其在 $[x, +\infty)$ 上的唯一最小值点为 x. 综上所述, $\mathrm{prox}_f(x) \subseteq [0, x]$.

(iii) 的证明可由定理 5.3 和 (ii) 类似推导得到. □

定理 5.5 (保序性) 给定一个偶函数 $f \in \Gamma(\mathbb{R})$ 和 $0 \leqslant x < z$. 若 $\alpha \in \mathrm{prox}_f(x)$ 和 $\beta \in \mathrm{prox}_f(z)$, 则 $0 \leqslant \alpha \leqslant \beta$.

证明 记 $J_x(u) := \frac{1}{2}(u - x)^2 + f(u)$, $u \in \mathbb{R}$. 任意给定 $x \geqslant 0$. 由于 f 是偶函数, 则对任意 $u > 0$ 有 $J_x(u) < J_x(-u) = \frac{1}{2}(x + u)^2 + f(u)$. 因此, $J_x(u)$ 的最小值点必在 $[0, +\infty)$. 从而, 我们有 $\alpha \geqslant 0$ 且 $\beta \geqslant 0$. 根据邻近算子的定义 (5.1.2) 式可得

$$J_x(\alpha) \leqslant J_x(\beta) \quad \text{且} \quad J_z(\beta) \leqslant J_z(\alpha).$$

由此可得 $J_x(\alpha) + J_z(\beta) \leqslant J_x(\beta) + J_z(\alpha)$. 整理后可得 $(\beta - \alpha)(z - x) \geqslant 0$. 所以 $0 \leqslant \alpha \leqslant \beta$. □

邻近算子 prox_f 与次微分 ∂f 的关系如下.

定理 5.6　给定一个函数 $f \in \Gamma_0(\mathbb{R}^n)$. 对任意 $x \in \mathbb{R}^n$, 若 $p = \mathrm{prox}_f(x)$ 当且仅当 $x - p \in \partial f(p)$.

证明　根据邻近算子的定义 (5.1.2) 式以及 f 是凸函数可得若 $p = \mathrm{prox}_f(x)$ 当且仅当 p 是如下优化问题

$$\min_{u \in \mathbb{R}^n} f(u) + \frac{1}{2}\|u - x\|_2^2$$

的唯一最小值点. 根据定理 2.54, 后者等价于 $0 \in \partial f(p) + p - x$, 即 $x - p \in \partial f(p)$. 得证.　　　　□

若 $f \in \Gamma_0(\mathbb{R}^n)$, 其最小值点为 x^* 当且仅当 $0 \in \partial f(x^*)$. 再根据定理 5.6, 可得 $x^* = \mathrm{prox}_f(x^*)$, 即 x^* 是邻近算子 prox_f 的不动点. 此外, 由定理 5.6 可知 $x \in \lambda \partial f(y)$ 当且仅当 $y = \mathrm{prox}_{\lambda f}(x + y)$.

定理 5.7(非扩张性)　若 $f \in \Gamma_0(\mathbb{R}^n)$, 则 prox_f 是绝对非扩张的, 即

$$\|\mathrm{prox}_f(x) - \mathrm{prox}_f(y)\|_2^2 \leqslant \langle \mathrm{prox}_f(x) - \mathrm{prox}_f(y), x - y \rangle,$$

对任意的 $x, y \in \mathbb{R}^n$. 特别地, 对任意的 $x, y \in \mathbb{R}^n$ 有

$$\|\mathrm{prox}_f(x) - \mathrm{prox}_f(y)\|_2 \leqslant \|x - y\|_2.$$

证明　记 $p = \mathrm{prox}_f(x)$ 和 $q = \mathrm{prox}_f(y)$. 由定理 5.6, 分别可得 $x - p \in \partial f(p)$ 和 $y - q \in \partial f(q)$. 进一步地, 根据次微分 ∂f 的定义, 可得

$$f(q) - f(p) \geqslant \langle q - p, x - p \rangle \quad \text{和} \quad f(p) - f(q) \geqslant \langle p - q, y - q \rangle.$$

将上述两个不等式两端对应相加整理后可得 $\langle p - q, x - y \rangle \geqslant \|p - q\|_2^2$. 得证.　　□

定理 5.8　若 $f \in \Gamma_0(\mathbb{R}^n)$, 则 $\nabla \mathrm{env}_1 f(x) = x - \mathrm{prox}_f(x)$.

证明　记 $p = \mathrm{prox}_f(x)$ 和 $q = \mathrm{prox}_f(y)$. 计算

$$\begin{aligned}
\mathrm{env}_1 f(y) - \mathrm{env}_1 f(x) &= f(q) - f(p) + \frac{1}{2}\|q - y\|_2^2 - \frac{1}{2}\|p - x\|_2^2 \\
&\geqslant \langle q - p, x - p \rangle + \frac{1}{2}\|q - y\|_2^2 - \frac{1}{2}\|p - x\|_2^2 \\
&= \frac{1}{2}\|y - q - x + p\|_2^2 + \langle x - p, y - x \rangle \\
&\geqslant \langle x - p, y - x \rangle,
\end{aligned}$$

其中第一个不等式中用到次微分的定义和定理 5.6. 类似地,

$$\mathrm{env}_1 f(x) - \mathrm{env}_1 f(y) \geqslant \langle y - q, x - y \rangle.$$

由上述两个不等式可得

$$0 \leqslant \mathrm{env}_1 f(y) - \mathrm{env}_1 f(x) - \langle x - p, y - x \rangle$$

$$\leqslant -\langle y - q, x - y \rangle - \langle x - p, y - x \rangle$$

$$= \|y - x\|_2^2 - \langle q - p, y - x \rangle$$

$$\leqslant \|y - x\|_2^2 - \|q - p\|_2^2,$$

其中最后一个不等式用到定理 5.7. 从而, 可得

$$0 \leqslant \frac{\mathrm{env}_1 f(y) - \mathrm{env}_1 f(x) - \langle x - p, y - x \rangle}{\|y - x\|_2} \leqslant \|y - x\|_2.$$

取 $y \to x$, 根据可微和梯度的定义, 可得 $\nabla \mathrm{env}_1 f(x) = x - p$, 结论成立.　　　□

根据定理 5.8 可知, 对任意的 $\lambda > 0$, 有 $\nabla \mathrm{env}_\lambda f(x) = \dfrac{1}{\lambda}(x - \mathrm{prox}_{\lambda f}(x))$, 即 $\mathrm{prox}_{\lambda f}(x) = x - \lambda \nabla \mathrm{env}_\lambda f(x)$. 当 f 可微且 λ 充分小时, $\mathrm{prox}_{\lambda f}(x)$ 充分接近 $x - \lambda \nabla f(x)$. 基于此, 可以把 $\mathrm{prox}_{\lambda f}$ 视为 f 的迭代算法中梯度步的近似. 邻近算法 (5.2.2) 相当于将梯度下降方法应用到 f 的莫罗包络 $\mathrm{env}_\lambda f(x)$ 并且其对参数 $\lambda > 0$ 的选取更加灵活.

最后, 我们给出邻近算子在运算上的一些结论[25].

定理 5.9　假设函数 $f \in \Gamma_0(\mathbb{R}^n)$, $y \in \mathbb{R}^n$ 且 $\alpha, \beta, \lambda > 0$, 则下面结论成立.

(i) (缩放和平移) 若 $g(x) = f(\alpha x + y)$, 则

$$\mathrm{prox}_g(x) = \frac{1}{\alpha}(\mathrm{prox}_{\alpha^2 f}(\alpha x + y) - y).$$

(ii) (二次摄动) 若 $g(x) = f(x) + \dfrac{\alpha}{2}\|x\|_2^2 + \langle y, x \rangle + \beta$, 则

$$\mathrm{prox}_g(x) = \mathrm{prox}_{\frac{1}{1+\alpha} f}\left(\frac{x - y}{1 + \alpha} \right).$$

(iii) (莫罗包络) 若 $g(x) = \mathrm{env}_\lambda f(x)$, 则

$$\mathrm{prox}_g(x) = x + \frac{1}{1 + \lambda}(\mathrm{prox}_{(1+\lambda) f}(x) - x).$$

证明　命题 (i) 和 (ii) 可由邻近算子定义和变量替换直接可得. 为了证明 (iii), 记 $y = \mathrm{prox}_g(x)$. 根据定理 5.8 可知

$$0 = \nabla g(y) + (y - x) = \nabla \mathrm{env}_\lambda f(y) + (y - x) = \frac{1}{\lambda}(y - \mathrm{prox}_{\lambda f}(y)) + y - x,$$

即 $(1+\lambda)y - \lambda x = \text{prox}_{\lambda f}(y)$. 根据定理 5.6 可得

$$y - ((1+\lambda)y - \lambda x) \in \lambda \partial f((1+\lambda)y - \lambda x),$$

即 $(x-y) \in \partial f((1+\lambda)y - \lambda x)$. 将此式子凑出如下形式

$$x - ((1+\lambda)y - \lambda x) \in (1+\lambda)\partial f((1+\lambda)y - \lambda x).$$

再根据定理 5.6 有 $((1+\lambda)y - \lambda x) = \text{prox}_{(1+\lambda)f}(x)$. 整理后可得 (iii) 成立.　□

　　如下是著名的莫罗分解定理[6,25], 可视为希尔伯特空间子空间正交投影算子的非线性推广.

　　定理 5.10 (莫罗分解)　若函数 $f \in \Gamma_0(\mathbb{R}^n)$, 那么对任意的 $x \in \mathbb{R}^n$ 有

$$\text{env}_1 f(x) + \text{env}_1 f^*(x) = \frac{1}{2}\|x\|_2^2 \quad \text{且} \quad \text{prox}_f(x) + \text{prox}_{f^*}(x) = x,$$

其中 f^* 是 f 的共轭函数.

　　证明　一方面, 根据共轭函数的定义, 可知

$$\left(f + \frac{1}{2}\|\cdot\|_2^2\right)^*(x) = \sup_{u \in \mathbb{R}^n}\left(\langle x, u\rangle - f(u) - \frac{1}{2}\|u\|_2^2\right)$$

$$= \frac{1}{2}\|x\|_2^2 - \min_{u \in \mathbb{R}^n}\left(f(u) + \frac{1}{2}\|x-u\|_2^2\right)$$

$$= \frac{1}{2}\|x\|_2^2 - \text{env}_1 f(x). \tag{5.1.4}$$

另一方面, 根据定理 2.50 计算

$$f + \frac{1}{2}\|\cdot\|_2^2 = \left(f + \frac{1}{2}\|\cdot\|_2^2\right)^{**} = (f^*)^* + \left(\frac{1}{2}\|\cdot\|_2^2\right)^* = (\text{env}_1 f^*)^*,$$

其中第二个等式用到了 $\left(\dfrac{1}{2}\|\cdot\|_2^2\right)^* = \dfrac{1}{2}\|\cdot\|_2^2$, 第三个等式用到了 $(\text{env}_1 f)^* = f^* + \dfrac{1}{2}\|\cdot\|_2^2$ (作为本节课后练习 5). 注意 $\text{env}_1 f^*$ 是凸的, 从而可得

$$\left(f + \frac{1}{2}\|\cdot\|_2^2\right)^* = (\text{env}_1 f^*)^{**} = \text{env}_1 f^*. \tag{5.1.5}$$

结合 (5.1.4) 和 (5.1.5) 可得 $\text{env}_1 f(x) + \text{env}_1 f^*(x) = \dfrac{1}{2}\|x\|_2^2$.

　　接下来, 由定理 5.8, 计算

$$\nabla(\text{env}_1 f(x) + \text{env}_1 f^*(x)) = x - \text{prox}_f(x) + x - \text{prox}_{f^*}(x) = x,$$

可得结论 $\text{prox}_f(x) + \text{prox}_{f^*}(x) = x$. 证明成立.　□

5.1.3 ℓ_p 范数的邻近算子

本小节主要讨论 ℓ_p 范数 $\|\cdot\|_p$ 的邻近算子. 回顾第 1 章中 $\|\cdot\|_p$ 的定义: 对任意 $p > 0$, 可知

$$\|x\|_p = \left(\sum_{i=1}^{n} |x_i|^p \right)^{1/p}, \quad x \in \mathbb{R}^n.$$

当 $p = 0$ 时, $\|x\|_0$ 是向量 $x \in \mathbb{R}^n$ 中的非零元素的个数. 定义 $|t|_0 := \begin{cases} 0, & t = 0, \\ 1, & t \neq 0. \end{cases}$

由此可得 $\|x\|_0 = \sum_{i=1}^{n} |x_i|_0$. 图 5.1 给出了一维函数 $|x|^p$, $p = 0, \frac{1}{4}, \frac{1}{2}, \frac{2}{3}, \frac{4}{5}, \frac{5}{6}, 1, 2$ 的图像. 实际上, 我们所说的 ℓ_p $(p \geqslant 0)$ 范数的邻近算子是指 $\mathrm{prox}_{\|\cdot\|_0}$ 和 $\mathrm{prox}_{\|\cdot\|_p^p}$, $p > 0$. 注意 $\|\cdot\|_0$ 和 $\|\cdot\|_p^p$, $p > 0$ 都是可分的. 由定理 5.2, 我们只需讨论一维的情形. 具体地, 我们将根据 $p \geqslant 0$ 的取值情况来逐一讨论 ℓ_p 范数的邻近算子.

此外, 与 ℓ_p 范数相关的不可分函数, 例如 $\|\cdot\|_1 - a \|\cdot\|_2$ $(a > 0)$[57], $\|\cdot\|_1 / \|\cdot\|_2$[82], $(\|\cdot\|_1 / \|\cdot\|_2)^2$[46], $\|\cdot\|_1^q$ $(q > 1)$[73], $\|\cdot\|_1^q$ $(0 < q < 1)$[50], $\|\cdot\|_p^q$ $(0 < q < 1 \leqslant p \leqslant +\infty)$[43] 等, 它们的邻近算子的刻画或计算我们不在此讨论.

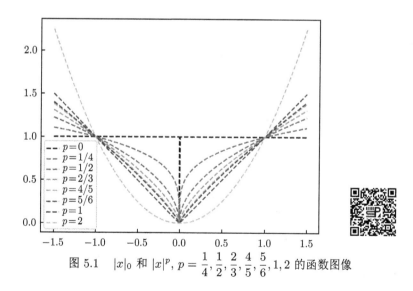

图 5.1 $|x|_0$ 和 $|x|^p$, $p = \frac{1}{4}, \frac{1}{2}, \frac{2}{3}, \frac{4}{5}, \frac{5}{6}, 1, 2$ 的函数图像

1. ℓ_0 范数的邻近算子

一维的 ℓ_0 范数的邻近算子是著名的硬阈值 (hard thresholding) 算子.

定理 5.11 带参数 $\lambda > 0$ 的 ℓ_0 范数 $|\cdot|_0$ 的邻近算子和莫罗包络分别为

$$\mathrm{prox}_{\lambda|\cdot|_0}(x) = \begin{cases} \{0\}, & |x| < \sqrt{2\lambda}, \\ \{0,x\}, & |x| = \sqrt{2\lambda}, \\ \{x\}, & |x| > \sqrt{2\lambda}, \end{cases} \text{且 } \mathrm{env}_\lambda|\cdot|_0(x) = \begin{cases} \dfrac{1}{2\lambda}x^2, & |x| < \sqrt{2\lambda}, \\ 1, & |x| \geqslant \sqrt{2\lambda}. \end{cases}$$

证明   显然, $\mathrm{prox}_{\lambda|\cdot|_0}(0) = \{0\}$. 给定 $x \neq 0$, 记 $J_x(u) := \dfrac{1}{2\lambda}(u-x)^2 + |u|_0$, $u \in \mathbb{R}$, 则

$$J_x(u) = \begin{cases} \dfrac{1}{2\lambda}x^2, & u = 0, \\ \dfrac{1}{2\lambda}(u-x)^2 + 1, & u \neq 0. \end{cases}$$

当 $u \neq 0$ 时, 有 $J_x(u) \geqslant J_x(x) = 1$, 可知这种情况下 J_x 的极小值为 1, 极小值点为 x. 通过比较 1 和 $\dfrac{1}{2\lambda}x^2$ 的大小, 可得 $\mathrm{prox}_{\lambda|\cdot|_0}(x) = \underset{u \in \mathbb{R}}{\mathrm{argmin}}\, J_x(u)$ 的结论成立. 再由 $\mathrm{env}_\lambda|\cdot|_0(x) = \min_{u \in \mathbb{R}} J_x(u) = \min\left\{\dfrac{1}{2\lambda}x^2, 1\right\}$, 可知莫罗包络的结论成立. $\square$

图 5.2 给出了 ℓ_0 范数 $|x|_0$ 的邻近算子与莫罗包络.

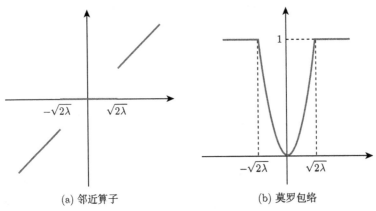

(a) 邻近算子   (b) 莫罗包络

图 5.2   带参数 λ 的 $|x|_0$ 函数的邻近算子和莫罗包络

2. ℓ_1 范数的邻近算子

一维的 ℓ_1 范数的邻近算子是著名的软阈值 (soft thresholding) 算子[9].

定理 5.12   带参数 $\lambda > 0$ 的 ℓ_1 范数 $|\cdot|$ 的邻近算子和莫罗包络分别为

$$\mathrm{prox}_{\lambda|\cdot|}(x) = \mathrm{sgn}(x)\max\{|x| - \lambda, 0\} = \begin{cases} 0, & |x| < \lambda, \\ x - \lambda\,\mathrm{sgn}(x), & |x| \geqslant \lambda, \end{cases}$$

且

$$\mathrm{env}_\lambda|\cdot|(x) = \begin{cases} \dfrac{1}{2\lambda}x^2, & |x| < \lambda, \\[2mm] |x| - \dfrac{1}{2}\lambda, & |x| \geqslant \lambda. \end{cases}$$

证明 记 $J_x(u) := \dfrac{1}{2\lambda}(u-x)^2 + |u|$, $u \in \mathbb{R}$. 由定理 5.4 和定理 5.3, 我们只需要讨论 $x \in [0, +\infty)$ 和 $u \in [0, x]$. 计算可得

$$J_x(u) \geqslant \begin{cases} J_x(0), & 0 \leqslant x \leqslant \lambda, \\ J_x(x-\lambda), & x \geqslant \lambda. \end{cases}$$

由邻近算子和莫罗包络的定义可知, 结论成立. $\qquad\square$

根据定理 5.2, 可得对任意的 $x \in \mathbb{R}^n$ 有

$$\mathrm{prox}_{\lambda\|\cdot\|_1}(x) = (\mathrm{prox}_{\lambda|\cdot|}(x_1), \mathrm{prox}_{\lambda|\cdot|}(x_2), \cdots, \mathrm{prox}_{\lambda|\cdot|}(x_n))^{\mathrm{T}}.$$

图 5.3 给出了 ℓ_1 范数 $|x|$ 的邻近算子和莫罗包络.

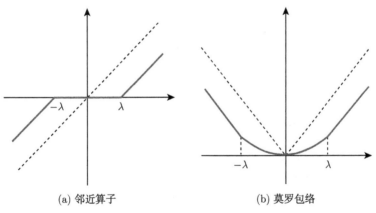

(a) 邻近算子   (b) 莫罗包络

图 5.3 带参数 λ 的 $|x|$ 函数的邻近算子和莫罗包络

3. ℓ_2 范数的邻近算子

对于 ℓ_2 范数的平方及其本身的邻近算子分别由如下两个定理可得.

定理 5.13 带参数 λ 的函数 $\dfrac{1}{2}\|\cdot\|_2^2$ 的邻近算子和莫罗包络分别为

$$\mathrm{prox}_{\lambda\frac{1}{2}\|\cdot\|_2^2}(x) = \frac{1}{1+\lambda}x, \quad \text{且} \quad \mathrm{env}_\lambda\left(\frac{1}{2}\|\cdot\|_2^2\right)(x) = \frac{1}{2(1+\lambda)}\|x\|_2^2.$$

证明　记 $J_x(u) := \dfrac{1}{2\lambda}\|u-x\|_2^2 + \dfrac{1}{2}\|u\|_2^2$. 可知 $J_x(u)$ 是 $\mathbb{R}^n$ 上的可微函数. 根据最优性条件, 计算 $J_x(u)$ 的导函数为 $\lambda(u-x)+u$ 并令其为 0, 可得 $u=x/(1+\lambda)$. 从而, 可得邻近算子和莫罗包络的结论成立. 　　　　　□

进一步地, 我们计算 $\|\cdot\|_2$ 范数的邻近算子.

定理 5.14　带参数 λ 的函数 $\|\cdot\|_2$ 的邻近算子和莫罗包络分别为

$$\mathrm{prox}_{\lambda\|\cdot\|_2}(x) = \begin{cases} 0, & \|x\|_2 \leqslant \lambda, \\[2mm] \dfrac{\|x\|_2-\lambda}{\|x\|_2}x, & \|x\|_2 > \lambda, \end{cases}$$

且

$$\mathrm{env}_\lambda\|\cdot\|_2(x) = \begin{cases} \dfrac{1}{2\lambda}\|x\|_2^2, & \|x\|_2 \leqslant \lambda, \\[2mm] \|x\|_2 - \dfrac{\lambda}{2}, & \|x\|_2 \geqslant \lambda. \end{cases}$$

证明　根据邻近算子的定义, 当 $x \neq 0$ 时, 考虑如下优化问题

$$\min_{u\in\mathbb{R}^n} \frac{1}{2\lambda}\|u\|_2^2 + \|u\|_2 + \frac{1}{2\lambda}\|x\|_2^2 - \frac{1}{\lambda}u^{\mathrm{T}}x$$

$$= \min_{t\geqslant 0}\min_{\|u\|_2=t} \frac{1}{2\lambda}t^2 + t + \frac{1}{2\lambda}\|x\|_2^2 - \frac{1}{\lambda}u^{\mathrm{T}}x$$

$$\geqslant \min_{t\geqslant 0}\min_{\|u\|_2=t} \frac{1}{2\lambda}t^2 + t + \frac{1}{2\lambda}\|x\|_2^2 - \frac{1}{\lambda}\|u\|_2\|x\|_2$$

$$= \min_{t\geqslant 0} \frac{1}{2\lambda}t^2 + t - \frac{1}{\lambda}t\|x\|_2 + \frac{1}{2\lambda}\|x\|_2^2,$$

其中上式的不等式用到柯西不等式 $u^{\mathrm{T}}x \leqslant \|u\|_2\|x\|_2$ 且该不等式成立当且仅当 $u = t\dfrac{x}{\|x\|_2}$. 根据一阶最优性条件, 函数

$$\frac{1}{2\lambda}t^2 + t - \frac{1}{\lambda}t\|x\|_2 + \frac{1}{2\lambda}\|x\|_2^2 = \frac{1}{2\lambda}(t-\|x\|_2)^2 + t$$

的最优解为 $t = \mathrm{prox}_{\lambda|\cdot|}(\|x\|_2) = \max\{\|x\|_2-\lambda, 0\}$. 当 $x=0$ 时,

$$\mathrm{prox}_{\lambda\|\cdot\|_2}(0) = \operatorname*{argmin}_{u\in\mathbb{R}^n} \frac{1}{2\lambda}\|u\|_2^2 + \|u\|_2 = \{0\}.$$

注意 $u = t\dfrac{x}{\|x\|_2}$, 可知定理中的 $\mathrm{prox}_{\lambda\|\cdot\|_2}(x)$ 结论对任意的 $x\in\mathbb{R}^n$ 成立. 根据莫罗包络的定义, 得证. 　　　　　□

注 5.2 对于一般的 $p > 1$, $\| \cdot \|_p^p$ 的邻近算子可见文献 [19, 例 4.4]. 我们将其作为课后练习 4.

4. ℓ_p $(0 < p < 1)$ 范数的邻近算子

ℓ_p $(0 < p < 1)$ 范数作为 ℓ_0 范数的一类非凸代理. 已知邻近算子 $\mathrm{prox}_{\lambda|\cdot|^p}$ 只有当 $p = \dfrac{1}{2}$ 和 $\dfrac{2}{3}$ 时具有显式表达式[18]. 对于一般的 $0 < p < 1$, $\mathrm{prox}_{\lambda|\cdot|^p}$ 的刻画可见文献 [20, 76].

定理 5.15 给定 $\lambda > 0$ 和 $0 < p < 1$. 邻近算子 $\mathrm{prox}_{\lambda|\cdot|^p}$ 表达式如下:

$$\mathrm{prox}_{\lambda|\cdot|^p}(x) = \begin{cases} \{0\}, & |x| < \overline{\tau}_{\lambda,p}, \\ \{0, \mathrm{sgn}(x) \cdot \tau_1\}, & |x| = \overline{\tau}_{\lambda,p}, \\ \{\mathrm{sgn}(x) \cdot \tau_2\}, & \text{其他}, \end{cases}$$

其中 $\tau_1 = (2\lambda(1-p))^{\frac{1}{2-p}}$, $\tau_2 \in ((\lambda p(1-p))^{\frac{1}{2-p}}, x)$ 是方程 $t + \lambda p t^{p-1} - x = 0$ 的唯一根且

$$\overline{\tau}_{\lambda,p} = \frac{2-p}{2(1-p)}(2\lambda(1-p))^{\frac{1}{2-p}}. \tag{5.1.6}$$

证明 由定理 5.3 和定理 5.4(i), 我们只需讨论 $x > 0$ 的情形即可. 假定 $x > 0$. 由定理 5.4 (ii) 可知 $\mathrm{prox}_{\lambda|\cdot|^p}(x) \subseteq [0, x] \subseteq \mathbb{R}$, 从而有

$$\mathrm{prox}_{\lambda|\cdot|^p}(x) = \arg\min_{t \geq 0} \left\{ \lambda t^p + \frac{1}{2}(t-x)^2 \right\}.$$

记 $J_x(t) := \lambda t^p + \dfrac{1}{2}(t-x)^2$ 和

$$g_x(t) := \frac{J_x(t) - J_x(0)}{t} = \lambda t^{p-1} + \frac{1}{2}t - x, \quad t > 0. \tag{5.1.7}$$

计算 g_x 的一阶和二阶导数分别可得

$$g_x'(t) = \lambda(p-1)t^{p-2} + \frac{1}{2} \quad \text{和} \quad g_x''(t) = \lambda(p-1)(p-2)t^{p-3}.$$

由于 $0 < p < 1$, $g_x''(t) > 0$ 对任意的 $t > 0$. 从而, 可得 $g_x'(t)$ 在 $t > 0$ 严格单调递增. 注意 $g_x'(\tau_1) = 0$, 其中 $\tau_1 = (2\lambda(1-p))^{\frac{1}{2-p}}$. 从而, 可知 τ_1 是 $g_x(t)$ 在 $t > 0$ 的唯一最小值点并且最小值

$$g_x(\tau_1) = \left(\lambda \tau_1^{p-2} + \frac{1}{2}\right)\tau_1 - x = \frac{2-p}{2(1-p)}\tau_1 - x = \overline{\tau}_{\lambda,p} - x,$$

其中 $\overline{\tau}_{\lambda,p}$ 的定义如公式 (5.1.6).

接下来, 我们对 $x > 0$ 分成三种情况逐一讨论.

情形 1　$x < \overline{\tau}_{\lambda,p}$. 根据公式 (5.1.7) 和 $g_x(\tau_1) > 0$, 我们有 $J_x(t) > J_x(0)$ 对任意的 $t > 0$. 所以, $\mathrm{prox}_{\lambda|\cdot|^p}(x) = \underset{t \geqslant 0}{\arg\min}\, J_x(t) = \{0\}$.

情形 2　$x = \overline{\tau}_{\lambda,p}$. 注意到对任意的 $\tau_1 \neq t > 0$, 有 $g_x(t) > g_x(\tau_1) = 0$. 根据公式 (5.1.7), $J_x(t) > J_x(\tau_1) = J_x(0) = \dfrac{\tau_1^2}{2}$ 对任意的 $\tau_1 \neq t > 0$. 所以, $\mathrm{prox}_{\lambda|\cdot|^p}(x) = \underset{t \geqslant 0}{\arg\min}\, J_x(t) = \{0, \tau_1\}$.

情形 3　$x > \overline{\tau}_{\lambda,p}$. 在这种情况下, $\min_{t>0} g_x(t) = g_x(\tau_1) < 0$. 根据公式 (5.1.7), $J_x(\tau_1) < J_x(0)$. 这样一来, 我们只需讨论 $J_x(t)$ 在 $t > 0$ 的最小值点. 计算 $J_x(t)$ 的一阶和二阶导函数分别为

$$J_x'(t) = \lambda p t^{p-1} + t - x \quad \text{和} \quad J_x''(t) = \lambda p(p-1)t^{p-2} + 1, \quad t > 0.$$

记 $\tilde{\tau} := (\lambda p(1-p))^{\frac{1}{2-p}}$. 可知 $\tilde{\tau} > 0$. 注意到当 $0 < t < \tilde{\tau}$ 时 $J_x''(t) < 0$ 和当 $t > \tilde{\tau}$ 时 $J_x''(t) > 0$. 因此, $J_x'(t)$ 在 $(0, \tilde{\tau}]$ 严格单调递减且在 $[\tilde{\tau}, +\infty)$ 严格单调递增. 计算 J_x' 的最小值

$$\begin{aligned}
J_x'(\tilde{\tau}) &= (\lambda p \tilde{\tau}^{p-2} + 1)\tilde{\tau} - x \\
&< (\lambda p \tilde{\tau}^{p-2} + 1)\tilde{\tau} - \overline{\tau}_{\lambda,p} \\
&= \frac{2-p}{1-p}(\lambda p(1-p))^{\frac{1}{2-p}} - \frac{2-p}{2(1-p)}(2\lambda(1-p))^{\frac{1}{2-p}} \\
&= (2-p)\lambda^{\frac{1}{2-p}}(1-p)^{\frac{p-1}{2-p}}\left(p^{\frac{1}{2-p}} - 2^{\frac{p-1}{2-p}}\right) < 0,
\end{aligned}$$

其中在最后一个不等式中用到 $p^{\frac{1}{2-p}} - 2^{\frac{p-1}{2-p}} < 0$, 这是由于对任意的 $0 < p < 1$ 有 $2^{p-1} - p > 0$. 回顾 $J_x'(t) = \lambda p t^{p-1} + t - x$, $t > 0$, 可得

$$\lim_{t \to 0^+} J_x'(t) = +\infty \quad \text{和} \quad \lim_{t \to +\infty} J_x'(t) = +\infty.$$

根据前面讨论的 J_x' 的单调性和定理 5.4(ii), J_x' 存在两个根 τ_2 和 τ_3 满足 $0 < \tau_3 < \tilde{\tau} < \tau_2 < x$. 进而可得 $J_x(t)$ 在 $(0, \tau_3]$ 和 $[\tau_2, +\infty)$ 上严格单调递增, 在 $[\tau_3, \tau_2]$ 上严格单调递减. 综上所述, $\mathrm{prox}_{\lambda|\cdot|^p}(x) = \underset{t > 0}{\arg\min}\, J_x(t) = \{\tau_2\}$, 得证.　□

根据定理 5.15, 我们需要求解方程 $t + \lambda p t^{p-1} - x = 0$ 的根 τ_2. 根据定理 5.15 的讨论, 可以选取初始区间 $[(\lambda p(1-p))^{\frac{1}{2-p}}, x]$, 然后用二分法来近似计算 τ_2. 值

得注意的是一元三次多项式和四次多项式具有根式解 [100, 第 2.2 节]. 所以, 当 $p = \dfrac{1}{2}$ 和 $p = \dfrac{2}{3}$ 时, 定理 5.15 中的邻近算子 $\mathrm{prox}_{\lambda|\cdot|^p}$ 具有显式表达式.

例 5.2 对任意 $x \in \mathbb{R}$, 我们有

$$
\mathrm{prox}_{\lambda|\cdot|^{\frac{1}{2}}}(x) = \begin{cases} \{0\}, & |x| < \dfrac{3}{2}\lambda^{\frac{2}{3}}, \\[2mm] \left\{0, \mathrm{sgn}(x)\lambda^{\frac{2}{3}}\right\}, & |x| = \dfrac{3}{2}\lambda^{\frac{2}{3}}, \\[2mm] \left\{\dfrac{2}{3}x\left(1 + \cos\left(\dfrac{2}{3}\arccos\left(-\dfrac{3^{\frac{3}{2}}}{4}\lambda|x|^{-\frac{3}{2}}\right)\right)\right)\right\}, & |x| > \dfrac{3}{2}\lambda^{\frac{2}{3}}. \end{cases}
$$

证明 当 $p = \dfrac{1}{2}$ 时, 由公式 (5.1.6) 可得 $\tau_1 = \lambda^{\frac{2}{3}}$ 和 $\bar{\tau}_{\lambda,\frac{1}{2}} = \dfrac{3}{2}\lambda^{\frac{2}{3}}$. 根据定理 5.15, 我们只需求解方程 $t + \dfrac{1}{2}\lambda t^{-\frac{1}{2}} - x = 0$ 的根 τ_2, 其中 $x > \bar{\tau}_{\lambda,\frac{1}{2}}$. 将 $t = u^2$ 代入方程, 可得 $u^3 - xu + \dfrac{1}{2}\lambda = 0$. 由三次多项式根的表达式 [100, 第 74 页], 可得所求的那一个根为

$$
u^* = 2\left(\frac{x}{3}\right)^{\frac{1}{2}}\cos\left(\frac{1}{3}\arccos\left(-\frac{3^{\frac{3}{2}}}{4}\lambda|x|^{-\frac{3}{2}}\right)\right).
$$

由 $\tau_2 = (u^*)^2$ 和 $\cos^2 a = \dfrac{1 + \cos(2a)}{2}$, 可得

$$
\begin{aligned}
\tau_2 &= \frac{4x}{3}\cos^2\left(\frac{1}{3}\arccos\left(-\frac{3^{\frac{3}{2}}}{4}\lambda|x|^{-\frac{3}{2}}\right)\right) \\
&= \frac{2}{3}x\left(1 + \cos\left(\frac{2}{3}\arccos\left(-\frac{3^{\frac{3}{2}}}{4}\lambda|x|^{-\frac{3}{2}}\right)\right)\right).
\end{aligned}
$$

证明成立. $\qquad\square$

例 5.3 对任意 $x \in \mathbb{R}$, 我们有

$$
\mathrm{prox}_{\lambda|\cdot|^{\frac{2}{3}}}(x) = \begin{cases} \{0\}, & |x| < 2\left(\dfrac{2}{3}\lambda\right)^{\frac{3}{4}}, \\[2mm] \left\{0, \mathrm{sgn}(x)\left(\dfrac{2}{3}\lambda\right)^{\frac{3}{4}}\right\}, & |x| = 2\left(\dfrac{2}{3}\lambda\right)^{\frac{3}{4}}, \\[2mm] \left\{\dfrac{1}{8}\mathrm{sgn}(x)\left(\sqrt{2s} + \sqrt{\dfrac{2|x|}{\sqrt{2s}} - 2s}\right)^3\right\}, & |x| > 2\left(\dfrac{2}{3}\lambda\right)^{\frac{3}{4}}, \end{cases}
$$

其中 $s = \left(\dfrac{x^2}{16} + \sqrt{\dfrac{x^4}{256} - \dfrac{8\lambda^3}{729}}\right)^{1/3} + \left(\dfrac{x^2}{16} - \sqrt{\dfrac{x^4}{256} - \dfrac{8\lambda^3}{729}}\right)^{1/3}.$

证明　当 $p = \dfrac{2}{3}$ 时, 由公式 (5.1.6) 可得 $\tau_1 = \left(\dfrac{2}{3}\lambda\right)^{\frac{3}{4}}$, $\bar{\tau}_{\lambda, \frac{2}{3}} = 2\left(\dfrac{2}{3}\lambda\right)^{\frac{3}{4}}$. 根据定理 5.15, 我们只需求解方程 $t + \dfrac{2}{3}\lambda t^{-\frac{1}{3}} - x = 0$ 的根 τ_2, 其中 $x > \bar{\tau}_{\lambda, \frac{2}{3}}$. 替代 $t = u^3$ 可得 $u^4 - xu + \dfrac{2}{3}\lambda = 0$. 由四次多项式根的表达式 [100, 第 75 页], 可得所求的那一个根为 s. 由 $\tau_2 = s^3$, 证明成立.　　　　　□

图 5.4 给出了邻近算子 $\mathrm{prox}_{\lambda|\cdot|^p}(x)$ 的图像, 黑色虚线表示固定 λ 之后, 随着 p 值选取的变化, 定理 5.15 中 $\bar{\tau}_{\lambda, p}$ 和 τ_1 的变化情况.

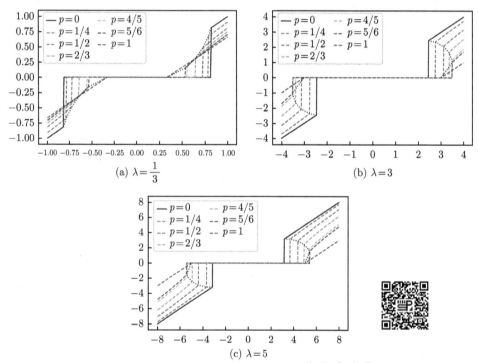

(a) $\lambda = \dfrac{1}{3}$　　　　　　　　　　(b) $\lambda = 3$

(c) $\lambda = 5$

图 5.4　邻近算子 $\mathrm{prox}_{\lambda|\cdot|^p}$, 其中 $p = 0, \dfrac{1}{4}, \dfrac{1}{2}, \dfrac{2}{3}, \dfrac{4}{5}, \dfrac{5}{6}, 1$

5.1.4　MCP 的邻近算子

极小极大凹惩罚 (minimax concave penalty, MCP) 在文献 [95] 中基于统计的考虑而被引入. MCP 定义为 ℓ_1 范数与其莫罗包络 $\mathrm{env}_{\alpha|\cdot|}$ 的差:

$$f_\alpha(x) := |x| - \mathrm{env}_{\alpha|\cdot|}(x) = \begin{cases} |x| - \dfrac{1}{2\alpha}x^2, & |x| \leqslant \alpha, \\ \dfrac{1}{2}\alpha, & |x| > \alpha, \end{cases} \tag{5.1.8}$$

其中 $\alpha > 0$. MCP 的邻近算子在文献 [78] 中被系统地分析.

定理 5.16 给定 $\lambda > 0$ 和 $\alpha > 0$, 函数 f_α 定义如 (5.1.8) 的邻近算子如下:

(i) 若 $\lambda < \alpha$, 则

$$\mathrm{prox}_{\lambda f_\alpha}(x) = \begin{cases} 0, & |x| \leqslant \lambda, \\ \dfrac{\alpha}{\alpha - \lambda}(|x| - \lambda)\mathrm{sgn}(x), & \lambda < |x| < \alpha, \\ x, & |x| \geqslant \alpha; \end{cases}$$

(ii) 若 $\lambda = \alpha$, 则

$$\mathrm{prox}_{\lambda f_\alpha}(x) = \begin{cases} 0, & |x| < \alpha, \\ [0, \alpha], & |x| = \alpha, \\ x, & |x| > \alpha; \end{cases}$$

(iii) 若 $\lambda > \alpha$, 则

$$\mathrm{prox}_{\lambda f_\alpha}(x) = \begin{cases} 0, & |x| < \sqrt{\alpha\lambda}, \\ \{0, x\}, & |x| = \sqrt{\alpha\lambda}, \\ x, & |x| > \sqrt{\alpha\lambda}. \end{cases}$$

证明 在此, 我们只证明 (i), 其他两种情形可类似得证. 假设 $\lambda < \alpha$. 记 $J_x(u) := \dfrac{1}{2\lambda}(x-u)^2 + f_\alpha(u)$, $u \in \mathbb{R}$. 可知 $\mathrm{prox}_{\lambda f_\alpha}(x) = \underset{u \in \mathbb{R}}{\mathrm{argmin}}\, J_x(u)$. 根据定理 5.4(i) 可得 $\mathrm{prox}_{\lambda f_\alpha}(0) = \{0\}$. 由定理 5.3 和定理 5.4(ii), 我们只需讨论 $x > 0$ 且 $u > 0$ 的情形即可. 根据最优性条件, 计算 $J_x(u)$ 的一阶导函数

$$J'_x(u) = \frac{1}{\lambda}(u - x) + \max\left\{0, 1 - \frac{u}{\alpha}\right\}, \quad u > 0.$$

以下分三种情形讨论.

当 $x < \lambda$ 时, 可得 $J'_x(u) = \left(\dfrac{1}{\lambda} - \dfrac{1}{\alpha}\right)u + 1 - \dfrac{x}{\lambda} > 0$. 由此可知 $J_x(u)$ 在 $u \in [0, x]$ 上严格单调递增, 最小值点为 0.

当 $\lambda < x < \alpha$ 时, 可得 $u^* = \dfrac{\alpha}{\alpha - \lambda}(x - \lambda)$ 是 $J_x'(u) = 0$ 的根. 易知 $J_x(u)$ 在 $[0, u^*]$ 上严格单调递减, 在 $(u^*, +\infty)$ 上严格单调递增. 从而, $J_x(u)$ 的最小值点为 u^*.

当 $x \geqslant \alpha$ 时, 可得 $u = x$ 是 $J_x'(u) = \dfrac{1}{\lambda}(u - x) = 0$ 的根. 易知 $J_x(u)$ 在 $[0, x]$ 上严格单调递减, 在 $(x, +\infty)$ 上严格单调递增. 从而, $J_x(u)$ 的最小值点为 x. 得证. □

图 5.5 给出 MCP 的图像及其邻近算子.

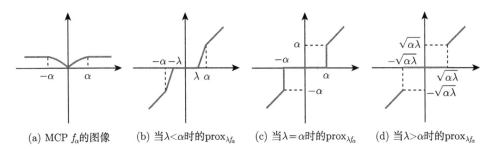

(a) MCP f_α 的图像　(b) 当 $\lambda < \alpha$ 时的 $\mathrm{prox}_{\lambda f_\alpha}$　(c) 当 $\lambda = \alpha$ 时的 $\mathrm{prox}_{\lambda f_\alpha}$　(d) 当 $\lambda > \alpha$ 时的 $\mathrm{prox}_{\lambda f_\alpha}$

图 5.5　MCP 的图像及其邻近算子

5.1.5　Log-sum 函数的邻近算子

Log-sum 函数定义为

$$f(x) := \sum_{i=1}^n \log\left(1 + \frac{|x_i|}{\epsilon}\right), \quad x \in \mathbb{R}^n,$$

其中 $\epsilon > 0$ [17]. 该函数在压缩感知中引入, 用于拟合压缩感知中 ℓ_0 和 ℓ_1 范数之间的差距. 由于可分性, 我们仅需讨论一维 Log-sum 函数 $f_{\mathrm{Log}}(x) := \log\left(1 + \dfrac{|x|}{\epsilon}\right)$, $x \in \mathbb{R}$ 的邻近算子, 其邻近算子 $\mathrm{prox}_{\lambda f_{\mathrm{Log}}}$ 的详细刻画见文献 [72].

我们将分成 $\sqrt{\lambda} \leqslant \epsilon$ 和 $\sqrt{\lambda} > \epsilon$ 两种情况逐一讨论.

定理 5.17　若 $\lambda > 0$ 且 $\sqrt{\lambda} \leqslant \epsilon$, 则

$$\mathrm{prox}_{\lambda f_{\mathrm{Log}}}(x) = \begin{cases} 0, & |x| \leqslant \dfrac{\lambda}{\epsilon}, \\ \mathrm{sgn}(x) r(|x|), & |x| > \dfrac{\lambda}{\epsilon}, \end{cases}$$

其中 r 表达式

$$r(x) = \frac{1}{2}(x - \epsilon) + \frac{1}{2}\sqrt{(x + \epsilon)^2 - 4\lambda}. \tag{5.1.9}$$

证明 记 $J_x(u) := \dfrac{1}{2\lambda}(x-u)^2 + \log\left(1 + \dfrac{|u|}{\epsilon}\right)$, $u \in \mathbb{R}$, 则 $\text{prox}_{\lambda f_{\text{Log}}}(x) = \underset{u \in \mathbb{R}}{\text{argmin}}\, J_x(u)$. 注意到 f_{Log} 是偶的且在 $[0, +\infty)$ 上是单调递增函数. 由定理 5.3 和定理 5.4(ii), 我们仅需讨论 $J_x(u)$ 当 $x > 0$ 且 $u \geqslant 0$ 时的最小值情况即可. 当 $u > 0$ 时, 计算 $J_x(u)$ 关于变量 u 的一阶和二阶导函数

$$J_x'(u) = \frac{1}{\lambda}(u-x) + \frac{1}{u+\epsilon} \quad \text{和} \quad J_x''(u) = \frac{1}{\lambda} - \frac{1}{(u+\epsilon)^2}. \tag{5.1.10}$$

由定理 5.4(i) 可知 $\text{prox}_{\lambda f_{\text{Log}}}(0) = \{0\}$. 由 $\sqrt{\lambda} \leqslant \epsilon$, 有 $J_x''(u) > 0$, $u > 0$. 从而, 可得 $J_x(u)$ 在 $[0, +\infty)$ 上严格凸. 根据定理 5.1, $\text{prox}_{\lambda f_{\text{Log}}}(x)$ 是单点集.

当 $x \leqslant \dfrac{\lambda}{\epsilon}$ 时, $J_x'(u) \geqslant \dfrac{u}{\lambda} + \dfrac{1}{u+\epsilon} - \dfrac{1}{\epsilon} > 0$, 其中第二个不等式用到当 $\sqrt{\lambda} \leqslant \epsilon$ 时 $\dfrac{u}{\lambda} + \dfrac{1}{u+\epsilon} - \dfrac{1}{\epsilon}$ 在 $u > 0$ 上严格单调递增, 由于

$$\frac{d}{du}\left(\frac{u}{\lambda} + \frac{1}{u+\epsilon} - \frac{1}{\epsilon}\right) = \frac{1}{\lambda} - \frac{1}{(u+\epsilon)^2} > 0, \quad u > 0,$$

所以, $J_x(u)$ 在 $u \geqslant 0$ 上严格单调递增, 其最小值点为 0.

当 $x > \dfrac{\lambda}{\epsilon}$ 时, 由于 $J_x''(u) > 0$, 可知 $J_x'(u)$ 在 $u > 0$ 上严格单调递增. 计算

$$J_x'(x) = \frac{1}{x+\epsilon} > 0 \quad \text{和} \quad J_x'(0) = \frac{1}{\epsilon} - \frac{x}{\lambda} < 0,$$

则 $J_x'(u)$ 在 $u > 0$ 上有唯一的零点, 该零点记为 $r(x)$, 定义如公式 (5.1.9). 由 J_x' 的单调性, 可知 $r(x)$ 是最小值点. 得证. $\qquad\square$

定理 5.18 若 $\lambda > 0$ 且 $\sqrt{\lambda} > \epsilon$, 则

$$\text{prox}_{\lambda f_{\text{Log}}}(x) = \begin{cases} \{0\}, & |x| < \tau_{\lambda,\epsilon}, \\ \{0, \text{sgn}(x)r(\tau_{\lambda,\epsilon})\}, & |x| = \tau_{\lambda,\epsilon}, \\ \{\text{sgn}(x)r(|x|)\}, & |x| > \tau_{\lambda,\epsilon}, \end{cases}$$

其中 $r(x)$ 定义见 (5.1.9), $\tau_{\lambda,\epsilon} \in \left[2\sqrt{\lambda} - \epsilon, \dfrac{\lambda}{\epsilon}\right]$ 是函数 $J_x(r(x)) - J_x(0)$ 的唯一零点.

证明 记 $J_x(u) := \dfrac{1}{2\lambda}(x-u)^2 + \log\left(1 + \dfrac{|u|}{\epsilon}\right)$, $u \in \mathbb{R}$, 则 $\text{prox}_{\lambda f_{\text{Log}}}(x) = \underset{u \in \mathbb{R}}{\text{argmin}}\, J_x(u)$. 由定理 5.4(i) 可知 $\text{prox}_{\lambda f_{\text{Log}}}(0) = \{0\}$. 根据定理 5.3 和定理 5.4(ii),

我们仅需讨论 $J_x(u)$ 当 $x > 0$ 且 $u \geqslant 0$ 时的最小值. 具体地, 可细分为如下三种情形分别讨论.

情形 1　$x \in (0, 2\sqrt{\lambda} - \epsilon]$. 由公式 (5.1.10) 对 $J'_x(u)$ 整理并配平方后可得

$$J'_x(u) = \frac{\left(u - \dfrac{x-\epsilon}{2}\right)^2 + \lambda - \dfrac{(x+\epsilon)^2}{4}}{\lambda(u+\epsilon)} > 0 \text{ 对任意的 } u \geqslant 0. \qquad (5.1.11)$$

所以, $J_x(u)$ 在 $u \geqslant 0$ 上严格单调递增, 其最小值点为 0.

情形 2　$x \in \left[2\sqrt{\lambda} - \epsilon, \dfrac{\lambda}{\epsilon}\right]$. 由公式 (5.1.11), $J'_x(u) = 0$ 有两个根 $u = l(x)$ 和 $u = r(x)$ 且 $l(x) \leqslant r(x)$, 其中 $r(x)$ 定义如公式 (5.1.9) 且

$$l(x) := \frac{1}{2}(x - \epsilon) - \frac{1}{2}\sqrt{(x+\epsilon)^2 - 4\lambda}.$$

特别地, $r(2\sqrt{\lambda} - \epsilon) = l(2\sqrt{\lambda} - \epsilon) = \sqrt{\lambda} - \epsilon$. 经过计算易得对任意 $x > 2\sqrt{\lambda} - \epsilon$, 有 $l'(x) < 0$. 从而, $l(x)$ 在 $x \in \left[2\sqrt{\lambda} - \epsilon, \dfrac{\lambda}{\epsilon}\right]$ 上严格单调递减且 $l(x) \leqslant \sqrt{\lambda} - \epsilon$. 进一步地, 根据公式 (5.1.10) 中二阶导函数 $J''_x(u)$ 的表达式, 可得对任意 $u < \sqrt{\lambda} - \epsilon$ 有 $J''_x(u) < 0$. 由此可得 $u = l(x)$ 是 $J_x(u)$ 的极大值点. 类似推导可得, $r'(x) > 0$ 即 $r(x)$ 严格单调递增. 根据公式 (5.1.10) 中二阶导函数 $J''_x(u)$ 的表达式, $J_x(u)$ 在 $u > \sqrt{\lambda} - \epsilon$ 上是凸函数. 可知 $u = r(x)$ 是极小值点. 所以, $J_x(u)$ 的最小值点只会来自 0 或者 $r(x)$, 换言之, $\text{prox}_{\lambda f_{\text{Log}}}(x)$ 是非空集合且 $\text{prox}_{\lambda f_{\text{Log}}}(x) \subseteq \{0, r(x)\}$. 为此, 我们定义

$$R(x) := J_x(r(x)) - J_x(0) = \frac{1}{2\lambda}(r^2(x) - 2xr(x)) + \log\left(1 + \frac{r(x)}{\epsilon}\right).$$

由于 $\sqrt{\lambda} > \epsilon$, 计算可得 $R(2\sqrt{\lambda} - \epsilon) > 0$ 且 $R\left(\dfrac{\lambda}{\epsilon}\right) < 0$. 则连续函数 $R(x)$ 存在一个零点 $\tau_{\lambda,\epsilon} \in \left(2\sqrt{\lambda} - \epsilon, \dfrac{\lambda}{\epsilon}\right)$. 由此可得, $\text{prox}_{\lambda f_{\text{Log}}}(\tau_{\lambda,\epsilon}) = \{0, r(\tau_{\lambda,\epsilon})\}$.

根据定理 5.5 关于邻近算子的保序性可得 $\text{prox}_{\lambda f_{\text{Log}}}(x) = \{0\}$ 当 $x \in [2\sqrt{\lambda} - \epsilon, \tau_{\lambda,\epsilon}]$ 时; $\text{prox}_{\lambda f_{\text{Log}}}(x) = \{r(x)\}$ 当 $x \in \left(\tau_{\lambda,\epsilon}, \dfrac{\lambda}{\epsilon}\right)$ 时. 接下来, 我们只需证明 $\tau_{\lambda,\epsilon}$ 是函数 $R(x)$ 在 $\left[2\sqrt{\lambda} - \epsilon, \dfrac{\lambda}{\epsilon}\right]$ 上的唯一零点. 否则, 若 $R(x)$ 在 $\left(2\sqrt{\lambda} - \epsilon, \dfrac{\lambda}{\epsilon}\right)$

存在另一个 $\tilde{\tau}_{\lambda,\epsilon} \neq \tau_{\lambda,\epsilon}$, 可得 $\mathrm{prox}_{\lambda f_{\mathrm{Log}}}(\tilde{\tau}_{\lambda,\epsilon}) = \{0, r(\tilde{\tau}_{\lambda,\epsilon})\}$, 这与当 $x \neq \tau_{\lambda,\epsilon}$ 时, $\mathrm{prox}_{\lambda f_{\mathrm{Log}}}(x)$ 是单点集这个事实矛盾.

情形 3 $x \in \left(\dfrac{\lambda}{\epsilon}, +\infty\right)$. 注意 $\dfrac{\lambda}{\epsilon} > \tau_{\lambda,\epsilon}$. 由定理 5.5 和情形 2 的讨论可知,

$\mathrm{prox}_{\lambda f_{\mathrm{Log}}}(x) = \{r(x)\}$ 当 $x > \dfrac{\lambda}{\epsilon}$ 时. 得证. $\qquad\square$

根据上述情形 2 的讨论, 定理 5.18 中的阈值 $\tau_{\lambda,\epsilon}$ 可通过对函数 $J_x(r(x)) - J_x(0)$ 使用二分法计算得到, 其初始区间为 $\left[2\sqrt{\lambda} - \epsilon, \dfrac{\lambda}{\epsilon}\right]$. Log-sum 的邻近算子的图像如图 5.6 中实线所示.

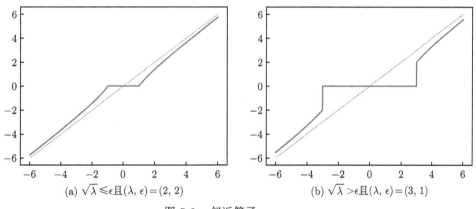

(a) $\sqrt{\lambda} \leqslant \epsilon$ 且 $(\lambda, \epsilon) = (2, 2)$ (b) $\sqrt{\lambda} > \epsilon$ 且 $(\lambda, \epsilon) = (3, 1)$

图 5.6　邻近算子 $\mathrm{prox}_{\lambda f_{\mathrm{Log}}}$

5.1.6 核范数的邻近算子

低秩矩阵恢复问题涉及矩阵秩的组合优化问题是 NP 难的, 这里的秩是矩阵中线性无关列向量的最大个数. 矩阵的核范数作为秩的凸代理能被有效数值求解, 从而被广泛采用[33]. 矩阵核范数的邻近算子刻画可见文献 [15].

以下引理是线性代数中的矩阵的奇异值分解.

引理 5.1　给定矩阵 $X \in \mathbb{R}^{m \times n}$, 那么存在两个标准正交矩阵 $U \in \mathbb{R}^{m \times m}$ 和 $V \in \mathbb{R}^{n \times n}$, 以及奇异值向量 $\sigma(X) = (\sigma_1(X), \sigma_2(X), \cdots, \sigma_{\min\{m,n\}}(X))^{\mathrm{T}}$, 使得

$$X = U \mathrm{diag}(\sigma(X)) V^{\mathrm{T}},$$

其中 $\sigma_1(X) \geqslant \sigma_2(X) \geqslant \cdots \geqslant \sigma_{\min\{m,n\}}(X)$ 是 X 的有序奇异值.

矩阵 X 的核范数 $\|X\|_* : \mathbb{R}^{m \times n} \to \mathbb{R}$ 定义为奇异值向量 $\sigma(X)$ 的 ℓ_1 范数, 即

$$\|X\|_* := \|\sigma(X)\|_1.$$

回顾 $X \in \mathbb{R}^{n \times n}$ 的迹 $\mathrm{tr}(X)$ 是该矩阵所有对角元素的和, 并且其 Frobenius 范数 $\|X\|_F := \mathrm{tr}(X^{\mathrm{T}} X) = \sqrt{\sum_{j=1}^{n} \sum_{i=1}^{m} |x_{ij}|^2}$. 可知 $\|X\|_F = \|\sigma(X)\|_2$.

与函数 $f: \mathbb{R}^n \to \mathbb{R}$ 的邻近算子(5.1.2)类似, 核范数的邻近算子的定义如下.

定义 5.2　一个带参数 $\lambda > 0$ 的 $m \times n$ 矩阵的核范数 $\|\cdot\|_*$ 在 $X \in \mathbb{R}^{m \times n}$ 的邻近算子定义为

$$\mathrm{prox}_{\lambda \|\cdot\|_*}(X) := \underset{Y \in \mathbb{R}^{m \times n}}{\mathrm{argmin}} \frac{1}{2\lambda} \|Y - X\|_F^2 + \|Y\|_*.$$

定理 5.19　若 $X = U \mathrm{diag}(\sigma(X)) V^{\mathrm{T}}$ 是 X 的奇异值分解, 则核范数的邻近算子形式如下:

$$\mathrm{prox}_{\lambda \|\cdot\|_*}(X) = U \mathrm{diag}(\mathrm{prox}_{\lambda \|\cdot\|_1}(\sigma(X))) V^{\mathrm{T}}. \tag{5.1.12}$$

证明　根据 $\mathrm{prox}_{\lambda \|\cdot\|_*}(X)$ 的定义, 可得 $\min_{Y \in \mathbb{R}^{m \times n}} \frac{1}{2\lambda} \|Y - X\|_F^2 + \|\sigma(Y)\|_1$, 等价于

$$\min_{Z \in \mathbb{R}^{m \times n}} \min_{\substack{Y \in \mathbb{R}^{m \times n} \\ \mathrm{diag}(\sigma(Y)) = Z}} \left\{ \frac{1}{2\lambda} \|Y - X\|_F^2 + \|Z\|_1 \right\}.$$

注意到

$$\begin{aligned}
\|Y - X\|_F^2 &= \mathrm{tr}(Y^{\mathrm{T}} Y) - 2\mathrm{tr}(Y^{\mathrm{T}} X) + \mathrm{tr}(X^{\mathrm{T}} X) \\
&= \|\sigma(Y)\|_2^2 - 2\mathrm{tr}(Y^{\mathrm{T}} X) + \|\sigma(X)\|_2^2 \\
&\geqslant \|\sigma(Y)\|_2^2 - 2\sigma(Y)^{\mathrm{T}} \sigma(X) + \|\sigma(X)\|_2^2 \\
&= \|\sigma(Y) - \sigma(X)\|_2^2,
\end{aligned}$$

其中不等式是由 von Neumann 的迹不等式 $\mathrm{tr}(Y^{\mathrm{T}} X) \leqslant \sigma(Y)^{\mathrm{T}} \sigma(X)$ 得到的. 上述等式成立当且仅当 $Y = U \mathrm{diag}(\sigma(Y)) V^{\mathrm{T}}$. 此时, 优化问题变成如下形式:

$$\min_{\sigma(Y) \in \mathbb{R}^{\min\{m,n\}}} \frac{1}{2\lambda} \|\sigma(Y) - \sigma(X)\|_2^2 + \|\sigma(Y)\|_1,$$

其最小值点为 $\mathrm{prox}_{\lambda \|\cdot\|_1}(\sigma(X))$. 等式 (5.1.12) 得证. □

注 5.3　我们注意到矩阵 $X \in \mathbb{R}^{m \times n}$ 的核范数是矩阵 X 的奇异值向量 $\sigma(X)$ 的 ℓ_1 范数, 其邻近算子与 ℓ_1 范数的邻近算子密切相关. 对于定义在矩阵的奇异值向量 $\sigma(X)$ 上的函数, 其邻近算子的定义和刻画是一个被广泛关注的问题. 文献

[58] 证明了若 $g : [0, \infty) \to [0, \infty)$ 的邻近算子是单调的 (即 $\mathrm{prox}_g(x) \geqslant \mathrm{prox}_g(y)$ 对任何 $x \geqslant y$), 则邻近算子

$$\mathrm{prox}^{\sigma}_{\lambda g}(X) := \operatorname*{argmin}_{Y \in \mathbb{R}^{m \times n}} \frac{1}{2\lambda} \|Y - X\|_F^2 + \sum_{i=1}^{\min\{m,n\}} g(\sigma_i(X))$$

具有如下形式

$$\mathrm{prox}^{\sigma}_{\lambda g}(X) = U \mathrm{diag}(\,\mathrm{prox}_{\lambda g}(\sigma(X)))V^{\mathrm{T}}, \tag{5.1.13}$$

其中 $\mathrm{prox}_{\lambda g}(\sigma(X))$ 是邻近算子 $\mathrm{prox}_{\lambda g}$ 逐分量作用到奇异值向量 $\sigma(X)$ 上.

练习

1. 取 $\mathcal{C} = [-1, 1]$. 计算其邻近算子 $\mathrm{prox}_{\delta_{\mathcal{C}}}$ 和莫罗包络 $\mathrm{env}_1 \delta_{\mathcal{C}}$.

2. 计算函数 $f(x) = \begin{cases} -\log x, & x > 0, \\ +\infty, & x \leqslant 0 \end{cases}$ 的邻近算子.

3. 给定 $a > 2$, SCAD 函数定义为

$$f(x) = \begin{cases} \lambda|x|, & |x| \leqslant \lambda, \\[2mm] \dfrac{-x^2 + 2a\lambda|x| - \lambda^2}{2(a-1)}, & \lambda < |x| \leqslant a\lambda, \\[3mm] \dfrac{(a+1)\lambda^2}{2}, & |x| < a\lambda, \end{cases} \tag{5.1.14}$$

计算 SCAD 函数 (5.1.14) 的邻近算子.

4. 当 $p > 1$ 时, 给出函数 $|x|^p$ 的邻近算子的刻画. 特别地, 给出 $p = 4/3$, $3/2, 3, 4$ 时的邻近算子.

5. 证明若 $f \in \Gamma_0(\mathbb{R}^n)$, 则有 $(\mathrm{env}_1 f)^*(x) = f^*(x) + \dfrac{1}{2}\|x\|_2^2$.

6. 如果 $f \in \Gamma_0(\mathbb{R}^n)$ 且 $\lambda > 0$, 那么对任意的 $x \in \mathbb{R}^n$ 有

$$\mathrm{env}_{\lambda} f(x) + \mathrm{env}_{\frac{1}{\lambda}} f^*(x/\lambda) = \frac{1}{2\lambda}\|x\|_2^2 \quad \text{且} \quad \mathrm{prox}_{\lambda f}(x) + \lambda \mathrm{prox}_{\frac{1}{\lambda} f^*}(x/\lambda) = x.$$

7. 若 $0 < p < 1$ 和 $\lambda > 0$, 则证明组稀疏 $\|x\|_2^p$ 范数的邻近算子表达式如下: 对于任意 $x \in \mathbb{R}^n$ 有

$$\mathrm{prox}_{\lambda\|\cdot\|_2^p}(x) = \mathrm{prox}_{\lambda\|x\|_2^{p-2}|\cdot|^p}(1)x = \begin{cases} \{0\}, & \|x\|_2 < \overline{\tau}_{\lambda,p}, \\[2mm] \left\{0, \dfrac{2(1-p)}{2-p}x\right\}, & \|x\|_2 = \overline{\tau}_{\lambda,p}, \\[2mm] \mathrm{prox}_{\lambda\|x\|_2^{p-2}|\cdot|^p}(1)x, & \text{其他}, \end{cases}$$

其中 $\bar{\tau}_{\lambda,p} = \dfrac{2-p}{2(1-p)}(2\lambda(1-p))^{\frac{1}{2-p}}$ 且定义 $0^{p-2} := +\infty$. 特别地, 当 $p = \dfrac{1}{2}$ 和 $p = \dfrac{2}{3}$ 时, 对应的邻近算子分别为

$$\operatorname{prox}_{\lambda\|\cdot\|_2^{\frac{1}{2}}}(x) = \begin{cases} \{0\}, & \|x\|_2 < \dfrac{3}{2}\lambda^{\frac{2}{3}}, \\[2mm] \left\{0, \dfrac{2}{3}x\right\}, & \|x\|_2 = \dfrac{3}{2}\lambda^{\frac{2}{3}}, \\[2mm] \left\{\dfrac{2}{3}\left(1+\cos\left(\dfrac{2}{3}\arccos\left(-\dfrac{3^{\frac{3}{2}}}{4}\lambda\|x\|_2^{-\frac{3}{2}}\right)\right)\right)x\right\}, & \text{其他}, \end{cases}$$

$$\operatorname{prox}_{\lambda\|\cdot\|_2^{\frac{2}{3}}}(x) = \begin{cases} \{0\}, & \|x\|_2 < 2\left(\dfrac{2}{3}\lambda\right)^{\frac{3}{4}}, \\[2mm] \left\{0, \dfrac{1}{2}x\right\}, & \|x\|_2 = 2\left(\dfrac{2}{3}\lambda\right)^{\frac{3}{4}}, \\[2mm] \left\{\dfrac{1}{8}\left(\sqrt{2t} + \sqrt{\dfrac{2}{\sqrt{2t}} - 2t}\right)^3 x\right\}, & \text{其他}, \end{cases}$$

其中 $t = \left(\dfrac{1}{16} + \sqrt{\dfrac{1}{256} - \dfrac{8\lambda^3}{729\|x\|_2^4}}\right)^{1/3} + \left(\dfrac{1}{16} - \sqrt{\dfrac{1}{256} - \dfrac{8\lambda^3}{729\|x\|_2^4}}\right)^{1/3}.$

8. 证明 ℓ_1 范数平方函数 $\|x\|_1^2, x \in \mathbb{R}^n$ 的邻近算子的计算如下:

(1) 将向量 x 按分量绝对值从大到小排序得到非负向量 $y \geqslant 0$;

(2) 定义 $\rho := \max\left\{j = 1, 2, \cdots, n : y_j - \dfrac{\lambda}{1+j\lambda}\sum_{r=1}^{j} y_r > 0\right\}$;

(3) 得到 $\operatorname{prox}_{\lambda\|\cdot\|_1^2}(x) = \left(\operatorname{sgn}(x_i)\max\left\{0, |x_i| - \dfrac{\lambda}{1+\rho\lambda}\sum_{r=1}^{\rho} y_r\right\} : i = 1, 2, \cdots, n\right)^{\mathrm{T}}.$

9. 计算斜坡函数 (或截断铰链损失) $f(x) = \max\{0, \min\{1, x\}\}$ 的邻近算子. 证明当 $0 < \lambda < 2$ 时,

$$\operatorname{prox}_{\lambda f}(x) = \begin{cases} \{x\}, & x > 1 + \dfrac{\lambda}{2}, \\[2mm] \{x, x-\lambda\}, & x = 1 + \dfrac{\lambda}{2}, \\[2mm] \{x-\lambda\}, & \lambda \leqslant x < 1 + \dfrac{\lambda}{2}, \\[2mm] \{0\}, & 0 \leqslant x < \lambda, \\[2mm] \{x\}, & x < 0. \end{cases}$$

当 $\lambda \geqslant 2$ 时,

$$\operatorname{prox}_{\lambda f}(x) = \begin{cases} \{x\}, & x > \sqrt{2\lambda}, \\ \{0, x\}, & x = \sqrt{2\lambda}, \\ \{0\}, & 0 \leqslant x < \sqrt{2\lambda}, \\ \{x\}, & x < 0. \end{cases}$$

10. 若 $f \in \Gamma(\mathbb{R}^n)$ 是尺度不变的, 即对任意的 $x \in \mathbb{R}^n$ 和 $\alpha > 0$ 有 $f(\alpha x) = f(x)$. 证明 $\operatorname{prox}_{\lambda f}(\alpha x) = \alpha \operatorname{prox}_{\frac{\lambda}{\alpha^2} f}(x)$, 其中 $\alpha > 0$ 且 $\lambda > 0$.

11. 若 $f \in \Gamma(\mathbb{R}^n)$ 是符号排列不变的, 即它在输入变量的排列和符号变化下保持不变. 证明 $\operatorname{prox}_{\lambda f}(x) = P^{-1} \operatorname{prox}_{\lambda f}(Px)$, 其中 $\lambda > 0$ 且 $P \in \mathbb{R}^{n \times n}$ 是一个每一行和每一列只有一个非零元素并取值为 ± 1 的符号排列矩阵.

5.2 邻近算法

本节我们介绍若干代表性的邻近算法, 如迭代阈值收缩算法 (ISTA)[7,12]、加速的迭代阈值收缩算法 (FISTA)[9] 和交替方向乘子法 (ADMM)[14,21] 等.

5.2.1 迭代阈值收缩算法

迭代阈值收缩算法适合求解如下复合优化问题:

$$\min_{x \in \mathbb{R}^n} F(x) = f(x) + g(x), \tag{5.2.1}$$

其中 $f, g \in \Gamma_0(\mathbb{R}^n)$ 且 f 具有 L-利普希茨连续梯度.

根据一阶最优性条件可得若存在 x^* 是 (5.2.1) 的最小值点, 则 $0 \in \nabla f(x^*) + \partial g(x^*)$, 即 $(x^* - \lambda \nabla f(x^*)) - x^* \in \lambda \partial g(x^*)$, 其中 $\lambda > 0$. 根据定理 5.6 可得 x^* 满足

$$x^* = \operatorname{prox}_{\lambda g}(x^* - \lambda \nabla f(x^*)).$$

由此, 复合优化问题 (5.2.1) 的固定步长 λ 迭代阈值收缩算法形式如下.

算法 5.1(迭代阈值收缩算法) 选取 $x^0 \in \mathbb{R}^n$ 和 $\lambda > 0$. 对任意 $k = 0, 1, 2, \cdots$, 执行

$$x^{k+1} := \operatorname{prox}_{\lambda g}(x^k - \lambda \nabla f(x^k)), \tag{5.2.2}$$

其中 $\operatorname{prox}_{\lambda g}$ 是 g 的邻近算子.

算法 5.1 可以拆分成如下两步形式:

$$\begin{cases} y^k = x^k - \lambda \nabla f(x^k), \\ x^{k+1} = \operatorname{prox}_{\lambda g}(y^k). \end{cases}$$

该算法也被称为前向后向算法 (forward-backward algorithm)[9,25] 或者邻近梯度算法 (proximal gradient algorithm)[8].

例 5.4   当 $g(x) = 0$ 时, 复合优化问题 (5.2.1) 退化为无约束光滑优化问题.

例 5.5   LASSO 问题是复合优化问题 (5.2.1) 的一种特殊情况, 其中 $f(x) = \frac{1}{2}\|Ax - b\|_2^2$, $g(x) = \|x\|_1$ 且 f 梯度的利普希茨常数 $L = \sigma_{\max}(A^{\mathrm{T}}A)$. 此时, 迭代阈值收缩算法 (5.1.3) 称为迭代软阈值算法.

接下来, 我们默认取步长 $\lambda = \dfrac{1}{L}$. 若 $f : \mathbb{R}^n \to \mathbb{R}$ 是一个具有 L-利普希茨连续梯度的函数, 则 f 有如下二次上界

$$f(x) \leqslant f(y) + \langle \nabla f(y), x - y \rangle + \frac{L}{2}\|x - y\|_2^2, \quad \text{对任意的 } x, y \in \mathbb{R}^n.$$

由此可知对任意的 $x, y \in \mathbb{R}^n$ 有

$$f(x) + g(x) \leqslant f(y) + \langle \nabla f(y), x - y \rangle + \frac{L}{2}\|x - y\|_2^2 + g(x) := Q(x, y). \quad (5.2.3)$$

对 $Q(x, y)$ 配平方, 可得

$$\operatorname*{argmin}_{x \in \mathbb{R}^n} Q(x, y) = \operatorname*{argmin}_{x \in \mathbb{R}^n} g(x) + \frac{L}{2}\left\| x - \left(y - \frac{1}{L}\nabla f(y) \right) \right\|_2^2$$

$$= \operatorname{prox}_{\frac{1}{L}g}\left(y - \frac{1}{L}\nabla f(y) \right).$$

如下引理将在接下来的迭代阈值收缩算法和加速的迭代阈值收缩算法的收敛速度估计方面起到关键性的作用.

引理 5.2   记 $p(y) := \operatorname{prox}_{\frac{1}{L}g}\left(y - \dfrac{1}{L}\nabla f(y) \right)$, $y \in \mathbb{R}^n$, 则对任意的 $x \in \mathbb{R}^n$ 有

$$\frac{2}{L}\big(F(x) - F(p(y)) \big) \geqslant \|p(y) - x\|_2^2 - \|y - x\|_2^2.$$

证明   注意到 $F(x) \leqslant Q(x, y)$, 对任意的 $x, y \in \mathbb{R}^n$, 其中 $Q(x, y)$ 定义如公式 (5.2.3). 由此可得

$$F(x) - F(p(y)) \geqslant F(x) - Q(p(y), y). \quad (5.2.4)$$

由 f, g 都是凸函数, 可得

$$F(x) = f(x) + g(x) \geqslant f(y) + \langle \nabla f(y), x - y \rangle + g(p(y)) + \langle q(y), x - p(y) \rangle,$$

其中 $q(y) \in \partial g(p(y))$. 再由 (5.2.4) 和 $Q(y(p), y)$ 的表达式, 计算可得

$$F(x) - F(p(y)) \geqslant -\frac{L}{2}\|p(y) - y\|_2^2 + \langle \nabla f(y) + q(y), x - p(y) \rangle. \quad (5.2.5)$$

根据 $p(y)$ 的定义, $p(y)$ 是 $Q(x, y)$ 的最小值点. 从而可得 $q(y) \in \partial g(p(y))$ 当且仅当 $\nabla f(y) + L(p(y) - y) + q(y) = 0$. 代入式 (5.2.5), 可得

$$
\begin{aligned}
F(x) - F(p(y)) &\geqslant -\frac{L}{2}\|p(y) - y\|_2^2 + L\langle y - p(y), x - p(y) \rangle \\
&= \frac{L}{2}\left(\|p(y) - y\|_2^2 + 2\langle p(y) - y, y - x \rangle\right). \quad (5.2.6)
\end{aligned}
$$

再利用如下恒等式

$$\|b - a\|_2^2 + 2\langle a - c, b - a \rangle = \|b - c\|_2^2 - \|a - c\|_2^2, \text{ 对任意的 } a, b, c \in \mathbb{R}^n, \quad (5.2.7)$$

可知引理中的不等式得证. $\qquad\qquad\qquad\qquad\qquad\qquad\qquad\qquad\qquad\qquad\square$

复合优化问题 (5.2.1) 的迭代阈值收缩算法具有次线性收敛速度[9]. 具体地, 固定步长的迭代阈值收缩算法收敛速度为 $\mathcal{O}\left(\dfrac{1}{k}\right)$, 其中 k 是迭代步数.

定理 5.20 若 $\{x^k\}$ 由算法 5.1 产生, 其中 $\lambda = \dfrac{1}{L}$. 那么, 对任意的 $k \geqslant 1$ 有

$$F(x^k) - F(x^*) \leqslant \frac{L\|x^0 - x^*\|_2^2}{2k}.$$

证明 在引理 5.2 中取 $x = y = x^n$, 由 (5.2.2), 可得

$$\frac{2}{L}(F(x^n) - F(x^{n+1})) \geqslant \|x^{n+1} - x^n\|_2^2. \quad (5.2.8)$$

再次, 在引理 5.2 中取 $x = x^*$ 和 $y = x^n$, 由 (5.2.2), 可得

$$\frac{2}{L}(F(x^*) - F(x^{n+1})) \geqslant \|x^{n+1} - x^*\|_2^2 - \|x^n - x^*\|_2^2. \quad (5.2.9)$$

对 (5.2.9) 关于 $n = 0, 1, \cdots, k - 1$ 求和可得

$$\frac{2}{L}\sum_{n=0}^{k-1}(F(x^*) - F(x^{n+1})) \geqslant \|x^k - x^*\|_2^2 - \|x^0 - x^*\|_2^2. \quad (5.2.10)$$

由 (5.2.8) 可知序列 $\{F(x^n)\}$ 是单调递减的. 由此与 (5.2.10) 可得

$$F(x^k) - F(x^*) \leqslant \frac{1}{k} \sum_{n=0}^{k-1} (F(x^{n+1}) - F(x^*)) \leqslant \frac{L}{2k}(\|x^0 - x^*\|_2^2 - \|x^k - x^*\|_2^2)$$

$$\leqslant \frac{L\|x^0 - x^*\|_2^2}{2k},$$

得证.　　　　　　　　　　　　　　　　　　　　　　　　　　　　　　　　□

当 f 的梯度的利普希茨常数 L 难以估计时, 可以使用带回溯的可变步长的迭代阈值收缩算法, 其收敛速度仍为 $\mathcal{O}\left(\dfrac{1}{k}\right)$[9].

5.2.2　加速的迭代阈值收缩算法

加速的迭代阈值收缩算法是将 Nesterov 加速技巧应用到迭代阈值收缩算法上, 从而得到 $\mathcal{O}\left(\dfrac{1}{k^2}\right)$ 的收敛速度[9].

算法 5.2 (加速的迭代阈值收缩算法)　选取 $y^1 = x^0 \in \mathbb{R}^n$, $t_1 = 1$. 对 $k = 1, 2, \cdots$, 执行

$$\begin{cases} x^k = \operatorname{prox}_{\lambda g}\left(y^k - \dfrac{1}{L}\nabla f(y^k)\right), & (5.2.11a) \\[3mm] t_{k+1} = \dfrac{1 + \sqrt{1 + 4t_k^2}}{2}, & (5.2.11b) \\[3mm] y^{k+1} = x^k + \dfrac{t_k - 1}{t_{k+1}}(x^k - x^{k-1}). & (5.2.11c) \end{cases}$$

首先, 我们对正实数序列 $\{t_k\}$ 进行讨论. 由公式 (5.2.11b) 可得

$$t_{k+1}(t_{k+1} - 1) = t_k^2, \quad k \geqslant 0. \tag{5.2.12}$$

用数学归纳法可得对任意的 $k \geqslant 1$ 有

$$t_k \geqslant \frac{k+1}{2}. \tag{5.2.13}$$

接下来, 我们分析算法 5.2 中序列 $\{x^k\}$ 的性质.

引理 5.3　假设 x^* 是 (5.2.1) 的最小值点. 若序列 $\{x^k\}$ 由固定步长 $\lambda = \dfrac{1}{L}$ 的算法 5.2 产生, 那么

$$\frac{2}{L}(t_k^2 \delta_k - t_{k+1}^2 \delta_{k+1}) \geqslant \|u^{k+1}\|_2^2 - \|u^k\|_2^2, \quad k \geqslant 1, \tag{5.2.14}$$

其中 $\delta_k := F(x^k) - F(x^*)$ 且 $u^k := t_k x^k - (t_k - 1)x^{k-1} - x^*$.

证明 在引理 5.2 的公式 (5.2.6) 中取 $x = x^k$ 和 $y = y^{k+1}$, 由 (5.2.11a), 可得

$$\frac{2}{L}(\delta_k - \delta_{k+1}) = \frac{2(F(x^k) - F(x^{k+1}))}{L}$$

$$\geqslant \|x^{k+1} - y^{k+1}\|_2^2 + 2\langle y^{k+1} - x^k, x^{k+1} - y^{k+1}\rangle. \tag{5.2.15}$$

再次, 在引理 5.2 的公式 (5.2.6) 中取 $x = x^*$ 和 $y = y^{k+1}$, 由 (5.2.11a), 可得

$$-\frac{2}{L}\delta_{k+1} = \frac{2(F(x^*) - F(x^{k+1}))}{L} \geqslant \|x^{k+1} - y^{k+1}\|_2^2 + 2\langle y^{k+1} - x^*, x^{k+1} - y^{k+1}\rangle. \tag{5.2.16}$$

将公式 (5.2.15) 乘以 $(t_{k+1} - 1)$, 再加上公式 (5.2.16), 可得

$$\frac{2}{L}((t_{k+1} - 1)\delta_k - t_{k+1}\delta_{k+1})$$

$$\geqslant t_{k+1}\|x^{k+1} - y^{k+1}\|_2^2 + 2\langle t_{k+1}y^{k+1} - x^* - (t_{k+1} - 1)x^k, x^{k+1} - y^{k+1}\rangle.$$

将上式两边同时乘以 t_{k+1}, 由 (5.2.12) 可得

$$\frac{2}{L}(t_k^2\delta_k - t_{k+1}^2\delta_{k+1})$$

$$\geqslant \|t_{k+1}x^{k+1} - t_{k+1}y^{k+1}\|_2^2 + 2\langle t_{k+1}y^{k+1} - x^* - (t_{k+1} - 1)x^k, t_{k+1}x^{k+1} - t_{k+1}y^{k+1}\rangle$$

$$= \|t_{k+1}x^{k+1} - (t_{k+1} - 1)x^k - x^*\|_2^2 - \|t_{k+1}y^{k+1} - (t_{k+1} - 1)x^k - x^*\|_2^2$$

$$= \|u^{k+1}\|_2^2 - \|u^k\|_2^2,$$

其中第一个等式用了 (5.2.7), 第二个等式用了 (5.2.11c) 和 u^k 的定义. 得证. □

引理 5.4 给定正实数序列 $\{a_k\}$ 和 $\{b_k\}$ 满足 $a_1 + b_1 \leqslant c$, 其中 $c > 0$. 若 $a_k - a_{k+1} \geqslant b_{k+1} - b_k$, 对任意的 $k \geqslant 1$, 那么 $a_k \leqslant c$, 对任意的 $k \geqslant 1$.

证明 显然, 对任意的 $k \geqslant 1$, 有 $a_{k+1} + b_{k+1} \leqslant a_k + b_k \leqslant \cdots \leqslant a_1 + b_1 = c$. 由于 $\{a_k\}$ 和 $\{b_k\}$ 都是正实数序列, 直接可得 $a_k \leqslant c$. □

基于上述的准备, 我们得到算法 5.2 的收敛速度为 $\mathcal{O}\left(\dfrac{1}{k^2}\right)$.

定理 5.21 假设 x^* 是 (5.2.1) 的最小值点. 若序列 $\{x^k\}$ 由固定步长 $\lambda = \dfrac{1}{L}$ 的算法 5.2 产生, 那么

$$F(x^k) - F(x^*) \leqslant \frac{2L\|x^0 - x^*\|_2^2}{(k+1)^2}, \quad k \geqslant 1.$$

证明　根据引理 5.3 中的公式 (5.2.14), 取 $a_k := \dfrac{2}{L} t_k^2 \delta_k$, $b_k := \|u^k\|_2^2$, $c := \|y^1 - x^*\|_2^2 = \|x^0 - x^*\|_2^2$, 可得 $a_k - a_{k+1} \geqslant b_{k+1} - b_k$, 对任意的 $k \geqslant 1$. 为了应用引理 5.4, 我们需要验证 $a_1 + b_1 \leqslant c$. 由 $t_1 = 1$, 计算

$$a_1 = \frac{2}{L} t_1^2 \delta_1 = \frac{2}{L}(F(x^1) - F(x^*)), \quad b_1 = \|u^1\|_2^2 = \|x^1 - x^*\|_2^2.$$

在引理 5.2 中取 $x = x^*$ 和 $y = y^1$, 由 (5.2.11a), 可得

$$-a_1 = \frac{2}{L}(F(x^*) - F(x^1)) \geqslant \|x^1 - x^*\|_2^2 - \|y^1 - x^*\|_2^2 = b_1 - c,$$

其中等式中用了 (5.2.7). 可知 $a_1 + b_1 \leqslant c$ 成立. 根据引理 5.4, 可得

$$a_k = \frac{2}{L} t_k^2 (F(x^k) - F(x^*)) \leqslant c.$$

再由公式 (5.2.13) 可得

$$c = \|x^0 - x^*\|_2^2 \geqslant \frac{2}{L}\left(\frac{k+1}{2}\right)^2 (F(x^k) - F(x^*)),$$

整理可得证明成立.　　　　　　　　　　　　　　　　　　　　　　　　　　　□

当 f 的梯度的利普希茨常数难以估计时, 可以使用带回溯的可变步长的加速迭代阈值收缩算法, 其收敛速度仍为 $\mathcal{O}\left(\dfrac{1}{k^2}\right)$ [9].

5.2.3　交替方向乘子法

交替方向乘子法 [14,51] 可以用于求解如下带线性等式约束的两块复合优化问题:

$$\begin{aligned}
\min_{x \in \mathbb{R}^n, y \in \mathbb{R}^m} \quad & f(x) + g(y) \\
\text{s.t.} \quad & Ax + By = c,
\end{aligned} \tag{5.2.17}$$

其中 $A \in \mathbb{R}^{p \times n}$, $B \in \mathbb{R}^{p \times m}$, 且 $c \in \mathbb{R}^p$. 为了将上述带约束最优化问题 (5.2.17) 转化为无约束最优化问题, 我们构造增广拉格朗日函数

$$L_\rho(x, y, z) = f(x) + g(y) + z^{\mathrm{T}}(Ax + By - c) + \frac{\rho}{2}\|Ax + By - c\|_2^2,$$

其中 $\rho > 0$ 且 $z \in \mathbb{R}^p$ 为拉格朗日乘子向量. ADMM 的基本思想是先更新原问题中的变量 x 和 y, 然后更新拉格朗日乘子 z, 交替进行. 具体地, ADMM 迭代公式

如下:

$$\begin{cases} x^{k+1} := \underset{x}{\arg\min}\, L_\rho(x, y^k, z^k), \\ y^{k+1} := \underset{y}{\arg\min}\, L_\rho(x^{k+1}, y, z^k), \\ z^{k+1} := z^k + \tau\rho(Ax^{k+1} + By^{k+1} - c), \end{cases} \quad (5.2.18)$$

其中步长 $0 < \tau < \dfrac{\sqrt{5}+1}{2}$. 一个常用的步长选取为 $\tau = 1.618$. 但为了记号方便, ADMM 默认选取 $\tau = 1$ [14]. 更大的步长 τ 的 ADMM 收敛性讨论见文献 [21]. 通过对增广拉格朗日函数配平方可得

$$L_\rho(x, y, z) = f(x) + g(y) + \frac{\rho}{2}\left\|(Ax + By - c) + \frac{1}{\rho}z\right\|_2^2 - \frac{1}{2\rho}\|z\|_2^2.$$

此时, ADMM (5.2.18) 的另一种等价的迭代形式如下:

$$\begin{cases} x^{k+1} = \underset{x}{\arg\min}\left(f(x) + \dfrac{\rho}{2}\left\|Ax + By^k - c + \dfrac{1}{\rho}z^k\right\|_2^2\right), \\ y^{k+1} = \underset{y}{\arg\min}\left(g(y) + \dfrac{\rho}{2}\left\|Ax^{k+1} + By - c + \dfrac{1}{\rho}z^k\right\|_2^2\right), \\ z^{k+1} = z^k + \tau\rho(Ax^{k+1} + By^{k+1} - c). \end{cases} \quad (5.2.19)$$

例 5.6 对于无约束两块复合优化问题 $\min_{x\in\mathbb{R}^n}\{f(x)+g(x)\}$ 可以化为 ADMM 可求解的标准形式:

$$\begin{aligned} \min_{x\in\mathbb{R}^n, y\in\mathbb{R}^n} \quad & f(x) + g(y) \\ \text{s.t.} \quad & x - y = 0. \end{aligned} \quad (5.2.20)$$

由 (5.2.19) 和邻近算子的定义可得其对应的 ADMM 形式为

$$\begin{cases} x^{k+1} := \mathrm{prox}_{\frac{1}{\rho}f}\left(y^k - \dfrac{z^k}{\rho}\right), \\ y^{k+1} := \mathrm{prox}_{\frac{1}{\rho}g}\left(x^{k+1} + \dfrac{z^k}{\rho}\right), \\ z^{k+1} := z^k + \tau\rho(x^{k+1} - y^{k+1}). \end{cases} \quad (5.2.21)$$

对于二次规划问题 (1.1.3), 我们将其写成 ADMM 标准形式 (5.2.20), 其中

$$f(x) = \frac{1}{2}x^{\mathrm{T}}Qx + c^{\mathrm{T}}x + \delta_C(x), \quad g(y) = \delta_{\mathbb{R}^n_+}(y),$$

这里 $\mathcal{C} := \{x \in \mathbb{R}^n : Ax = b\}$ 且 $\mathbb{R}_+^n := \{x \in \mathbb{R}^n : x_i \geqslant 0$ 对任意的 $i = 1, 2, \cdots,$ $n\}$.

例 5.7　二次规划问题 (1.1.3) 的 ADMM 迭代形式如下:

$$\begin{cases} x^{k+1} := \underset{x \in \mathbb{R}^n}{\operatorname{argmin}} f(x) + \dfrac{\rho}{2}\|x - y^k + z^k\|_2^2, \\ y^{k+1} := \max\{0, x^{k+1} + z^k\}, \\ z^{k+1} := z^k + x^{k+1} - y^{k+1}. \end{cases}$$

对于 x^{k+1} 的更新可以求如下的线性方程组:

$$\begin{pmatrix} Q + \rho I & A^{\mathrm{T}} \\ A & 0 \end{pmatrix} \begin{pmatrix} x^{k+1} \\ \nu \end{pmatrix} + \begin{pmatrix} c - \rho(y^k - z^k) \\ -b \end{pmatrix} = 0.$$

最后, 我们简要介绍 ADMM 的收敛性相关的研究工作. 凸优化问题 (5.2.20) 的 ADMM (5.2.21) 具有 $\mathcal{O}\left(\dfrac{1}{k}\right)$ 收敛速度, 通过 Nesterov 加速后可以达到 $\mathcal{O}\left(\dfrac{1}{k^2}\right)$ 收敛速度[36]. 一般的凸优化问题 (5.2.17) 的 ADMM (5.2.18) 也具有 $\mathcal{O}\left(\dfrac{1}{k}\right)$ 收敛速度, 通过 Nesterov 加速后可以达到 $\mathcal{O}\left(\dfrac{1}{k^2}\right)$ 收敛速度[37]. 在光滑和强凸假设下, 凸优化问题 (5.2.17) 的 ADMM 具有线性收敛率. 对于非凸复合优化问题的 ADMM 分析也有很多文献进行讨论, 如文献 [88]. 更多关于 ADMM 的变体和收敛性分析推荐阅读专著 [51].

5.2.4　案例

本小节, 我们针对第 1 章的机器学习典型算法中的 LASSO 和支持向量机给出相应的邻近算法.

1. LASSO 问题求解

考虑如下 LASSO 问题

$$\min_{x \in \mathbb{R}^n} \frac{1}{2}\|Ax - b\|_2^2 + \lambda\|x\|_1, \tag{5.2.22}$$

其中 $A \in \mathbb{R}^{m \times n}$, $b \in \mathbb{R}^m$ 且 $\lambda > 0$. 相当于, 在复合优化问题 (5.2.1) 中取 $f(x) = \frac{1}{2}\|Ax - b\|_2^2$ 和 $g(x) = \lambda\|x\|_1$.

根据算法 5.1, LASSO 问题 (5.2.22) 的固定步长的迭代阈值收缩算法形式如下.

算法 5.3 (LASSO 问题的迭代阈值收缩算法) 选取 $x^0 \in \mathbb{R}^n$, $\lambda > 0$ 和 $0 < \mu < \dfrac{2}{\sigma_{\max}(A^{\mathrm{T}}A)}$. 对任意 $k = 0, 1, 2, \cdots$, 执行

$$x^{k+1} := \mathrm{prox}_{\mu\lambda\|\cdot\|_1}\big(x^k - \mu A^{\mathrm{T}}(Ax^k - b)\big),$$

其中 $\mathrm{prox}_{\mu\lambda\|\cdot\|_1}$ 是带参数 μ 的函数 $\lambda\|\cdot\|_1$ 的邻近算子.

上述 LASSO 问题的迭代阈值收缩算法是固定步长 μ, 可在每步迭代中采用如 Barzilai-Borwein (BB) 方法选取可变步长

$$\mu^k := \frac{(x^k - x^{k-1})^{\mathrm{T}}(x^k - x^{k-1})}{(x^k - x^{k-1})^{\mathrm{T}}A^{\mathrm{T}}A(x^k - x^{k-1})} \in \left[\frac{1}{\sigma_{\max}(A^{\mathrm{T}}A)}, \frac{1}{\sigma_{\min}(A^{\mathrm{T}}A)}\right],$$

这样基于 BB 方法得到的可变步长的迭代阈值收缩算法 (BB-ISTA) 往往能达到更快的收敛速度 (图 5.7).

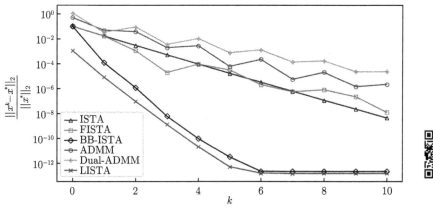

图 5.7 LASSO 问题的六种邻近算法比较

根据算法 5.2, LASSO 问题 (5.2.22) 的加速的迭代阈值收缩算法形式如下.

算法 5.4 (LASSO 问题的加速的迭代阈值收缩算法) 选取 $y^1 = x^0 \in \mathbb{R}^n$, $t_1 = 1$ 和 $0 < \mu < \dfrac{2}{\sigma_{\max}(A^{\mathrm{T}}A)}$. 对 $k = 1, 2, \cdots$, 执行

$$\begin{cases} x^k = \mathrm{prox}_{\lambda\|\cdot\|_1}\big(y^k - \mu A^{\mathrm{T}}(Ay^k - b)\big), \\[2mm] t_{k+1} = \dfrac{1 + \sqrt{1 + 4t_k^2}}{2}, \\[2mm] y^{k+1} = x^k + \dfrac{t_k - 1}{t_{k+1}}(x^k - x^{k-1}). \end{cases}$$

LASSO 问题(5.2.22) 可以转化成 ADMM 标准形式 (5.2.20).

算法 5.5 (LASSO 问题的 ADMM)　选取 $x^0, y^0, z^0 \in \mathbb{R}^n$, $\lambda, \rho > 0$ 和 $0 < \tau < \dfrac{\sqrt{5}+1}{2}$. 对 $k = 0, 1, 2, \cdots$, 执行

$$
\begin{cases}
x^{k+1} = (A^{\mathrm{T}}A + \rho I_n)^{-1}(A^{\mathrm{T}}b + \rho y^k - z^k), \\[2mm]
y^{k+1} = \mathrm{prox}_{\frac{\lambda}{\rho}\|\cdot\|_1}\left(x^{k+1} + \dfrac{z^k}{\rho}\right), \\[2mm]
z^{k+1} = z^k + \tau\rho(x^{k+1} - y^{k+1}).
\end{cases}
$$

由 3.1 节, LASSO 问题 (5.2.22) 的对偶问题为

$$
\begin{aligned}
\min_{y \in \mathbb{R}^m} \quad & b^{\mathrm{T}}y + \frac{1}{2}\|y\|_2^2 \\
\text{s.t.} \quad & \|A^{\mathrm{T}}y\|_\infty \leqslant \lambda.
\end{aligned}
$$

将其写成 ADMM 标准形式:

$$
\begin{aligned}
\min_{y \in \mathbb{R}^m, z \in \mathbb{R}^n} \quad & b^{\mathrm{T}}y + \frac{1}{2}\|y\|_2^2 + \delta_{\|z\|_\infty \leqslant \lambda}(z) \\
\text{s.t.} \quad & A^{\mathrm{T}}y + z = 0.
\end{aligned}
$$

由 (5.2.19), 可得如下 LASSO 问题的对偶 ADMM (Dual-ADMM).

算法 5.6 (LASSO 问题的对偶 ADMM)　选取 $x^0, z^0 \in \mathbb{R}^n$, $y^0 \in \mathbb{R}^m$, $\lambda, \rho > 0$ 和 $0 < \tau < \dfrac{\sqrt{5}+1}{2}$. 对 $k = 0, 1, 2, \cdots$, 执行

$$
\begin{cases}
z^{k+1} = \mathrm{proj}_{\|z\|_\infty \leqslant \lambda}\left(\dfrac{x^k}{\rho} - A^{\mathrm{T}}y^k\right), \\[2mm]
y^{k+1} = (I_m + \rho AA^{\mathrm{T}})^{-1}\left(A(x^k - \rho z^{k+1}) - b\right), \\[2mm]
x^{k+1} = x^k - \tau\rho(A^{\mathrm{T}}y^{k+1} + z^{k+1}),
\end{cases}
$$

其中 $\mathrm{proj}_{\|z\|_\infty \leqslant \lambda}(t) = \min\{\lambda\mathbf{1}, \max\{t, -\lambda\mathbf{1}\}\}$, $t \in \mathbb{R}^n$.

在第 1 章的结尾, 我们已经简单地介绍过了学习优化. 注意到 LASSO 问题的迭代阈值收缩算法可以改写成如下形式:

$$
x^{k+1} = \mathrm{prox}_{\mu\lambda\|\cdot\|_1}\left((I_n - \mu A^{\mathrm{T}}A)x^k + \mu A^{\mathrm{T}}b\right).
$$

我们将学习优化运用到求解 LASSO 模型, 把迭代阈值收缩算法看成是一个循环神经网络或者一个展开的 N 层前向全连接神经网络. 该算法被称为可学习的迭代阈值收缩算法 (learned ISTA, LISTA). LASSO 模型的可学习的迭代阈值收缩算法具有线性收敛速度[23].

算法 5.7 (LASSO 问题的可学习的迭代阈值收缩算法)　选取 $x^0 = 0$ 和网络层数 $N \in \mathbb{N}$. 对任意 $k = 0, 1, 2, \cdots, N-1$, 执行

$$x^{k+1} := \mathrm{prox}_{\theta^k \|\cdot\|_1}\big(W^k x^k + U^k b\big),$$

其中参数 $\Theta := \{W^k, U^k, \theta^k | \ k = 0, 1, \cdots, N-1\}$ 是通过数据训练学习得到的. 训练过程中的损失函数为

$$\min_{\Theta} \mathbb{E}_{(x^*, b)} \big\| x^N(\Theta, b, x^0) - x^* \big\|_2^2,$$

其中 $x^N(\Theta, b, x^0)$ 表示最后的输出, x^* 表示真实向量.

给定一个 256×64 的高斯随机矩阵 A, $b \in \mathbb{R}^{64}$ 有 30 个非零分量和 $\tau = 1.618$. LISTA 采用了一个 10 层的全连接神经网络. 图 5.7 给出了 LASSO 问题(5.2.22) 的六种邻近算法即 ISTA, FISTA, BB-ISTA, ADMM, Dual-ADMM 和 LISTA 随迭代步数 k 相对误差 $\dfrac{\|x^k - x^*\|_2}{\|x^*\|_2}$ 的比较. 从图 5.7 可以看出, BB-ISTA 和 LISTA 相比其他四种在相对误差上具有显著的优势. 特别地, 学习优化算法 LISTA 在压缩感知问题上展现出了巨大的潜力.

2. 支持向量机求解

本部分将针对 1.2.3 节中的支持向量机给出相应的数值求解方法. 我们将分别介绍支持向量机原问题和对偶问题的 ADMM.

首先, 介绍铰链损失的核支持向量机原问题 (1.2.28) 的优化模型的 ADMM[54,93]. 将其写成如下等式约束形式:

$$\min_{c \in \mathbb{R}^m, b \in \mathbb{R}, u \in \mathbb{R}^m} \quad \frac{1}{2} c^{\mathrm{T}} \mathsf{K} c + C \|(u)_+\|_1 \tag{5.2.23}$$

$$\text{s.t.} \quad u + \mathrm{diag}(y) \mathsf{K} c + b y = \mathbf{1},$$

其中 $(u)_+ := (\max\{0, u_i\} : i = 1, 2, \cdots, m)^{\mathrm{T}}$. 构造增广拉格朗日函数

$$L_\rho(c, b, u, z) := \frac{1}{2} c^{\mathrm{T}} \mathsf{K} c + C \|(u)_+\|_1 + z^{\mathrm{T}}(u + \mathrm{diag}(y)\mathsf{K}c + by - \mathbf{1})$$

$$+ \frac{\rho}{2} \|u + \mathrm{diag}(y)\mathsf{K}c + by - \mathbf{1}\|_2^2,$$

其中 $z \in \mathbb{R}^m$ 是乘子向量且 $\rho > 0$. 通过配平方可得

$$L_\rho(c,b,u,z) = \frac{1}{2}c^{\mathrm{T}}\mathsf{K}c + C\|(u)_+\|_1 + \frac{\rho}{2}\|u - \left(\mathbf{1} - \mathrm{diag}(y)\mathsf{K}c - by - \frac{z}{\rho}\right)\|_2^2 - \frac{\|z\|_2^2}{2\rho}.$$

可得 (5.2.23) 的 ADMM 迭代形式如下:

$$\begin{cases} ((c^{k+1})^{\mathrm{T}}, b^{k+1})^{\mathrm{T}} = \mathrm{argmin}_{c,b}\, L_\rho(c^k, b^k, u^k, z^k), \\ u^{k+1} = \mathrm{argmin}_u\, L_\rho(c^{k+1}, b^{k+1}, u^k, z^k), \\ z^{k+1} = z^k + \rho(u^{k+1} + \mathrm{diag}(y)\mathsf{K}c^{k+1} + b^{k+1}y - \mathbf{1}). \end{cases} \quad (5.2.24)$$

注意到 (5.2.24) 中的第一个迭代式子中的优化问题是二次函数, 根据一阶最优性条件, 其解满足如下线性方程组:

$$\begin{pmatrix} \mathsf{K} + \rho\mathsf{K}^{\mathrm{T}}\mathsf{K} & \rho\mathsf{K}\mathbf{1} \\ \rho(\mathsf{K}\mathbf{1})^{\mathrm{T}} & \rho m \end{pmatrix} \begin{pmatrix} c^{k+1} \\ b^{k+1} \end{pmatrix} + \begin{pmatrix} \mathsf{K}\,\mathrm{diag}(y)(z^k - \rho(u^k - \mathbf{1})) \\ y^{\mathrm{T}}(z^k - \rho(u^k - \mathbf{1})) \end{pmatrix} = 0.$$

根据邻近算子的定义, (5.2.24) 中的第二个迭代式子等价于

$$u^{k+1} = \mathrm{prox}_{\rho C\|(\cdot)_+\|_1}\left(\mathbf{1} - \mathrm{diag}(y)\mathsf{K}c^{k+1} - b^{k+1}y - \frac{z^k}{\sigma}\right),$$

其中邻近算子 $\mathrm{prox}_{\rho C\|(\cdot)_+\|_1}(x) = (\mathrm{prox}_{\rho C|(\cdot)_+|}(x_i) : i = 1, 2, \cdots, m)^{\mathrm{T}}$ 并且

$$\mathrm{prox}_{\rho C|(\cdot)_+|}(x_i) = \begin{cases} x_i, & x_i < 0, \\ 0, & 0 \leqslant x_i \leqslant \rho C, \\ x_i - \rho C, & x > \rho C. \end{cases}$$

由于铰链损失或者平方铰链损失的支持向量机的对偶问题是二次规划问题, 我们先介绍一般的二次规划问题的 ADMM[80]. 具体地, 考虑如下一般的二次规划问题:

$$\begin{aligned} \min_{x \in \mathbb{R}^n} \quad & \frac{1}{2}x^{\mathrm{T}}Qx + c^{\mathrm{T}}x \\ \mathrm{s.t.} \quad & Ax \in \mathcal{C}, \end{aligned} \quad (5.2.25)$$

其中 $Q \in \mathbb{R}^n$ 是 $n \times n$ 的半正定矩阵, $c \in \mathbb{R}^n$ 且 $\mathcal{C} \subseteq \mathbb{R}^m$ 是一个非空的闭凸集合. 例如, $\mathcal{C} = \{x \in \mathbb{R}^m |\, l_i \leqslant x_i \leqslant u_i, i = 1, 2, \cdots, m\}$, 其中 $l_i \in \{-\infty\} \cup \mathbb{R}$ 且 $u_i \in \mathbb{R} \cup \{\infty\}$. 引入变量 $z \in \mathbb{R}^m$, 将 (5.2.25) 改成如下形式:

$$\begin{aligned} \min_{x \in \mathbb{R}^n} \quad & \frac{1}{2}x^{\mathrm{T}}Qx + c^{\mathrm{T}}x \\ \mathrm{s.t.} \quad & Ax = z, \quad z \in \mathcal{C}. \end{aligned} \quad (5.2.26)$$

进一步地, 引入变量 $\tilde{x} \in \mathbb{R}^n$ 和 $\tilde{z} \in \mathbb{R}^m$, 将 (5.2.26) 写成 ADMM 标准形式:

$$\min_{x,z,\tilde{x},\tilde{z}} \quad \frac{1}{2}\tilde{x}^{\mathrm{T}}Q\tilde{x} + c^{\mathrm{T}}\tilde{x} + \delta_{Ax=z}(\tilde{x},\tilde{z}) + \delta_{\mathcal{C}}(z)$$

$$\text{s.t.} \quad (\tilde{x},\tilde{z}) = (x,z).$$

算法 5.8 (二次规划的 ADMM) 选取 $x^0, \tilde{x}^0 \in \mathbb{R}^n$, $z^0, \tilde{z}^0, y^0 \in \mathbb{R}^m$, $\rho > 0, \sigma > 0$ 和 $\alpha \in (0,2)$. 对 $k = 0, 1, 2, \cdots$, 执行

$$\begin{cases}
(\tilde{x}^{k+1}, \nu^{k+1}) \leftarrow \text{求解线性方程组} \begin{pmatrix} Q+\sigma I_n & A^{\mathrm{T}} \\ A & -I_m/\rho \end{pmatrix} \begin{pmatrix} \tilde{x}^{k+1} \\ \nu^{k+1} \end{pmatrix} = \begin{pmatrix} \sigma x^k - c \\ z^k - y^k/\rho \end{pmatrix}, \\[2mm]
\tilde{z}^{k+1} = z^k + \dfrac{1}{\rho}(\nu^{k+1} - y^k), \\[2mm]
x^{k+1} = \alpha \tilde{x}^{k+1} + (1-\alpha)x^k, \\[2mm]
z^{k+1} = \text{proj}_{\mathcal{C}}\left(\alpha \tilde{z}^{k+1} + (1-\alpha)z^k + \dfrac{1}{\rho}y^k\right), \\[2mm]
y^{k+1} = y^k + \rho\left(\alpha \tilde{z}^{k+1} + (1-\alpha)z^k - z^{k+1}\right).
\end{cases}$$

在算法 5.8 中, 文献 [80] 推荐的参数选取 $\sigma = 10^{-6}$ 和 $\alpha = 1.6$.

接下来, 我们将铰链损失的核支持向量机的对偶问题 (1.2.29) 写成二次规划问题 (5.2.25) 的形式. 可得

$$Q = \text{diag}(y)\mathsf{K}\text{diag}(y) \in \mathbb{R}^{m \times m}, \quad c = -\mathbf{1} \in \mathbb{R}^m, \quad A = \begin{pmatrix} y^{\mathrm{T}} \\ I_m \end{pmatrix} \in \mathbb{R}^{(m+1) \times m},$$

$$\mathcal{C} = \{0\} \times [0, C] \times \cdots \times [0, C] \subseteq \mathbb{R}^{m+1},$$

其中 K 是核函数 K 在数据集上的核矩阵, $y \in \{-1, 1\}^m$ 是二分类数据的类别标签向量, $C > 0$ 是正则化参数. 因而, 铰链损失的核支持向量机的对偶问题 (1.2.29) 可以由二次规划的 ADMM (算法 5.8) 求解.

除此之外, 平方铰链损失的核支持向量机的对偶问题 (1.2.30) 也是一个二次规划问题:

$$\min_{\alpha \in \mathbb{R}^m} \quad \frac{1}{2}\alpha^{\mathrm{T}}Q\alpha - \mathbf{1}^{\mathrm{T}}\alpha$$

$$\text{s.t.} \quad y^{\mathrm{T}}\alpha = 0, \alpha \geqslant 0, \tag{5.2.27}$$

其中 $Q := \mathrm{diag}(y)\left(\mathsf{K} + \dfrac{1}{2C}I_m\right)\mathrm{diag}(y)$ 且 $C > 0$. 显然, 问题 (5.2.27) 可由二次规划的 ADMM (算法 5.8) 求解. 由例 5.7, 问题 (5.2.27) 还可通过如下更简洁的 ADMM 求解:

$$
\begin{cases}
x^{k+1} := \underset{x\in\mathbb{R}^n}{\mathrm{argmin}}\, f(x) + \dfrac{\rho}{2}\|x - y^k + z^k\|_2^2, \\
y^{k+1} := \max\{0, x^{k+1} + z^k\}, \\
z^{k+1} := z^k + x^{k+1} - y^{k+1}.
\end{cases}
$$

对于 x^{k+1} 的更新可以求如下的线性方程组:

$$
\begin{pmatrix} Q + \rho I_m & \mathrm{diag}(y^k) \\ \mathrm{diag}(y^k) & 0 \end{pmatrix} \begin{pmatrix} x^{k+1} \\ \nu \end{pmatrix} + \begin{pmatrix} -\mathbf{1} - \rho(y^k - z^k) \\ -0 \end{pmatrix} = 0.
$$

📝 练习

1. 给出约束为 $2x - y = 0$ 的优化问题 $\min_{x,y\in\mathbb{R}} 2x + y^2$ 的 ADMM.
2. 写出铰链损失的软间隔线性支持向量机的 ADMM.
3. 写出 0-1 分类损失的软间隔线性支持向量机的 ADMM.

第 6 章 应   用

本章作为应用部分, 我们将探讨机器学习中与稀疏优化紧密相连的几类核心问题. 这些领域包括但不限于压缩感知、低秩矩阵恢复以及图像修复等. 通过对这些问题的剖析, 我们将理解稀疏优化在模型构建与优化中所起到的关键作用.

稀疏优化作为现代机器学习的重要分支, 旨在通过寻找最精简的参数集合, 以实现对复杂数据的高效表达与处理. 其核心思想在于通过限制模型的非零元素数量或权重分布, 使得模型在保持足够表达能力的同时, 尽可能减少冗余和复杂性. 这种优化策略不仅有助于降低模型的计算负担, 提升处理速度, 更能提高模型的稳定性和泛化能力, 使之在各种应用场景中展现出优秀的性能.

压缩感知是稀疏优化在信号处理领域的重要应用之一. 在信号传输和存储过程中, 由于资源限制或噪声干扰, 信号往往会发生失真或丢失. 压缩感知通过利用信号的稀疏性, 能够在采样率远低于传统方法的情况下, 实现对信号的精确重建. 这一特性使得压缩感知在无线通信、图像处理等领域具有广泛的应用前景.

低秩矩阵恢复是稀疏优化在矩阵分析领域的又一重要应用. 在许多实际问题中, 我们需要从不完整或受噪声污染的观测数据中恢复出原始的矩阵结构. 低秩矩阵恢复通过假设原始矩阵具有低秩特性, 利用稀疏优化技术实现对矩阵的有效恢复. 这种方法在推荐系统、计算机视觉等领域具有广泛的应用价值.

此外, 图像修复也是稀疏优化的一个重要应用场景. 在图像处理过程中, 由于各种原因, 图像可能出现缺失或损坏. 稀疏优化技术能够利用图像的局部结构和纹理信息, 对缺失部分进行有效的填充和修复. 这种方法在文物保护、医学影像分析等领域具有重要的应用价值. 我们将重点介绍基于全变差和离散小波变换的图像修复模型和算法实现.

通过这一章的学习, 我们将深入理解稀疏优化在机器学习中的重要作用和应用价值. 通过掌握稀疏优化算法, 我们将能够构建出更小、更高效、更具可解释性和泛化能力的模型, 为解决实际问题提供有力的支持.

6.1 压 缩 感 知

压缩感知最早在 2006 年由 Donoho[30] 提出. 随后, Candès 等[16] 与 Candès 和 Wakin[17] 研究证明了在已知信号稀疏性的情况下, 能以较奈奎斯特采样定理所规定更少的非自适应的观测量精确重构原信号. 奈奎斯特采样定理表明对于低通信号, 想要无失真地还原原信号, 其采样率不能低于信号最高频点的两倍; 对于带通信号, 想要无失真地还原原信号, 其采样率则不能低于信号带宽的两倍.

6.1.1　压缩感知的模型

假设原始信号用向量 $z \in \mathbb{R}^n$ 表示. 为了得到该信号的稀疏表示, 使用一组 $n \times n$ 的变换基 $\Psi = [\psi_1, \psi_2, \cdots, \psi_n]$, 使得 $z = \Psi x$, 其中 $x := (x_1, x_2, \cdots, x_n)^{\mathrm{T}} \in \mathbb{R}^n$. 在压缩感知理论中, 为实现压缩采样, 采用一个与信号 z 或者变换矩阵 Ψ 不相关的测量矩阵 $\Phi \in \mathbb{R}^{m \times n}$ 将信号 z 投影到低维的空间上, 得到观测向量 $b \in \mathbb{R}^m$, 即

$$b = \Phi z + \varepsilon,$$

其中 $\varepsilon \in \mathbb{R}^m$ 为噪声向量且 $m < n$. 记感知矩阵 $A := \Phi \Psi \in \mathbb{R}^{m \times n}$. 我们可得

$$b = \Phi z + \varepsilon = \Phi \Psi x + \varepsilon = Ax + \varepsilon. \tag{6.1.1}$$

由于观测向量 b 的维度小于 x, 上述 (6.1.1) 是一个不适定的线性方程组, 其解是不唯一的. 以无噪声情况为例, 由 $b = Ax$ 可知 b 是矩阵 A 的 n 个列 $A_1, A_2, \cdots, A_n$ 的线性组合, 对应的组合系数分别为 $x_1, x_2, \cdots, x_n$.

为了能够恢复出 x, 我们需要额外的先验信息, 比如 x 具有稀疏性. 回顾一下, 我们用 $\|x\|_0$ 表示向量 x 的 ℓ_0 范数, 即向量 x 的非零分量的个数. 一个离散信号 x 称为 k 稀疏的, 如果 x 中最多只有 k 个非零元素, 即 $\|x\|_0 \leqslant k$. 若假定信号 x 是稀疏的, 我们可以建立如下优化模型:

$$\begin{aligned} \min_{x \in \mathbb{R}^n} \quad & \|x\|_0 \\ \text{s.t.} \quad & \|Ax - b\|_2 \leqslant \epsilon, \end{aligned} \tag{6.1.2}$$

其中 $\epsilon > 0$ 衡量噪声水平. 上述 ℓ_0 范数最小化问题 (6.1.2) 是一个组合问题, 因而是一个 NP 难问题[66].

压缩感知矩阵 $A = [a_{ij} : 1 \leqslant i \leqslant m, 1 \leqslant j \leqslant n]$ 通常为随机矩阵[87]. 例如, 感知矩阵元素选为服从均值为 0、方差为 $\dfrac{1}{m}$ 的高斯分布或服从概率均为 $\dfrac{1}{2}$、取值为 $\pm \dfrac{1}{\sqrt{m}}$ 的伯努利分布或过采样的部分离散余弦变换随机矩阵

$$a_{ij} = \frac{1}{\sqrt{m}} \cos \frac{2(j-1)\pi \xi_i}{F},$$

其中随机变量 ξ_i 服从 $[0, 1]$ 上的一致分布, 参数 $F \in \mathbb{N}$. 这些感知矩阵具有良好的约束等距性质、零空间性质或相干性, 我们在此不做过多讨论.

6.1.2 压缩感知的算法

本节, 我们主要介绍压缩感知模型的若干数值求解算法[60,91]. 这些算法包括正交匹配追踪 (orthogonal matching pursuit, OMP) 算法、迭代硬阈值 (iterative hard thresholding) 算法、ℓ_1 范数最小化算法和非凸代理罚函数正则化算法. 在非凸代理罚函数正则化算法中将介绍迭代阈值收缩算法、iPiano 算法、带外推的邻近凸差算法和单调的加速的邻近梯度算法.

1. 正交匹配追踪算法

正交匹配追踪算法是一种经典的贪婪算法[85]. 给定一个指标集合 $S \subseteq \{1, 2, \cdots, n\}$, 记 $A_S := [A_i : i \in S] \in \mathbb{R}^{m \times |S|}$ 表示 A 的子矩阵, 其中 $A_i \in \mathbb{R}^m$ 表示 A 的第 i 列, 并且记 $x_S := (x_i : i \in S) \in \mathbb{R}^{|S|}$ 表示 x 的子向量.

在 OMP 算法的每次迭代中, 通过将观测向量 b 正交投影到当前指标集所对应的矩阵 A 的所有列向量上来更新 x. 具体地, 若 A 已做列归一化处理并且当前指标集为 $S \subseteq \{1, 2, \cdots, n\}$, 则

$$x_S := \underset{\tilde{x}_S \in \mathbb{R}^{|S|}}{\operatorname{argmin}} \|b - A_S \tilde{x}_S\|_2^2.$$

上述 x_S 有显式表示为

$$x_S = A_S^{\dagger} b, \tag{6.1.3}$$

其中 $A_S^{\dagger}$ 表示矩阵 A_S 的伪逆. 可知 OMP 算法每一次迭代后的残差向量 $b - A_S x_S$ 总是正交于当前 A_S 所有的列向量.

例 6.1 给定矩阵 $A = \begin{pmatrix} 0.8 & -0.707 & 0 \\ 0.6 & 0.707 & -1 \end{pmatrix}$ 和观测向量 $b = (-1.648, 0.248)^{\mathrm{T}}$. 已知 $b = Ax$ 中真实的解 $x = (x_1, x_2, x_3)^{\mathrm{T}}$ 只有两个非零分量. 请用 OMP 算法求解 x.

解 已知 A 已做了列归一化处理. 记 $A_1 := (0.8, 0.6)^{\mathrm{T}}$, $A_2 := (-0.707, 0.707)$, $A_3 := (0, -1)^{\mathrm{T}}$ 分别为 A 的第一、第二和第三列. 计算 b 在矩阵 A 三个列向量 A_1, A_2 和 A_3 的正交投影系数分别为

$$b^{\mathrm{T}} A_1 = -1.170, \quad b^{\mathrm{T}} A_2 = 1.341, \quad b^{\mathrm{T}} A_3 = -0.248.$$

由于 b 在 A_2 对应的投影系数的绝对值最大, 所以选取 A_2 作为基并且系数 $x_2 = 1.341$. 计算残差向量

$$r = b - x_2 A_2 = \begin{pmatrix} -1.648 \\ 0.248 \end{pmatrix} - 1.341 \begin{pmatrix} -0.707 \\ 0.707 \end{pmatrix} = \begin{pmatrix} -0.700 \\ -0.700 \end{pmatrix}.$$

接下来, 我们需要选取第二个基. 为此, 我们需要计算残差 r 在 A_1 和 A_3 的投影系数分别为

$$r^{\mathrm{T}} A_1 = -0.981, \quad r^{\mathrm{T}} A_3 = 0.700.$$

由于 r 在 A_1 对应的投影系数的绝对值最大, 所以选取 A_1 作为第二个基. 根据 (6.1.3) 更新系数

$$\begin{pmatrix} x_1 \\ x_2 \end{pmatrix} = A_{\{1,2\}}^{\dagger} b = (A_{\{1,2\}}^{\mathrm{T}} A_{\{1,2\}})^{-1} A_{\{1,2\}}^{\mathrm{T}} b = \begin{pmatrix} -1 \\ 1.2 \end{pmatrix}.$$

此时的误差 $b - A_{\{1,2\}}(x_1, x_2)^{\mathrm{T}} = 0$.   □

正交匹配追踪算法的缺陷是当感知矩阵中存在两列有相关性时, 该算法可能会得到一个错误的重构信号. 因而, 正交匹配追踪算法有很多改进, 其中包括压缩采样匹配追踪 (CoSaMP)[67] 等, 在此不作展开叙述.

2. 迭代硬阈值算法

迭代硬阈值算法是一种贪婪算法, 通过迭代求解得到一个 k 稀疏信号的局部逼近:

$$\begin{aligned} &\min_{x \in \mathbb{R}^n} \quad \|Ax - b\|_2^2 \\ &\text{s.t.} \quad \|x\|_0 \leqslant k. \end{aligned} \tag{6.1.4}$$

选取初始值 $x^0 = 0$ 和 $\lambda > 0$. 模型 (6.1.4) 的迭代硬阈值算法[13] 的迭代公式如下:

$$x^{k+1} = \mathcal{H}_k\big(x^k + \lambda A^{\mathrm{T}}(b - Ax^k)\big), \tag{6.1.5}$$

其中硬阈值算子 $\mathcal{H}_k$ 表示除前 k 个绝对值最大的分量以外的其他分量全置为 0 的非线性投影. 显然, 迭代硬阈值算法 (6.1.5) 的实现是简单并且高效的. 论文 [13] 还给出了在一定的条件下迭代硬阈值算法 (6.1.5) 的迭代序列 $\{x^{(k)}\}$ 可收敛到 (6.1.4) 的一个局部极小值. 其他相关的研究还有关于 (6.1.5) 中参数 λ 的选取的讨论[4] 以及迭代硬阈值算法的改进如硬阈值追踪等[91,98].

例6.2 给定矩阵 $A = \begin{pmatrix} 0.8 & -0.707 & 0 \\ 0.6 & 0.707 & -1 \end{pmatrix}$ 和观测向量 $b = (-1.648, 0.248)^{\mathrm{T}}$. 已知 $b = Ax$ 中真实的解 $x = (x_1, x_2, x_3)^{\mathrm{T}}$ 只有两个非零分量. 请用初始值 $x^0 = 0$ 和 $\lambda = 1$ 的迭代硬阈值算法 (6.1.5) 求解 x.

解 由 (6.1.5) 和 $\lambda = 1$, 可得第 1 次迭代

$$x^1 = \mathcal{H}_2\big((I_3 - A^{\mathrm{T}}A)x^0 + A^{\mathrm{T}}b\big) = \mathcal{H}_2(A^{\mathrm{T}}b) = \mathcal{H}_2\left(\begin{pmatrix} -1.170 \\ 1.340 \\ -0.248 \end{pmatrix}\right) = \begin{pmatrix} -1.170 \\ 1.340 \\ 0 \end{pmatrix}.$$

第 2 次迭代为

$$x^2 = \mathcal{H}_2\big((I_3 - A^{\mathrm{T}}A)x^1 + A^{\mathrm{T}}b\big) = \mathcal{H}_2\left(\begin{pmatrix} -0.980 \\ 1.175 \\ -0.003 \end{pmatrix}\right) = \begin{pmatrix} -0.980 \\ 1.175 \\ 0 \end{pmatrix}.$$

类似计算可得第 3, 4, 5 次迭代分别为

$$x^3 = \begin{pmatrix} -1.003 \\ 1.202 \\ 0 \end{pmatrix}, \quad x^4 = \begin{pmatrix} -1 \\ 1.2 \\ 0 \end{pmatrix}, \quad x^5 = \begin{pmatrix} -1 \\ 1.2 \\ 0 \end{pmatrix}.$$

可得解 $x = (-1, 1.2, 0)^{\mathrm{T}}$.   □

3. 基于 ℓ_1 范数最小化算法

一个可行的方法是使用 ℓ_1 范数替代非凸的 ℓ_0 范数, 则相应的最优化问题变为如下形式:

$$\begin{aligned} \min_{x \in \mathbb{R}^n} \quad & \|x\|_1 \\ \text{s.t.} \quad & \|Ax - b\|_2 \leqslant \epsilon. \end{aligned} \tag{6.1.6}$$

上述带约束最优化问题 (6.1.6) 可以转化为无约束最优化问题:

$$\min_{x \in \mathbb{R}^n} \quad \frac{1}{2}\|Ax - b\|_2^2 + \lambda\|x\|_1, \tag{6.1.7}$$

其中 $A \in \mathbb{R}^{m \times n}$ 是感知矩阵, $\lambda > 0$ 为正则化参数. 上述凸优化问题 (6.1.7) 可以用第 5 章的迭代阈值收缩算法求解[9]. 具体迭代公式如下:

$$x^{k+1} = \mathrm{prox}_{\mu\lambda\|\cdot\|_1}\big(x^k - \mu A^{\mathrm{T}}(Ax^k - b)\big), \tag{6.1.8}$$

其中 $\mathrm{prox}_{\mu\lambda\|\cdot\|_1}$ 为带参数 $\mu\lambda$ 的 ℓ_1 范数的邻近算子, 具体表达式见定理 5.12.

注 6.1　压缩感知模型 (6.1.7) 和 LASSO 模型 (5.2.22) 具有相同的数学表示形式, 但是两者有本质的不同. 在压缩感知模型 (6.1.7) 中, 矩阵 $A \in \mathbb{R}^{m \times n}$ 通常是一个具备有限等距性质 (RIP) 的随机矩阵, 且观测数量 m 往往远小于信号的维数 n. 而在 LASSO 模型 (5.2.22) 中, 该模型是 ℓ_1 范数正则化的最小二乘回归问题, 矩阵 A 是多元回归问题的 m 个数据的 n 个特征组成的确定性矩阵. 通常地, LASSO 模型的数据量 m 比数据特征个数 n 大. 但是, 情况并不总是如此. 随着高维或超高维数据的应用需求, 高维空间中的鲁棒回归包括 LASSO 模型受到广泛关注[90].

注 6.2　模型 (6.1.7) 的稀疏性和重构误差分析可见文献 [35]. 其更一般的模型 $\min_{x \in \mathbb{R}^n} \frac{1}{q} \frac{1}{2} \|Ax - b\|_p^q + \lambda \frac{1}{r} \|B^{-1} x\|_1^r$ 的稀疏性和重构误差分析可见文献 [34], 其中 $p \in [1, 2]$, $q, r \geqslant 1$ 且 $B \in \mathbb{R}^{n \times n}$ 是一个可逆矩阵.

例 6.3　给定矩阵 $A = \begin{pmatrix} 0.8 & -0.707 & 0 \\ 0.6 & 0.707 & -1 \end{pmatrix}$ 和观测向量 $b = (-1.648, 0.248)^{\mathrm{T}}$. 请用初始值 $x^0 = 0 \in \mathbb{R}^3$, $\lambda = 1$ 和 $\mu = \frac{1}{2}$ 的迭代阈值收缩算法 (6.1.8) 求解 x.

解　由 (6.1.8), $\lambda = 1$ 和 $\mu = \frac{1}{2}$, 可得第 1 次迭代

$$x^1 = \mathrm{prox}_{\frac{1}{2} \|\cdot\|_1} \left(\left(I_3 - \frac{1}{2} A^{\mathrm{T}} A \right) x^0 + \frac{1}{2} A^{\mathrm{T}} b \right)$$

$$= \mathrm{prox}_{\frac{1}{2} \|\cdot\|_1} \left(\begin{pmatrix} -0.585 \\ 0.670 \\ -0.124 \end{pmatrix} \right) = \begin{pmatrix} -0.085 \\ 0.170 \\ 0 \end{pmatrix}.$$

第 2—6 次迭代结果如下:

$$x^2 = \begin{pmatrix} -0.115 \\ 0.250 \\ 0 \end{pmatrix}, \quad x^3 = \begin{pmatrix} -0.125 \\ 0.287 \\ 0 \end{pmatrix}, \quad x^4 = \begin{pmatrix} -0.127 \\ 0.305 \\ 0 \end{pmatrix},$$

$$x^5 = \begin{pmatrix} -0.127 \\ 0.314 \\ 0 \end{pmatrix}, \quad x^6 = \begin{pmatrix} -0.126 \\ 0.318 \\ 0 \end{pmatrix}.$$

可得 $x = (-0.126, 0.318, 0)^{\mathrm{T}}$.　　　　　　　　　　　　　　　　□

4. 非凸代理罚函数正则化算法

假定 $P(x) \in \Gamma(\mathbb{R}^n)$ 是 ℓ_0 范数的非凸代理罚函数, 则基于罚函数 P 正则化压缩感知模型为

$$\min_{x \in \mathbb{R}^n} \quad \frac{1}{2} \|Ax - b\|_2^2 + P(x). \tag{6.1.9}$$

我们给出 (6.1.9) 的迭代阈值收缩算法如下:

$$x^{k+1} = \mathrm{prox}_{\mu P} \left(x^k - \mu (A^{\mathrm{T}} (Ax^k - b)) \right). \tag{6.1.10}$$

在第 5 章中, 我们详细讨论了三个 ℓ_0 范数非凸代理函数 P 有 ℓ_p $(0 < p < 1)$ 范数、MCP 和 Log-sum. 表 6.1 罗列出部分常用的罚函数以及邻近算子.

表 6.1 ℓ_0 范数代理罚函数及其邻近算子

罚函数	表达式 $P(x)$	邻近算子 $\text{prox}_P(x)$
ℓ_0	$\lambda|x|_0$	定理 5.11
$\ell_p\ (0 < p < 1)$	$\lambda|x|^p$	定理 5.15
SCAD	$\begin{cases} \lambda|x|, & |x| \le \lambda, \\ \dfrac{-x^2 + 2a\lambda|x| - \lambda^2}{2(a-1)}, & \lambda < |x| \le a\lambda, \quad (a > 2) \\ \dfrac{(a+1)\lambda^2}{2}, & |x| > a\lambda \end{cases}$	$\begin{cases} \{\text{sgn}(x)(|x| - \lambda)_+\}, & |x| \le 2\lambda, \\ \left\{\dfrac{(a-1)x - \text{sgn}(x)a\lambda}{a - 2}\right\}, & 2\lambda < |x| \le a\lambda, \\ \{x\}, & |x| \ge a\lambda \end{cases}$
MCP	$\begin{cases} \lambda|x| - \dfrac{x^2}{2a}, & |x| \le a\lambda, \quad (a > 1) \\ \dfrac{a\lambda^2}{2}, & |x| > a\lambda \end{cases}$	$\begin{cases} \left\{\dfrac{\text{sgn}(x)(|x| - \lambda)_+}{1 - 1/a}\right\}, & |x| \le a\lambda, \\ \{x\}, & |x| > a\lambda \end{cases}$
Log-sum	$\lambda\log\left(1 + \dfrac{|x|}{\epsilon}\right)\ (\epsilon > 0)$	当 $\sqrt{\lambda} \le \epsilon$ 时, 定理 5.17; $\sqrt{\lambda} > \epsilon$ 时, 定理 5.18
TL1	$\lambda\dfrac{(a+1)|x|}{a + |x|}\ (a > 0)$	文献 [96], 定理 3.1
Arctan	$\arctan(a|x|)\ (a > 0)$	文献 [41], 引理 1
CaP	$\lambda\min\{|x|, a\}$	$\begin{cases} \{0\}, & |x_0| < \lambda, \\ \{x_0 - \text{sgn}(x_0)\lambda\}, & \lambda \le |x_0| < a + \dfrac{\lambda}{2}, \\ \{x_0, x_0 - \text{sgn}(x_0)\lambda\}, & |x_0| = a + \dfrac{\lambda}{2}, \quad (0 < \lambda < 2a) \\ \{x_0\}, & |x_0| > a + \dfrac{\lambda}{2} \end{cases}$ $\begin{cases} \{0\}, & |x_0| < \sqrt{2a\lambda}, \\ \{0, x_0\}, & |x_0| = \sqrt{2a\lambda}, \quad (\lambda > 2a) \\ \{x_0\}, & |x_0| > \sqrt{2a\lambda} \end{cases}$
PiE	$\lambda\left(1 - e^{-\frac{|x|}{\sigma}}\right)$	当 $\lambda \le \sigma^2$ 时, 文献 [55, 定理 2.8]; 当 $\lambda \le \sigma^2$ 时, 文献 [55, 定理 2.13]
$\ell_1 - \ell_2$	$\|x\|_1 - \alpha\|x\|_2\ (\alpha \ge 0)$	文献 [57, 引理 1]
ℓ_1/ℓ_2	$\|x\|_1/\|x\|_2$	文献 [82, 定理 3.3]
$(\ell_1/\ell_2)^2$	$(\|x\|_1/\|x\|_2)^2$	文献 [46]

第 5 章中的迭代阈值收缩算法对于正常的闭凸罚函数具有次线性收敛性. 而对于 ρ-弱凸罚函数 P $\left(\text{即 } P(x) + \dfrac{\rho}{2}\|x\|_2^2 \text{ 是凸函数}\right)$, 文献 [7] 证明了迭代阈值收缩算法 (6.1.10) 也具有收敛性. 记 $A^{\mathrm{T}}A$ 的最大特征值和最小特征值分别为 $\sigma_{\max}(A^{\mathrm{T}}A)$ 和 $\sigma_{\min}(A^{\mathrm{T}}A)$. 若 $0 \leqslant \rho \leqslant \sigma_{\min}(A^{\mathrm{T}}A)$ 且 $0 < \mu < \dfrac{2}{\sigma_{\max}(A^{\mathrm{T}}A) + \rho}$, 则迭代阈值收缩算法 (6.1.10) 产生的序列 $x^{(k)}$ 收敛到 (6.1.9) 的最小值点. 常用的弱凸函数例如 SCAD, MCP, Log-sum 和 PiE. 特别地, 当 $\rho = 0$ 和 $P \in \Gamma_0(\mathbb{R}^n)$ 时, 迭代阈值收缩算法 (6.1.10) 对 $0 < \mu < \dfrac{2}{\sigma_{\max}(A^{\mathrm{T}}A)}$ 均收敛. 但是, CaP, $\ell_p(0 < p < 1)$ 和 $\ell_1 - \ell_2$ 不是弱凸函数. 对于比弱凸性质更弱条件的稀疏罚函数对应的迭代阈值收缩算法的收敛性分析可见文献 [92].

接下来, 我们给出弱凸函数的压缩感知模型 (6.1.9) 的迭代阈值收缩算法.

算法 6.1 (迭代阈值收缩算法)　假设 P 是 ρ-弱凸函数. 选取 $x^0 \in \mathbb{R}^n$ 和 $0 < \mu < \dfrac{2}{\sigma_{\max}(A^{\mathrm{T}}A) + \rho}$. 对 $k = 0, 1, 2, \cdots$, 执行

$$x^{k+1} = \mathrm{prox}_{\mu P}\big(x^k - \mu(A^{\mathrm{T}}(Ax^k - b))\big).$$

迭代阈值收缩算法在三类 128×1024 感知矩阵上进行测试, 分别是随机高斯矩阵、$F = 3$ 和 $F = 10$ 的离散余弦变换随机矩阵. 这三个感知矩阵经过列归一化后的相干性即其列之间的互相关性的最大绝对值, 分别为 0.398, 0.661 和 0.998. 可知它们代表了稀疏信号恢复难度依次增加. 停机准则最大迭代步数为 20000 或 $\|x^{k+1} - x^{(k)}\|_2/(1 + \|x^{(k)}\|_2) < 10^{-5}$. 我们称一个取值服从 $[-5, 5]$ 上均匀分布的稀疏信号 $x \in \mathbb{R}^{1024}$ 被重构成功, 若相对误差 $\|\hat{x} - x\|_2/\|x\|_2 < 0.01$, 其中 $\hat{x}$ 是迭代阈值收缩算法 (6.1.10) 重构的信号. 图 6.1 给出了稀疏性为 60 时基于 PiE 的迭

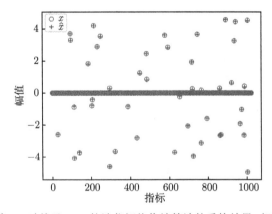

图 6.1　稀疏性为 60 时基于 PiE 的迭代阈值收缩算法的重构结果, 相对误差为 0.00908

代阈值收缩算法的重构结果. 分别给定稀疏性 $4, 8, \cdots, 60$, 我们将执行 100 次独立实验, 成功率 (success rate) 定义为 100 次独立实验中成功的比例. 图 6.2 比较了 11 种罚函数的迭代阈值收缩算法 (6.1.10) 的成功率、计算时间和迭代次数. 实验表明 PiE, Log-sum, Cap 和 TL1 具有较好的重构表现.

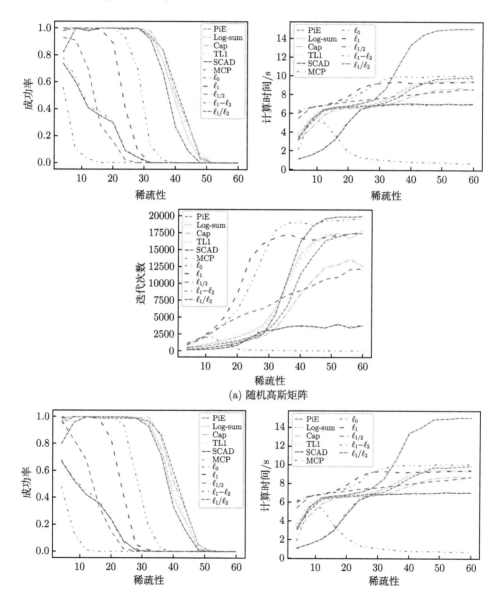

(a) 随机高斯矩阵

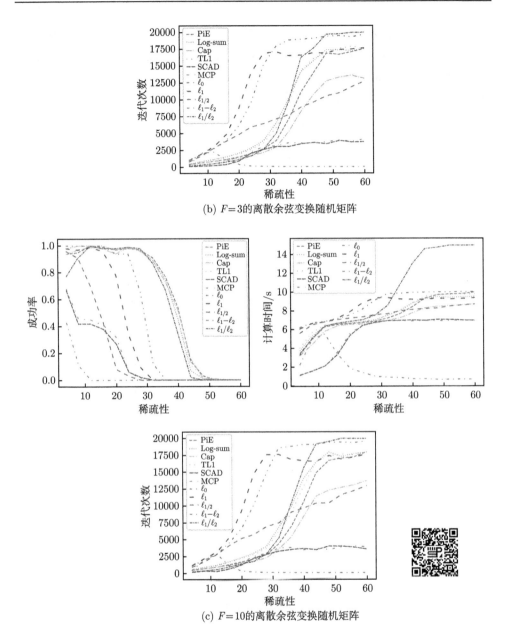

(b) $F = 3$ 的离散余弦变换随机矩阵

(c) $F = 10$ 的离散余弦变换随机矩阵

图 6.2 迭代阈值收缩算法在三类 128×1024 感知矩阵上的成功率、计算时间和迭代次数

若 P 是 ρ-弱凸函数, 除了迭代阈值收缩算法 6.1, 下面还将介绍几种常用的邻近算法. 压缩感知模型 (6.1.9) 可以写成如下第二种形式:

$$\min_{x \in \mathbb{R}^n} \quad \left(\frac{1}{2} \|Ax - b\|_2^2 - \frac{\rho}{2} \|x\|_2^2 \right) + \left(P(x) + \frac{\rho}{2} \|x\|_2^2 \right). \tag{6.1.11}$$

则 (6.1.11) 中第一项 $f(x) := \frac{1}{2}\|Ax - b\|_2^2 - \frac{\rho}{2}\|x\|_2^2$ 的梯度是 $\max\{\sigma_{\max}(A^{\mathrm{T}}A) - \rho, \rho\}$ 利普希茨连续的, 并且第二项 $g(x) := P(x) + \frac{\rho}{2}\|x\|_2^2$ 是凸函数. 下面, 我们给出 (6.1.11) 的 iPiano 算法[69].

算法 6.2 (iPiano 算法) 假设 P 是 ρ-弱凸函数. 选取 $x^0 = x^1 \in \mathbb{R}^n$, $\beta \in [0,1)$ 和 $0 < \mu < \dfrac{2(1-\beta)}{\max\{\sigma_{\max}(A^{\mathrm{T}}A) - \rho, \rho\}}$. 对 $k = 0, 1, 2, \cdots$, 执行

$$x^{k+1} = \mathrm{prox}_{\mu g}\big(x^k - \mu(A^{\mathrm{T}}(Ax^k - b) - \rho x^k) + \beta(x^k - x^{k-1})\big),$$

其中 $g(x) = P(x) + \frac{\rho}{2}\|x\|_2^2$ 且 $\mathrm{prox}_{\mu g}(\cdot) = \mathrm{prox}_{\frac{\mu}{1+\mu\rho}P}\left(\dfrac{1}{1+\mu\rho}\right)$.

接下来, 我们将介绍基于凸差算法 (difference of convex algorithm, DCA) 来求解压缩感知问题. 显然, 弱凸函数都是凸差函数 (能写成两个凸函数的差). 凸差算法最早由 Pham Dinh Tao 于 1985 年提出, 适合求解非凸优化问题[47]. 对于 $f_1, f_2 \in \Gamma_0(\mathbb{R}^n)$, 凸差优化问题 $\min_{x \in \mathbb{R}^n} f_1(x) - f_2(x)$ 的凸差算法迭代形式如下:

$$x^{k+1} \in \operatorname*{argmin}_{x \in \mathbb{R}^n} f_1(x) - f_2(x^k) - \langle y^k, x - x^k \rangle, \quad y^k \in \partial f_2(x^k),$$

或者写成两步迭代形式

$$\begin{cases} y^k \in \partial f_2(x^k), \\ x^{k+1} \in \partial f_1^*(y^k), \end{cases}$$

其中 f_1^* 是 f_1 的共轭函数. 例如, 迭代阈值收缩算法就是一种凸差算法[47]. 关于凸差算法的收敛性分析可见文献 [1].

例 6.4 给定凸差优化问题 $\min_{x \in \mathbb{R}} x^4 - 3x^2 - x$, 选取凸差分解的凸函数 $f_1(x) = x^4$ 和 $f_2(x) = 3x^2 + x$. 计算可得 $\partial f_2(x) = 6x + 1$, $\partial f_1^*(y) = \operatorname*{argmin}_{y \in \mathbb{R}}(x^4 - xy) = (y/4)^{1/3}$, 以及迭代序列 $x^{k+1} = (1 + 6x^k)^{1/3}$, $k = 0, 1, 2, \cdots$. 若 $x^0 = 0$, 迭代可得序列极限为 $x^* = 1.3008$, 并且 $\partial f_2(x^*) = 6x^* + 1 = \partial f_1(x^*) = 4(x^*)^3 = 8.8048$.

基于上述讨论, 我们把 ρ-弱凸函数 $P(x)$ 写成凸函数 $P(x) + \frac{\rho}{2}\|x\|_2^2$ 与凸函数 $\frac{\rho}{2}\|x\|_2^2$ 的差, 则压缩感知模型 (6.1.9) 可以写成如下第三种形式:

$$\min_{x \in \mathbb{R}^n} \left(\frac{1}{2}\|Ax - b\|_2^2 - \frac{\rho}{2}\|x\|_2^2\right) + \left(P(x) + \frac{\rho}{2}\|x\|_2^2\right). \tag{6.1.12}$$

基于文献 [72,89], 我们给出了压缩感知模型 (6.1.12) 的带外推的邻近凸差算法.

算法 6.3(带外推的邻近凸差算法)　假设 P 是 ρ-弱凸函数. 选取 $x^0 = x^1 \in \mathbb{R}^n$, $\beta_k \in [0,1)$ 且 $\sup_k \beta_k < 1$, $0 < \mu < \dfrac{2}{\sigma_{\max}(A^{\mathrm{T}}A)}$. 对 $k = 0, 1, 2, \cdots$, 执行

$$
\begin{cases}
y^k = x^k + \beta_k(x^k - x^{k-1}), \\
x^{k+1} = \operatorname{prox}_{\mu g}\big(y^k - \mu(A^{\mathrm{T}}(Ay^k - b) - \rho x^k)\big),
\end{cases}
$$

其中 $g(x) = P(x) + \dfrac{\rho}{2}\|x\|_2^2$.

最后, 我们将单调加速的邻近梯度 (monotone accelerated proximal gradient, Monotone APG) 算法 [52, 算法 4.2] 应用到压缩感知模型 (6.1.9) 中.

算法 6.4(单调加速的邻近梯度算法)　假设 P 是 ρ-弱凸函数. 选取 $x^0 = x^1 = z^1 \in \mathbb{R}^n$, $t_0 = 0$, $t_1 = 1$, $0 < \mu_x, \mu_y < \dfrac{2}{\sigma_{\max}(A^{\mathrm{T}}A) + \rho}$. 对 $k = 0, 1, 2, \cdots$, 执行

$$
\begin{cases}
y^k = x^k + \dfrac{t_{k-1}}{t_k}(z^k - x^k) + \dfrac{t_{k-1} - 1}{t_k}(x^k - x^{k-1}), \\[2mm]
z^{k+1} = \operatorname{prox}_{\mu_y P}\big(y^k - \mu_y A^{\mathrm{T}}(Ay^k - b)\big), \\[2mm]
v^{k+1} = \operatorname{prox}_{\mu_x P}\big(x^k - \mu_x A^{\mathrm{T}}(Ax^k - b)\big), \\[2mm]
t_{k+1} = \dfrac{\sqrt{4t_k^2 + 1} + 1}{2}, \\[2mm]
x^{k+1} = \begin{cases}
z^{k+1}, & \dfrac{1}{2}\|Az^{k+1} - b\|_2^2 + P(z^{k+1}) < \dfrac{1}{2}\|Av^{k+1} - b\|_2^2 + P(v^{k+1}), \\[2mm]
v^{k+1}, & \text{其他}.
\end{cases}
\end{cases}
$$

选取 P 为 PiE 函数和 128×1024 高斯随机矩阵 A. 图 6.3 给出了上述所介绍的四种邻近算法即 ISTA, iPiano, DCA 和 Monotone APG 在压缩感知模型 (6.1.9) 的数值比较. 成功率、计算时间和迭代次数是 100 次独立重复实验的平均值. 从图 6.3 可以看出 Monotone APG 算法在成功率、计算时间和迭代次数三个方面均有明显的优势.

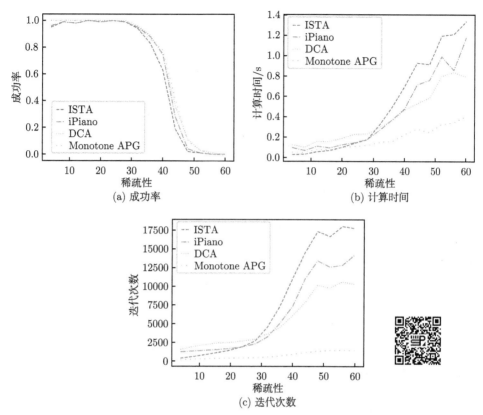

图 6.3 四种邻近算法在 128×1024 高斯随机矩阵上的成功率、计算时间和迭代次数

6.2 低秩矩阵恢复

与压缩感知考虑向量的稀疏性密切相关的一类稀疏优化问题是低秩矩阵恢复问题[10,15,44]. 众所周知, 矩阵的秩描述了矩阵列向量或行向量的最大线性无关组的大小. 低秩矩阵表明所求缺失数据的矩阵有很多的冗余信息. 该类问题等价于限制矩阵的奇异值向量的稀疏性.

6.2.1 低秩矩阵的模型

低秩矩阵恢复的目的就是找到一个和矩阵观测到的部分数据差距尽量小并且秩最小的矩阵. 具体地, 给定一个 $m \times n$ 的矩阵 $X = [x_{ij} : 1 \leqslant i \leqslant m, 1 \leqslant j \leqslant n] \in \mathbb{R}^{m \times n}$, 其中 $m < n$. 若仅部分元素 $x_{ij}, (i,j) \in \Omega$ 为已知, 其中指标集 $\Omega \subseteq \{1, 2, \cdots, m\} \times \{1, 2, \cdots, n\}$. 令 $\mathbb{P}_\Omega(X) \in \mathbb{R}^{m \times n}$ 表示一个矩阵 $X \in \mathbb{R}^{m \times n}$ 作用

于指标集 Ω 的正交映射, 其定义为

$$(\mathbb{P}_\Omega(X))_{i,j} := \begin{cases} x_{ij}, & (i,j) \in \Omega, \\ 0, & \text{其他}. \end{cases}$$

记 $\mathrm{rank}(X)$ 为矩阵 X 的秩. 低秩矩阵恢复问题可以表达为如下形式:

$$\begin{aligned} \min_{Y \in \mathbb{R}^{m \times n}} \quad & \mathrm{rank}(Y) \\ \text{s.t.} \quad & \mathbb{P}_\Omega(Y) = \mathbb{P}_\Omega(X). \end{aligned} \tag{6.2.1}$$

注意到矩阵的秩等于矩阵非零奇异值的个数, 因而求解矩阵秩最小化问题仍然是一个 NP 难问题.

6.2.2　低秩矩阵的算法

若矩阵 $X \in \mathbb{R}^{m \times n}$ $(m < n)$ 的奇异值从大到小排列为 $\sigma_i(X)$, $i = 1, 2, \cdots, m$. 记矩阵 X 的奇异值向量

$$\sigma(X) := (\sigma_1(X), \sigma_2(X), \cdots, \sigma_m(X))^{\mathrm{T}}.$$

由于矩阵的秩为矩阵奇异值组成向量的 ℓ_0 范数, 即 $\mathrm{rank}(X) = \|\sigma(X)\|_0$. 类似稀疏向量的做法, 我们用矩阵 X 的核范数 $\|X\|_* = \|\sigma(X)\|_1$ 替代 $\mathrm{rank}(X)$. 因此, 问题 (6.2.1)变成如下凸优化问题:

$$\begin{aligned} \min_{Y \in \mathbb{R}^{m \times n}} \quad & \|Y\|_* \\ \text{s.t.} \quad & \mathbb{P}_\Omega(Y) = \mathbb{P}_\Omega(X). \end{aligned} \tag{6.2.2}$$

把 (6.2.2) 写成如下无约束形式的凸优化问题:

$$\min_{Y \in \mathbb{R}^{m \times n}} \frac{1}{2}\|\mathbb{P}_\Omega(Y - X)\|_F^2 + \lambda\|Y\|_*. \tag{6.2.3}$$

接下来, 我们将介绍奇异值阈值算法求解矩阵恢复问题 (6.2.3)[15]. 记 $f(Y) := \frac{1}{2}\|\mathbb{P}_\Omega(Y-X)\|_F^2$ 且 $g(Y) := \|Y\|_*$, 则 $\nabla f(Y) = \mathbb{P}_\Omega(Y-X)$. 迭代算法形式如下:

$$\begin{aligned} Y^{(k+1)} &:= \mathrm{prox}_{\mu\lambda g}(Y^{(k)} - \mu\nabla f(Y^{(k)})) \\ &= \mathrm{prox}_{\mu\lambda\|\cdot\|_*}(Y^{(k)} - \mu\mathbb{P}_\Omega(Y^{(k)} - X)), \end{aligned}$$

其中 $\mu > 0$ 且 $\mathrm{prox}_{\mu\lambda\|\cdot\|_*}$ 是核范数的邻近算子, 其具体表达式见 (5.1.12).

此外, 我们介绍用 ADMM 求解低秩矩阵恢复问题. 为此, 在 (6.2.3) 中引入中间变量 $Z \in \mathbb{R}^{m \times n}$, 即

$$\min_{Y \in \mathbb{R}^{m \times n}} \quad \|Z\|_*$$
$$\text{s.t.} \quad \mathbb{P}_\Omega(Y) = \mathbb{P}_\Omega(X),\ Y = Z.$$

构造上述优化问题的增广拉格朗日函数:

$$L(Y, Z, T) := \|Z\|_* + T^{\mathrm{T}}(Y - Z) + \frac{\rho}{2}\|Y - Z\|_F^2.$$

对应的 ADMM 形式如下:

$$\begin{cases} Z^{k+1} := \operatorname{prox}_{\frac{1}{\rho}\|\cdot\|_*}\left(Y^k + \frac{1}{\rho}T^k\right), \\[2mm] Y^{k+1} := \mathbb{P}_{\Omega^c}\left(Z^{k+1} - \frac{1}{\rho}T^k\right) + \mathbb{P}_\Omega(X), \\[2mm] T^{k+1} := T^k - \rho(Z^{k+1} - Y^{k+1}), \end{cases}$$

其中 Ω^c 表示指标集 Ω 的补集.

除了矩阵的核范数这个凸函数以外, 我们还可以借鉴向量的稀疏性函数, 许多定义在矩阵奇异值向量上的函数被采用 [83, 表 4]. 例如, 矩阵的 Schatten p-范数在文献 [68] 中被使用. 记 $\|X\|_{S_p}$ 为矩阵 X 的 Schatten p-范数定义为

$$\|X\|_{S_p} := \left(\sum_{i=1}^{\min\{m,n\}} \sigma_i^p(X)\right)^{1/p},$$

其中 $0 < p < \infty$. 显然, 矩阵 X 的 Schatten p-范数等价于其奇异值向量的 p-范数, 即 $\|X\|_{S_p} = \|\sigma(X)\|_p$. 特别地, Schatten 1-范数是核范数. 回顾注 5.3, Schatten p-范数 $\|\cdot\|_{S_p}^p$ 的邻近算子形式如下:

$$\operatorname{prox}_{\lambda\|\cdot\|_{S_p}^p}(X) = \operatorname{prox}_{\lambda|\cdot|^p}^\sigma(X) = U\operatorname{diag}(\operatorname{prox}_{\lambda|\cdot|^p}(\sigma(X)))V^{\mathrm{T}},$$

其中第二个等式由 (5.1.13) 可得, $\operatorname{prox}_{\lambda|\cdot|^p}$ 是 ℓ_p 范数的邻近算子.

图 6.4 给出了 512×512 的 Barbara 灰度图像的低秩矩阵恢复结果.

(a) Lena图像   (b) 缺失25%数据的图像   (c) 低秩矩阵恢复的图像
                                                        $(\mathrm{PSNR}=32.27\mathrm{dB})$

图 6.4   Barbara 图像的低秩矩阵恢复

6.3 图 像 修 复

图像修复旨在通过算法和技术手段恢复图像中损坏或缺失的部分. 这些模型通常基于图像先验知识、数学理论和机器学习技术, 以生成视觉上自然且连贯的修复结果. 首先, 介绍图像修复的一般优化模型. 然后, 着重介绍基于全变差 (total variation, TV) 和离散小波变换 (discrete wavelet transform, DWT) 正则化的图像修复算法.

6.3.1 图像修复的模型

由于二维灰度图像可以逐行排列成一个列向量, 因此我们仅讨论一维向量的情形. 图像修复问题的一般形式如下[14]:

$$\min_{x\in\mathbb{R}^n} \quad \frac{1}{2}\|Ax - b\|_2^2 + \lambda\|Fx\|_1, \tag{6.3.1}$$

其中 A 和 F 是线性变换, $b\in\mathbb{R}^n$ 是观测向量. 例如, A 是模糊算子, F 是全变差算子或离散小波变换.

我们将介绍两种求解图像修复模型的算法. 第一种算法是将 (6.3.1) 改写成 ADMM 形式:

$$\min_{x\in\mathbb{R}^n} \quad \frac{1}{2}\|Ax - b\|_2^2 + \lambda\|y\|_1$$

$$\mathrm{s.t.} \quad Fx - y = 0,$$

从而由 (5.2.18) 可得其 ADMM 迭代形式如下:

$$\begin{cases} x^{k+1} = (A^{\mathrm{T}}A + \rho F^{\mathrm{T}}F)^{-1}\left(A^{\mathrm{T}}b + \rho F^{\mathrm{T}}\left(y^k + \dfrac{1}{\rho}z^k\right)\right), \\[2mm] y^{k+1} = \mathrm{prox}_{\frac{\lambda}{\rho}\|\cdot\|_1}\left(Fx^{k+1} - \dfrac{1}{\rho}z^k\right), \\[2mm] z^{k+1} = z^k + \tau(y^{k+1} - Fx^{k+1}), \end{cases} \tag{6.3.2}$$

其中 $0 < \tau < \dfrac{\sqrt{5}+1}{2}$.

考虑到图像像素的灰度值取值范围是 $[0,1]$ (如果是 $[0,255]$ 可以进行归一化), 图像修复模型 (6.3.1) 更合适地建模成如下三项的优化问题:

$$\min_{x \in \mathbb{R}^n} \quad \frac{1}{2}\|Ax - b\|_2^2 + \delta_{[0,1]^n}(x) + \lambda\|Fx\|_1. \tag{6.3.3}$$

接下来, 我们介绍求解图像修复模型 (6.3.3) 的数值算法. 为此, 我们考虑如下一般的三项凸函数的和的结构化凸优化问题

$$\min_{x \in \mathbb{R}^n} \quad f(x) + g(x) + p(Fx), \tag{6.3.4}$$

其中 $F \in \mathbb{R}^{m \times n}$, $f \in \Gamma_0(\mathbb{R}^n)$ 具有利普希茨连续梯度, $g \in \Gamma_0(\mathbb{R}^n)$ 且 $p \in \Gamma_0(\mathbb{R}^m)$. 给定 $t_0 = 1$, $\alpha, \beta, \gamma > 0$, $x^0, \tilde{x}^0 \in \mathbb{R}^n$ 和 $y^0, \tilde{y}^0 \in \mathbb{R}^m$. 文献 [48, (53)] 给出了 (6.3.4) 的加速的邻近梯度算法, 其迭代形式如下:

$$\begin{cases} \tilde{y}^{k+1} := \mathrm{prox}_{\beta p^*}(y^k + \beta F x^k), \\[2mm] \tilde{x}^{k+1} := \mathrm{prox}_{\alpha g}(x^k - \alpha F^{\mathrm{T}}(2\tilde{y}^{k+1} - y^k) - \alpha \nabla f(x^k)), \\[2mm] t_k := \dfrac{1 + \sqrt{1 + 4t_{k-1}^2}}{2}, \\[2mm] (x^{k+1}, y^{k+1}) := (x^k, y^k) + \left(\dfrac{t_{k-1}-1}{t_k} + \gamma\right)((\tilde{x}^{k+1}, \tilde{y}^{k+1}) - (x^k, y^k)), \end{cases} \tag{6.3.5}$$

其中 p^* 是 p 的共轭函数. 由莫罗分解定理 5.10, $\mathrm{prox}_{\beta p^*}(z) = z - \beta\,\mathrm{prox}_{\frac{1}{\beta}p}\left(\dfrac{z}{\beta}\right)$.

显然, 图像修复模型 (6.3.3) 通过对应 (6.3.4) 可得

$$f(x) := \frac{1}{2}\|Ax - b\|_2^2, \quad g(x) := \delta_{[0,1]^n}(x), \quad p(y) := \lambda\|y\|_1, \quad x \in \mathbb{R}^n, y \in \mathbb{R}^m.$$

由定理 5.12, 计算 (6.3.5) 中第一步迭代所需的 $\mathrm{prox}_{\beta p^*}$, 可得

$$\mathrm{prox}_{\beta p^*}(z) = z - \beta\,\mathrm{prox}_{\frac{1}{\beta}\lambda\|\cdot\|_1}\left(\frac{z}{\beta}\right) = z - \mathrm{sgn}(z)\max\{|z| - \lambda, 0\} = \mathrm{proj}_{[-\lambda,\lambda]^n}(z),$$

其中 $z \in \mathbb{R}^n$. 选取合适的参数, (6.3.5) 产生的迭代序列收敛到 (6.3.4) 的解[48], 其收敛速度为 $\mathcal{O}\left(\dfrac{1}{k}\right)$.

6.3.2　图像修复的算法

本小节内容将分别介绍基于全变差和离散小波变换正则化的图像修复算法. 这两种技术都是图像处理领域的重要工具, 能够有效地解决图像在获取、传输或存储过程中可能产生的各种损坏或失真问题. 全变差正则化通过最小化图像的梯度变化来平滑图像, 同时保留边缘信息, 使得修复后的图像既自然又清晰. 而离散小波变换则通过多尺度、多方向的特性, 捕捉图像中的局部细节和纹理信息, 从而提升图像修复的效果.

1. 全变差正则化

全变差模型采用图像梯度的 ℓ_1 范数作为正则项, 以鼓励修复后的图像具有平滑性[62]. 该模型由 Rudin, Osher, Fatemi 在 1992 年提出, 也称 ROF 模型.

对于一个 $n \times n$ 的灰度图像, 可以将其逐行排成一个 n^2 维的列向量 $u \in \mathbb{R}^{n^2}$. 定义 $2n^2 \times n^2$ 矩阵 B 如下

$$B := \begin{pmatrix} I_n \otimes \mathsf{D} \\ \mathsf{D} \otimes I_n \end{pmatrix},$$

其中 $\otimes$ 代表克罗内克积, 矩阵 D 定义为

$$\mathsf{D} := \begin{pmatrix} 0 & 0 & & \\ -1 & 1 & & \\ & \ddots & \ddots & \\ & & -1 & 1 \end{pmatrix} \in \mathbb{R}^{n \times n}.$$

可知 D 是一阶差分算子且 $\|\mathsf{D}x\|_1 = \sum_{i=1}^{n-1} |x_{i+1} - x_i|$. 由此, 各向异性 (anisotropic) 的全变差 $\|x\|_{TV}$ 定义为

$$\|x\|_{TV} := \|Bx\|_1.$$

由上述讨论可得, 各向异性的全变差正则化的图像修复问题为

$$\min_{x \in \mathbb{R}^{n^2}} \quad \frac{1}{2}\|Ax - b\|_2^2 + \lambda\|Bx\|_1.$$

显然, 各向异性的全变差正则化的图像修复问题可以用 ADMM (6.3.2) 求解, 其迭代形式如下:

$$\begin{cases} x^{k+1} = (A^{\mathrm{T}}A + \rho B^{\mathrm{T}}B)^{-1}\left(A^{\mathrm{T}}b + \rho B^{\mathrm{T}}\left(y^k + \dfrac{1}{\rho}z^k\right)\right), \\ y^{k+1} = \mathrm{prox}_{\frac{\lambda}{\rho}\|\cdot\|_1}\left(Bx^{k+1} - \dfrac{1}{\rho}z^k\right), \\ z^{k+1} = z^k + \tau(y^{k+1} - Bx^{k+1}). \end{cases}$$

更多关于全变差的改进模型见文献 [5] 以及全变差图像修复模型的邻近算法见文献 [48]. 若 (6.3.1) 中 A 是单位矩阵, 图 6.5 给出基于全变差正则化的图像去噪结果.

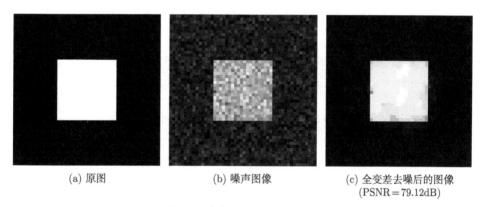

(a) 原图   (b) 噪声图像   (c) 全变差去噪后的图像 (PSNR = 79.12dB)

图 6.5   全变差正则化图像去噪

2. 离散小波变换正则化

小波分析是纯数学、应用数学和工程技术的完美结晶, 也是图像科学中不可或缺的数学工具[101]. 小波, 作为一类特殊函数, 能够高效地生成函数空间的基或框架, 从而有效地表征函数. 离散小波变换广泛应用于信号与图像处理领域[40]. 例如, JPEG2000 是一种广泛使用的图像压缩标准, 其核心算法之一就是离散小波变换. 离散小波变换被用来对图像进行多尺度、多方向的分解, 从而有效地捕获图像中的局部特征和细节. 通过离散小波变换将图像分解成多个子带, 每个子带代表不同的频率范围和方向.

在开始之前, 我们需要介绍一些离散小波变换所需的计算符号. 序列 $u := (u(k) : k \in \mathbb{Z}^d)$ 和 $v := (v(k) : k \in \mathbb{Z}^d)$ 的卷积 $u * v$ 定义为

$$(u * v)(n) := \sum_{k \in \mathbb{Z}^d} u(k)v(n-k), \quad n \in \mathbb{Z}^d.$$

定义序列 u 的下采样

$$(u \downarrow 2)(n) := u(2n), \quad n \in \mathbb{Z}^d$$

和上采样

$$(u \uparrow 2)(n) := \begin{cases} u(n/2), & n/2 \in \mathbb{Z}^d, \\ 0, & \text{其他}. \end{cases}$$

定义 $u^*(n) := u(-n)$, $n \in \mathbb{Z}^d$. 图 6.6 给出了一维信号 $x := (x(k) : k \in \mathbb{Z})$ 的一层 Mallat 分解和重构算法, 其中 LoD, HiD, LoR, HiR 分别代表分解的低通滤波器、分解的高通滤波器、重构的低通滤波器和重构的高通滤波器. 这里的四个滤波器需要满足如下完全重构公式:

$$(((x * \mathrm{LoD}) \downarrow 2) \uparrow 2) * \mathrm{LoR} + (((x * \mathrm{HiD}) \downarrow 2) \uparrow 2) * \mathrm{HiR} = x.$$

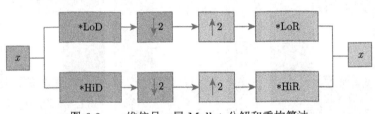

图 6.6   一维信号一层 Mallat 分解和重构算法

常用的滤波器分为 Daubechies 小波、双正交小波和框架小波等. 关于小波系数的构造, 框架小波和小波的算法、分析和应用方面的详细介绍推荐阅读专著 [40]. 接下来, 我们给出一些常见的一维和二维的分解与重构滤波器. 在实际计算上, 滤波器通常具有有限个非零元素. 因此, 我们将在有限长度的滤波器的下标中标记滤波器指标集的范围.

例 6.5   一维的正交哈尔小波 (db1) 分解和重构滤波器组有

$$\mathrm{LoD} := \left(\frac{1}{2}, \frac{1}{2} \right)_{[0,1]}, \quad \mathrm{HiD} := \left(-\frac{1}{2}, \frac{1}{2} \right)_{[0,1]},$$

$$\mathrm{LoR} := 2 \left(\frac{1}{2}, \frac{1}{2} \right)_{[-1,0]}, \quad \mathrm{HiR} := 2 \left(\frac{1}{2}, -\frac{1}{2} \right)_{[-1,0]}.$$

例 6.6   一维的正交 Daubechies 小波 (db2) 分解滤波器组有

$$\mathrm{LoD} := \left(\frac{1 + \sqrt{3}}{8}, \frac{3 + \sqrt{3}}{8}, \frac{3 - \sqrt{3}}{8}, \frac{1 - \sqrt{3}}{8} \right)_{[-1,2]},$$

$$\text{HiD} := \left(\frac{1-\sqrt{3}}{8}, \frac{\sqrt{3}-3}{8}, \frac{3+\sqrt{3}}{8}, -\frac{1+\sqrt{3}}{8} \right)_{[-1,2]}.$$

例 6.7 $\{(\tilde{h}_0, \tilde{h}_1), (h_0, h_1)\}$ 是一维的双正交紧框架分解滤波器, 其中

$$\tilde{h}_0 := \left(-\frac{1}{8}, \frac{1}{4}, \frac{3}{4}, \frac{1}{4}, -\frac{1}{8} \right)_{[-2,2]}, \quad \tilde{h}_1 := \left(-\frac{1}{4}, \frac{1}{2}, -\frac{1}{4} \right)_{[0,2]},$$

$$h_0 := \left(\frac{1}{4}, \frac{1}{2}, \frac{1}{4} \right)_{[-1,1]}, \quad h_1 := \left(-\frac{1}{8}, -\frac{1}{4}, \frac{3}{4}, -\frac{1}{4}, -\frac{1}{8} \right)_{[-1,3]}.$$

例 6.8 [40] 二维的正交哈尔小波分解滤波器组有一个低通滤波器 h_0 和三个高通滤波器 h_1, h_2, h_3:

$$h_0 := \frac{1}{4} \begin{pmatrix} 1 & 1 \\ 1 & 1 \end{pmatrix}_{[0,1]\times[0,1]}, \quad h_1 := \frac{1}{4} \begin{pmatrix} 1 & -1 \\ 1 & -1 \end{pmatrix}_{[0,1]\times[0,1]},$$

$$h_2 := \frac{1}{4} \begin{pmatrix} 1 & 1 \\ -1 & -1 \end{pmatrix}_{[0,1]\times[0,1]}, \quad h_3 := \frac{1}{4} \begin{pmatrix} 1 & -1 \\ -1 & 1 \end{pmatrix}_{[0,1]\times[0,1]}.$$

哈尔小波重构滤波器组有一个低通滤波器 $2h_0^*$ 和三个高通滤波器 $2h_1^*, 2h_2^*, 2h_3^*$.

例 6.9 [49] 二维的定向哈尔框架分解滤波器组:

$$h_0 = \frac{1}{4} \begin{pmatrix} 1 & 1 \\ 1 & 1 \end{pmatrix}, \quad h_1 = \frac{1}{4} \begin{pmatrix} 1 & 0 \\ 0 & -1 \end{pmatrix}, \quad h_2 = \frac{1}{4} \begin{pmatrix} 0 & -1 \\ 1 & 0 \end{pmatrix}, \quad h_3 = \frac{1}{4} \begin{pmatrix} 1 & -1 \\ 0 & 0 \end{pmatrix},$$

$$h_4 = \frac{1}{4} \begin{pmatrix} 1 & 0 \\ -1 & 0 \end{pmatrix}, \quad h_5 = \frac{1}{4} \begin{pmatrix} 0 & 0 \\ 1 & -1 \end{pmatrix}, \quad h_6 = \frac{1}{4} \begin{pmatrix} 0 & 1 \\ 0 & -1 \end{pmatrix}.$$

图 6.7 给出了例 6.8 中二维正交哈尔小波分解滤波器组在 Barbara 图像上的一层离散小波变换. 图 6.8 给出了例 6.9 中二维哈尔框架分解滤波器组在 Barbara 图像上的一层离散小波变换.

(a) 低频系数   (b) 水平高频系数   (c) 竖直高频系数   (d) 对角线高频系数

图 6.7 Barbara 图像上的一层哈尔小波变换

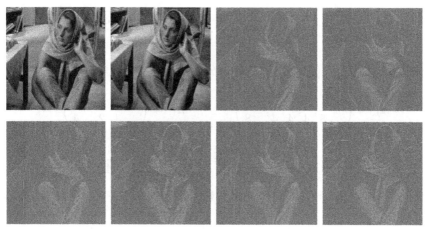

图 6.8　　Barbara 图像上的一层定向哈尔框架变换

图从上到下, 从左到右分别是原图和例 6.9 中的 7 个滤波器的分解系数

注意在计算过程中, 离散小波分解 Fx 和离散小波重构 $F^{\mathrm{T}}y$ 可以通过卷积计算实现. 此外, 离散小波变换正则化图像修复模型 (6.3.1) 也可以通过 (6.3.5) 求解. 图 6.9 给出了一层哈尔离散小波变换正则化图像去噪的实验结果.

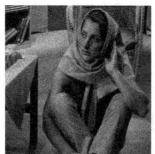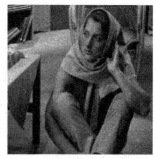

(a) 原图　　　　　　(b) 噪声图像(PSNR=23.05dB)　　　(c) 哈尔离散小波去噪后图像

(PSNR=24.62dB)

图 6.9　　一层哈尔离散小波变换正则化图像去噪

参 考 文 献

[1] Abbaszadehpeivasti H, de Klerk E, Zamani M. On the rate of convergence of the difference-of-convex algorithm (DCA)[J]. Journal of Optimization Theory and Applications, 2024: 475-496.

[2] Aronszajn N. Theory of reproducing kernels[J]. Transactions of the American Mathematical Society, 1950, 68(3): 337-404.

[3] Attouch H, Bolte J, Svaiter B F. Convergence of descent methods for semi-algebraic and tame problems: Proximal algorithms, forward-backward splitting, and regularized Gauss-Seidel methods[J]. Mathematical Programming, 2013, 137(1): 91-129.

[4] Axiotis K, Sviridenko M. Iterative hard thresholding with adaptive regularization: Sparser solutions without sacrificing runtime[C]. International Conference on Machine Learning. PMLR, 2022: 1175-1197.

[5] Barbero Á, Sra S. Modular proximal optimization for multidimensional total-variation regularization[J]. Journal of Machine Learning Research, 2018, 19(56): 1-82.

[6] Bauschke H H, Combettes P L. Convex Analysis and Monotone Operator Theory in Hilbert Spaces[M]. 2nd ed. Cham: Springer, 2017.

[7] Bayram İ. On the convergence of the iterative shrinkage/thresholding algorithm with a weakly convex penalty[J]. IEEE Transactions on Signal Processing, 2016, 64(6): 1597-1608.

[8] Beck A. First-Order Methods in Optimization[M]. Philadelphia: Society for Industrial and Applied Mathematics, 2017.

[9] Beck A, Teboulle M. A fast iterative shrinkage-thresholding algorithm for linear inverse problems[J]. SIAM Journal on Imaging Sciences, 2009, 2(1): 183-202.

[10] Bertsimas D, Cory-Wright R, Pauphilet J. A new perspective on low-rank optimization[J]. Mathematical Programming, 2023: 1-46.

[11] Blanco V, Puerto J, Rodriguez-Chia A M. On ℓ_p-support vector machines and multidimensional kernels[J]. Journal of Machine Learning Research, 2020, 21(14): 1-29.

[12] Blumensath T, Davies M E. Iterative thresholding for sparse approximations[J]. Journal of Fourier Analysis and Applications, 2008, 14: 629-654.

[13] Blumensath T, Davies M E. Iterative hard thresholding for compressed sensing[J]. Applied and Computational Harmonic Analysis, 2009, 27(3): 265-274.

[14] Boyd S, Parikh N, Chu E, et al. Distributed optimization and statistical learning via the alternating direction method of multipliers[J]. Foundations and Trends®, in Machine Learning, 2010, 3(1): 1-122.

[15] Cai J F, Candès E J, Shen Z. A singular value thresholding algorithm for matrix completion[J]. SIAM Journal on Optimization, 2010, 20(4): 1956-1982.

[16] Candès E J, Romberg J K, Tao T. Stable signal recovery from incomplete and inaccurate measurements[J]. Communications on Pure and Applied Mathematics, 2006, 59(8): 1207-1223.

[17] Candès E J, Wakin M B. An introduction to compressive sampling[J]. IEEE Signal Processing Magazine, 2008, 25(2): 21-30.

[18] Cao W, Sun J, Xu Z. Fast image deconvolution using closed-form thresholding formulas of $\ell_q \left(q = \frac{1}{2}, \frac{2}{3} \right)$ regularization[J]. Journal of Visual Communication and Image Representation, 2013, 24(1): 31-41.

[19] Chaux C, Combettes P L, Pesquet J C, et al. A variational formulation for frame-based inverse problems[J]. Inverse Problems, 2007, 23(4): 1495-1518.

[20] Chen F, Shen L, Suter B W. Computing the proximity operator of the ℓ_p norm with $0 < p < 1$[J]. IET Signal Processing, 2016, 10(5): 557-565.

[21] Chen L, Sun D, Toh K C. A note on the convergence of ADMM for linearly constrained convex optimization problems[J]. Computational Optimization and Applications, 2017, 66: 327-343.

[22] Chen T, Chen X, Chen W, et al. Learning to optimize: A primer and a benchmark[J]. Journal of Machine Learning Research, 2022, 23(1): 8562-8620.

[23] Chen X, Liu J, Wang Z, et al. Theoretical linear convergence of unfolded ISTA and its practical weights and thresholds[J]. Advances in Neural Information Processing Systems, 2018, 31.

[24] Chen X, Liu J, Yin W. Learning to optimize: A tutorial for continuous and mixed-integer optimization[J]. Science China Mathematics, 2024, 67(6): 1191-1262.

[25] Combettes P L, Wajs V R. Signal recovery by proximal forward-backward splitting[J]. Multiscale Modeling & Simulation, 2005, 4(4): 1168-1200.

[26] Condat L, Kitahara D, Contreras A, et al. Proximal splitting algorithms for convex optimization: A tour of recent advances, with new twists[J]. SIAM Review, 2023, 65(2): 375-435.

[27] Cortes C, Vapnik V. Support-vector networks[J]. Machine Learning, 1995, 20: 273-297.

[28] Cover T M. Geometrical and statistical properties of systems of linear inequalities with applications in pattern recognition[J]. IEEE Transactions on Electronic Computers, 1965, EC-14(3): 326-334.

[29] Domingos P. A few useful things to know about machine learning[J]. Communications of the ACM, 2012, 55(10): 78-87.

[30] Donoho D L. Compressed sensing[J]. IEEE Transactions on Information Theory, 2006, 52(4): 1289-1306.

[31] Dubey S R, Singh S K, Chaudhuri B B. Activation functions in deep learning: A comprehensive survey and benchmark[J]. Neurocomputing, 2022, 503: 92-108.

[32] Fan J, Li R. Variable selection via nonconcave penalized likelihood and its oracle properties[J]. Journal of the American Statistical Association, 2001, 96(456): 1348-1360.

[33] Fazel M, Hindi H, Boyd S P. A rank minimization heuristic with application to minimum order system approximation[C]//Proceedings of the 2001 American Control Conference, 2001, 6: 4734-4739.

[34] Foucart S. The sparsity of LASSO-type minimizers[J]. Applied and Computational Harmonic Analysis, 2023, 62: 441-452.

[35] Foucart S, Tadmor E, Zhong M. On the sparsity of LASSO minimizers in sparse data recovery[J]. Constructive Approximation, 2023, 57(2): 901-919.

[36] Goldfarb D, Ma S, Scheinberg K. Fast alternating linearization methods for minimizing the sum of two convex functions[J]. Mathematical Programming, 2013, 141(1/2): 349-382.

[37] Goldstein T, O'Donoghue B, Setzer S, et al. Fast alternating direction optimization methods[J]. SIAM Journal on Imaging Sciences, 2014, 7(3): 1588-1623.

[38] Goodfellow I, Bengio Y, Courville A. Deep Learning[M]. Cambridge: MIT Press, 2016.

[39] Gregor K, LeCun Y. Learning fast approximations of sparse coding[C]. Proceedings of the 27th International Conference on International Conference on Machine Learning, 2010, 399-406.

[40] Han B. Framelets and Wavelets: Algorithms, Analysis, and Applications[M]. Cham: Birkhäuser, 2017.

[41] He Z, Shu Q, Wen J, et al. A novel iterative thresholding algorithm for arctangent regularization problem[C]. IEEE International Conference on Acoustics, Speech and Signal Processing (ICASSP), 2024: 9651-9655.

[42] Hsu C W, Lin C J. A comparison of methods for multiclass support vector machines[J]. IEEE Transactions on Neural Networks, 2002, 13(2): 415-425.

[43] Hu Y, Li C, Meng K, et al. Group sparse optimization via $\ell_{p,q}$ regularization[J]. Journal of Machine Learning Research, 2017, 18(30): 1-52.

[44] Hu Z, Nie F, Wang R, et al. Low rank regularization: A review[J]. Neural Networks, 2021, 136: 218-232.

[45] Jayadeva, Khemchandani R, Chandra S. Twin Support Vector Machines: Models, Extensions and Applications[M]. Switzerland: Springer Publishing Company, 2018.

[46] Jia J, Prater-Bennette A, Shen L. Computing proximity operators of scale and signed permutation invariant functions[J]. arXiv: 2404.00713, 2024.

[47] Le Thi H A, Tao P H. Open issues and recent advances in DC programming and DCA[J]. Journal of Global Optimization, 2024, 88(3): 533-590.

[48] Li Q, Zhang N. Fast proximity-gradient algorithms for structured convex optimization problems[J]. Applied and Computational Harmonic Analysis, 2016, 41(2): 491-517.

[49] Li Y R, Chan R H F, Shen L, et al. Regularization with multilevel non-stationary tight framelets for image restoration[J]. Applied and Computational Harmonic Analysis, 2021, 53(1): 332-348.

[50] Lin R, Chen S, Feng H, et al. Computing the proximal operator of the $\ell_{1,q}$-norm for group sparsity[J]. arXiv: 2409.14156, 2024.

[51] Lin Z, Li H, Fang C. Alternating Direction Method of Multipliers for Machine Learning[M]. Singapore: Springer, 2022.

[52] Lin Z, Li H, Fang C. Accelerated optimization for machine learning: First-order algorithms[C]//Nature. Singapore: Springer, 2020.

[53] Lin C F, Wang S D. Fuzzy support vector machines[J]. IEEE Transactions on Neural Networks, 2002, 13(2): 464-471.

[54] Lin R, Yao Y, Liu Y. Kernel support vector machine classifiers with ℓ_0-norm hinge loss[J]. Neurocomputing, 2024, 589: 127669.

[55] Liu Y, Zhou Y, Lin R. The proximal operator of the piece-wise exponential function[J]. IEEE Signal Processing Letters, 2024, 31: 894-898.

[56] Luo L, Xie Y, Zhang Z, et al. Support matrix machines[C]. International Conference on Machine Learning, 2015: 938-947.

[57] Lou Y, Yan M. Fast L1-L2 minimization via a proximal operator[J]. Journal of Scientific Computing, 2018, 74(2): 767-785.

[58] Lu C, Zhu C, Xu C, et al. Generalized singular value thresholding[C]. Proceedings of the AAAI Conference on Artificial Intelligence, 2015, 29(1): 1805-1811.

[59] Lu T T, Shiou S H. Inverses of 2×2 block matrices[J]. Computers & Mathematics with Applications, 2002, 43(1/2): 119-129.

[60] Majumdar A. Compressed Sensing for Engineers[M]. Boca Raton: CRC Press, 2018.

[61] Martins A F T, Smith N, Xing E, et al. Online learning of structured predictors with multiple kernels[C]. Proceedings of the Fourteenth International Conference on Artificial Intelligence and Statistics, 2011: 507-515.

[62] Micchelli C A, Shen L, Xu Y. Proximity algorithms for image models: Denoising[J]. Inverse Problems, 2011, 27(4): 045009.

[63] Monga V, Li Y, Eldar Y C. Algorithm unrolling: Interpretable, efficient deep learning for signal and image processing[J]. IEEE Signal Processing Magazine, 2021, 38(2): 18-44.

[64] Montgomery D C, Peck E A, Vining G G. Introduction to Linear Regression Analysis[M]. 6th ed. Hoboken: John Wiley & Sons, 2021.

[65] Moreau J J. Fonctions convexes duales et points proximaux dans un espace hilbertien[J]. Comptes Rendus Hebdomadaires des Séances de l'Académie des Sciences, 1962, 255: 2897-2899.

[66] Natarajan B K. Sparse approximate solutions to linear systems[J]. SIAM Journal on Computing, 1995, 24(2): 227-234.

[67] Needell D, Tropp J A. CoSaMP: Iterative signal recovery from incomplete and inaccurate samples[J]. Applied and Computational Harmonic Analysis, 2009, 26(3): 301-321.

[68] Nie F, Huang H, Ding C. Low-rank matrix recovery via efficient schatten p-norm minimization[C]. Proceedings of the AAAI Conference on Artificial Intelligence, 2012, 26(1): 655-661.

[69] Ochs P, Chen Y, Brox T, et al. iPiano: Inertial proximal algorithm for nonconvex optimization[J]. SIAM Journal on Imaging Sciences, 2014, 7(2): 1388-1419.

[70] Parikh N, Boyd S. Proximal algorithms[J]. Foundations and Trends® in Optimization, 2014, 1(3): 127-239.

[71] Polson N G, Scott J G, Willard B T. Proximal algorithms in statistics and machine learning[J]. Statistical Science, 2015, 30(4): 559-581.

[72] Prater-Bennette A, Shen L, Tripp E E. The proximity operator of the Log-sum penalty[J]. Journal of Scientific Computing, 2022, 93(3): 67-100.

[73] Prater-Bennette A, Shen L, Tripp E E. A constructive approach for computing the proximity operator of the p-th power of the ℓ_1 norm[J]. Applied and Computational Harmonic Analysis, 2023, 67: 101572.

[74] Rockafellar R T. Convex Analysis[M]. Princeton: Princeton University Press, 1970.

[75] Schölkopf B, Smola A J. Learning with Kernels: Support Vector Machines, Regularization, Optimization and Beyond[M]. Cambridge: MIT Press, 2002.

[76] She Y. Thresholding-based iterative selection procedures for model selection and shrinkage[J]. Electronic Journal of Statistics, 2009, 3:384-415.

[77] Shen J, Tang T, Wang L L. Spectral Methods Algorithms, Analysis and Applications[M]. Berlin, Heidelberg: Springer-Verlag, 2011.

[78] Shen L, Suter B W, Tripp E E. Structured sparsity promoting functions[J]. Journal of Optimization Theory and Applications, 2019, 183: 386-421.

[79] Steinwart I, Christmann A. Support Vector Machines[M]. New York: Springer Science & Business Media, 2008.

[80] Stellato B, Banjac G, Goulart P, et al. OSQP: An operator splitting solver for quadratic programs[J]. Mathematical Programming Computation, 2020, 12(4): 637-672.

[81] Suykens J A K, Vandewalle J. Least squares support vector machine classifiers[J]. Neural Processing Letters, 1999, 9: 293-300.

[82] Tao M. Minimization of L_1 over L_2 for sparse signal recovery with convergence guarantee[J]. SIAM Journal on Scientific Computing, 2022, 44(2): A770-A797.

[83] Tian Y, Zhang Y. A comprehensive survey on regularization strategies in machine learning[J]. Information Fusion, 2022, 80: 146-166.

[84] Tibshirani R. Regression shrinkage and selection via the Lasso[J]. Journal of the Royal Statistical Society: Series B (Methodological), 1996, 58(1): 267-288.

[85] Tropp J A, Gilbert A C. Signal recovery from random measurements via orthogonal matching pursuit[J]. IEEE Transactions on Information Theory, 2007, 53(12): 4655-4666.

[86] Vapnik V N. Statistical Learning Theory[M]. New York: Wiley-Interscience, 1998.

[87] Vershynin R, Eldar Y, Kutyniok G. Compressed Sensing: Theory and Applications[M]. Cambridge: Cambridge University Press, 2012.

[88] Wang Y, Yin W, Zeng J. Global convergence of ADMM in nonconvex nonsmooth optimization[J]. Journal of Scientific Computing, 2019, 78: 29-63.

[89] Wen B, Chen X, Pong T K. A proximal difference-of-convex algorithm with extrapolation[J]. Computational Optimization and Applications, 2018, 69: 297-324.

[90] Wright J, Ma Y. High-Dimensional Data Analysis with Low-Dimensional Models: Principles, Computation, and Applications[M]. Cambridge: Cambridge University Press, 2022.

[91] Xiao G, Zhang S, Bai Z J. Scaled proximal gradient methods for sparse optimization problems[J]. Journal of Scientific Computing, 2024, 98(2): 1-28.

[92] Yang L. Proximal gradient method with extrapolation and line search for a class of non-convex and non-smooth problems[J]. Journal of Optimization Theory and Applications, 2024, 200(1): 68-103.

[93] Ye G B, Chen Y, Xie X. Efficient variable selection in support vector machines via the alternating direction method of multipliers[C]. Proceedings of the Fourteenth International Conference on Artificial Intelligence and Statistics, 2011: 832-840.

[94] Zaki M J, Meira Jr W. Data Mining and Machine Learning: Fundamental Concepts and Algorithms[M]. Cambridge: Cambridge University Press, 2020.

[95] Zhang C H, Nearly unbiased variable selection under minimax concave penalty[J]. The Annals of Statistics, 2010, 38(2): 894-942.

[96] Zhang S, Xin J. Minimization of transformed ℓ_1 penalty: Closed form representation and iterative thresholding algorithms[J]. Communications in Mathematical Sciences, 2017, 15(2): 511-537.

[97] Zhang T. Analysis of multi-stage convex relaxation for sparse regularization[J]. Journal of Machine Learning Research, 2010, 11(3): 1081-1107.

[98] Zhao Y B. Optimal k-thresholding algorithms for sparse optimization problems[J]. SIAM Journal on Optimization, 2020, 30(1): 31-55.

[99] Zhou Z. Sparse recovery based on the generalized error function[J]. Journal of Computational Mathematics, 2024, 42: 679-704.

[100] Zwillinger D. CRC Standard Mathematical Tables and Formulas[M]. 33rd ed. Boca Raton: CRC Press, 2018.

[101] 董彬, 沈佐伟. 数学与数据科学: 小波的故事 [J]. 数学文化, 2024, 15: 45-89.

[102] 李董辉, 童小娇, 万中. 数值最优化算法与理论 [M]. 2 版. 北京: 科学出版社, 2010.

[103] 刘浩洋, 户将, 李勇锋, 等. 最优化: 建模、算法与理论 [M]. 北京: 高等教育出版社, 2020.

[104] Fukushima M. 非线性最优化基础 [M]. 林贵华, 译. 北京: 科学出版社, 2011.